高等学校仪器仪表及自动化类专业规划教材

传感器原理及应用

主　编　郭爱芳

副主编　王恒迪

西安电子科技大学出版社

内 容 简 介

　　本书蕴含了编者多年的教学经验、科研成果和工程实践，系统地介绍了传感器的基础知识和基本特性，重点讲述了各类传感器的工作原理、结构类型、信号调理电路和工程应用实例，具有很强的实用性。

　　传感器的种类繁多，分类方法也不尽相同。本书按其工作原理进行了章节编排，各章均配有思考题和习题，以便读者巩固所学知识。本书文字叙述通俗易懂，条理清晰，既便于教学又利于自学。

　　本书可作为高等院校仪器仪表类、自动化类、电气信息类、机电类等专业的教学用书，也可供从事相关领域的工程技术人员学习参考。

图书在版编目(CIP)数据

传感器原理及应用/郭爱芳主编.
—西安：西安电子科技大学出版社，2007.5(2024.8重印)
ISBN 978 - 7 - 5606 - 1824 - 1

Ⅰ. 传…　Ⅱ. 郭…　Ⅲ. 传感器—高等学校—教材　Ⅳ. TP212

中国版本图书馆 CIP 数据核字(2007)第 050367 号

策　　划　臧延新　云立实
责任编辑　臧延新
出版发行　西安电子科技大学出版社(西安市太白南路 2 号)
电　　话　(029)88202421　88201467　　邮　编　710071
网　　址　www.xduph.com　　　　　　电子邮箱　xdupfxb001@163.com
经　　销　新华书店
印刷单位　广东虎彩云印刷有限公司
版　　次　2007 年 5 月第 1 版　2024 年 8 月第 9 次印刷
开　　本　787 毫米×1092 毫米　1/16　印张 19
字　　数　443 千字
定　　价　43.00 元

ISBN 978 - 7 - 5606 - 1824 - 1
XDUP 2116001 - 9

前　言

本书是根据仪器仪表及自动化类专业的学科要求，综合国内外传感器技术的发展动态，参考专家学者的论文、论著以及编者自身的教学经验、科研成果和工程实践编写而成的。书中主要介绍传感器的基本特性、工作原理、结构类型、信号调理电路及工程应用实例。

为了方便读者学习和掌握传感器的原理及应用技术，本书在编排上遵循由浅入深、循序渐进的规律，以传感器原理为基础，以传感器应用为重点，对每种传感器都列举了工程应用实例，力求在传感器工程应用方面对读者有所启发。

在测控系统中，传感器是信息获取的关键。传感器的输出信号一般都很微弱，而且还可能伴随着各种噪声。为了将传感器的输出信号进行放大、处理、转换、传输，本书还提供了设计合理、性能可靠、实用性强的传感器信号调理电路，以方便读者和系统设计人员学习参考。

随着新技术、新材料、新工艺的不断出现，新型传感器的开发研制也迅速兴起。本书不仅介绍了传统传感器，同时也介绍了一些新型传感器，如涉及全民健康与环境保护的生物传感器和化学传感器，将集成技术、计算机技术和传感器技术相融合的智能传感器和机器人传感技术等。

本书由河南科技大学郭爱芳统稿、定稿并任主编，河南科技大学王恒迪任副主编。第1章、第2章、第7章、第13章的13.1～13.2节和第14章由郭爱芳编写，第8章、第9章和第13章的13.3～13.6节由王恒迪编写，第3章和第4章由安徽理工大学杨洪涛编写，第5章、第10章和第11章由河南理工大学吕辉编写，第6章和第12章由中原工学院贺焕林编写。王恒迪还对全书的插图进行了编辑和整理。

本书由河南科技大学李孟源教授主审，李教授对本书提出了很多宝贵建议和意见。

在本书的编写过程中，编者参考了有关文献的相关内容，河南科技大学的张发玉、尚振东副教授给予了很大的帮助，西安电子科技大学出版社臧延新编辑也付出了辛勤的劳动，在此向他们和参考文献的作者表示衷心的感谢！

由于传感器技术涉及多学科知识，加之编者水平有限，书中难免有疏漏及错误之处，恳请广大师生、读者批评指正。

编　者
2007 年 3 月

目　录

第1章 传感器概述

在科学技术高度发达的现代社会中，获取自然界的信息已成为几乎所有自然科学与工程技术领域的共同要求。随着人类活动领域的扩大和探索过程的深化，传感器技术已经成为基础科学研究与现代信息技术相互融合的新领域，它汇集和包容了多种学科的成果，是人类探索自然界信息、实现测量和控制的首要环节。

1.1 传感器的定义与作用

1.1.1 传感器的定义

传感器技术与现代通信技术、计算机技术并列为现代信息技术的三大支柱。计算机相当于人的大脑，通信相当于人的神经，而传感器就相当于人的感觉器官。视觉传感器相当于人的眼睛，如 X 射线、紫外线、红外线、可见光传感器等；听觉传感器相当于人的耳朵，如超声波、声波传感器等；嗅觉传感器相当于人的鼻子，如气敏传感器；味觉传感器相当于人的舌头，如离子敏传感器；触觉传感器相当于人的皮肤，如压力、温度、湿度传感器等。

传感器是一种能感受规定的被测量，并按一定规律将它转换成某种可用输出信号的测量装置。这一定义表明：传感器是测量装置，能感受被测量的变化，完成检测任务；被测量可以是物理量，也可以是化学量、生物量等；输出信号是某种便于传输、转换、处理、显示的可用信号，如电参量（电阻、电容、电感）、电信号（电压、电流、电荷）、光信号、频率信号等，输出信号的形式由传感器的原理确定。由于电信号易于传输、转换和处理，因此一般概念上的传感器是指将被测量转换成电信号输出的测量装置。

传感器作为测量与控制系统的首要环节，必须具有快速、准确、可靠且又能经济地实现信息转换的基本特点，应满足一些必要的条件：

（1）输出信号与被测量之间具有惟一确定的因果关系，是被测量的单值函数；

（2）输出信号能够与电子系统、信号处理系统或光学系统匹配，适于传输、转换、处理和显示；

（3）具有尽可能宽的动态范围、良好的响应特性、足够高的分辨率和信号噪声比；

（4）对被测量的干扰尽可能小，尽可能不消耗被测系统的能量，不改变被测系统原有的状态；

（5）性能稳定可靠，不受被测量参数因素的影响，抗外界干扰能力强；

（6）便于加工制造，具有可互换性；

（7）适应性强，具有一定的过载能力；

（8）成本低，寿命长，使用维修方便等。

1.1.2　传感器的作用

传感器是人类探知自然界信息的触角，通过传感器可以探索人的感觉器官无法感知的信息。例如，传感器不仅可以检测人无法忍受的高温、高压、辐射等恶劣环境，而且还能检测出人体感官不能感知的高频、高能、微电磁场、射线等各种信息。

传感器处于被测量与测控系统的接口位置，是感知、获取与检测自然界信息的窗口，是现代测量技术、自动控制技术的重要基础。如果没有高保真和性能可靠的传感器对原始信息进行准确可靠的捕获与转换，一切准确的测量与控制将无法实现。例如我国神舟五号和神舟六号载人飞船的成功发射离不开传感器；美国阿波罗10号飞船共用了3295个传感器；美国的NMD计划（国家导弹防御系统）2001年1月和7月两次试验均因传感器发生故障而使每次耗资9000万美元的试验以失败告终；2005年7月13日"发现号"航天飞机外挂燃料箱上的四个引擎控制传感器之一发生故障，直接导致原发射计划的推迟，使得本已一波三折的美国重返太空计划再次出现波折。可见，传感器是科学技术迅速发展、人类生存环境发生改变以及向未来空间拓展的关键基础部件，传感器技术早已渗透到工农业生产、交通运输、环境保护、资源开发、生物工程、医疗卫生、家用电器、宇宙探索、海洋探测等极其广泛的领域。可以毫不夸张地说，从宏观的茫茫宇宙探索到微观的粒子研究，从各种复杂的工程系统到日常生活的衣食住行，几乎每一个领域都离不开各种各样的传感器。归纳起来传感器具有以下作用。

1．信息采集

现代信息技术的基础是信息采集、信息传输与信息处理。传感器位于信息采集系统之首，是感知、获取各个领域中信息的关键部件，科学技术研究与自动化生产过程中所要获取的各种信息都要通过传感器获取并转换成可用信号。如科学技术中的计量测试、产品制造与销售中所需的计量等都要由传感器获取准确的信息。没有传感器技术的发展，信息技术就成为一句空话，通信技术和计算机技术也就成了无源之水。

2．诊断与报警

传感器对所需要的信息进行采集，然后对系统或装置的某种状态进行监测判断，若发现异常情况，就发出警告信号并启动保护电路，这样就可以对系统或装置进行安全管理。如产品质量是否合格、设备工况是否正常、人体部位异常诊断等，都要由传感器监测判断来完成。科学技术越发达，自动化程度越高，工业生产和科学研究对传感器的依赖性就越强。

3．检测与控制

在现代化工业生产中，随着生产过程自动化程度的提高，传感器已成为实现检测与控制的关键部件。如果没有传感器对生产过程中的各个参数进行检测与控制，生产设备将无法达到最佳的工作状态，产品质量也将无法保证。

在航空航天技术领域中，现代飞行器上安装着各种各样的传感器、显示器与控制系统，传感器首先对反映飞行器的飞行参数和姿态以及发动机工作状态的各种参数进行检测，然后由显示器提供给驾驶员去控制和操作飞行器，或者由控制系统去控制自动驾驶仪、发动机调节器，使飞机进行自动驾驶和发动机的自动调节，以保证各种飞行任务的顺利完成。

在家用电器和医疗卫生方面传感器也得到了普遍应用。如自动洗衣机、微波炉、电热水器、电冰箱、空调机、电子体温计、电子血压计、脉搏计等家用电器和医疗保健产品进入千家万户，对提高人们的生活水平和健康水平起到了非常重要的作用。

随着人类全面进入信息电子化的时代，以及人类探知领域和空间的拓展，传感器技术的重要性显得更为突出。如美国将传感器技术列为 20 世纪 90 年代 22 项关键技术之一；日本将传感器技术列为 20 世纪 80 年代十大技术之首；我国也将传感器技术列为 20 世纪 80 年代国家重点发展的高新技术之一。可见，传感器技术是一项与现代技术密切相关的尖端技术，世界上各个国家都十分重视发展传感器技术，相继将传感器技术列为国家未来发展的核心技术之一。

1.2　传感器的组成与分类

1.2.1　传感器的组成

传感器一般由敏感元件、转换元件、信号调理电路和辅助电源等组成，如图 1.1 所示。敏感元件直接感受或响应规定的被测量，并按一定规律转换成与被测量有确定关系的其他量（如位移、应变、压力、光强等）；转换元件将敏感元件的输出量转换成适于传输或测量的可用信号（如电阻、电容、电压、电荷等）；信号调理电路将转换元件输出的可用信号进行转换、放大、运算、调制、滤波等；辅助电源为信号调理电路和传感器提供工作电源。

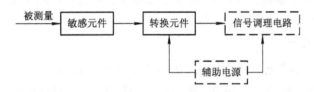

图 1.1　传感器组成框图

传感器的敏感元件与转换元件之间并无严格的界限，有些传感器很简单，有些传感器较为复杂。最简单的传感器只有一个敏感元件（兼转换元件），它直接感受被测量并输出可用信号。如热电偶传感器直接将被测温度转换成热电势输出，电容式位移传感器直接将被测位移转换成电容量的变化。这里热电偶和电容器既是敏感元件，又是转换元件。

有些传感器由敏感元件和转换元件组成。如应变式压力传感器由弹性膜片和电阻应变片组成，弹性膜片先将被测压力转换成弹性膜片的应变（形变），弹性膜片的应变施加在电阻应变片上再将应变转换成电阻量的变化，弹性膜片就是敏感元件，电阻应变片就是转换元件。又如压电式加速度传感器由弹簧、质量块和压电晶片等组成，质量块被预先加载的弹簧紧压在压电晶片上，当传感器与被测物体一起振动时，质量块先将振动加速度转换成作用在压电晶片上的惯性力，由于正压电效应，压电晶片再将惯性力转换成电荷输出，质量块就是敏感元件，压电晶片就是转换元件。

有些传感器不止一个转换元件，而要经过多次转换。如应变式密度传感器，它由浮子、悬臂梁和电阻应变片等组成，如图 1.2 所示。浮子先将被测液体的密度转换成浮力变化，浮力作用在悬臂梁上使梁产生变形，粘贴在悬臂梁上的电阻应变片再将梁的变形转换成电阻量的变化，这样经过三次转换才将被测液体的密度转换成电阻量的变化。

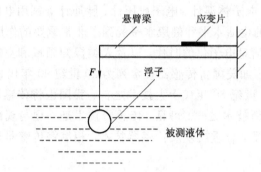

图 1.2 应变式密度传感器

随着半导体器件与集成技术在传感器中的应用，传感器的信号调理电路和辅助电源既可以安装在传感器的壳体里，也可以与敏感元件一起集成在同一芯片上构成集成传感器（如 ADI 公司生产的 AD22100 型模拟集成温度传感器等），还可以根据传感器原理、敏感元件类型单独设计构成专用测量仪器（如电阻应变仪、电荷放大器等）。

1.2.2 传感器的分类

传感器技术是一门知识密集型技术，与很多学科有关。现已发展起来的传感器用途广泛，原理各异，形式多样，种类繁多。对同一个被测量可以用不同类型的传感器来测量，而利用同一原理设计的传感器又可以测量多种被测量。因此，传感器的分类方法也不尽相同，目前采用的分类方法主要有以下几种。

1. 按工作原理分类

传感器按其工作原理划分，将物理、化学和生物等学科的某些机理、规律、效应作为分类依据，一般可分为物理型传感器、化学型传感器和生物型传感器三大类，其中物理型传感器又可分为结构型传感器和物性型传感器，如图 1.3 所示。这种分类方法的特点是对传感器的工作原理分析得比较清楚，有利于从原理、设计及应用上进行归纳。

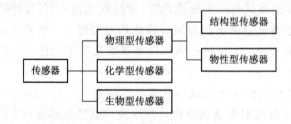

图 1.3 传感器的分类

（1）物理型传感器是利用某些敏感元件的物理结构或某些功能材料的物理特性及效应制成的传感器。例如金属电阻丝在被测应力作用下发生机械变形，从而引起电阻量变化（电阻应变效应）的应变式传感器；半导体材料在被测应力作用下其电阻率发生变化，从而引起电阻量变化（压阻效应）的压阻式传感器；电容器在被测量作用下其极板产生位移，从而引起电容量变化的电容式传感器；线圈在磁场中作直线运动或转动时产生感应电势输出（电磁感应原理）的磁电式传感器；压电晶体在被测力作用下产生电荷输出（正压电效应）的压电式传感器等。

① 结构型传感器是基于某种敏感元件的结构形状或几何尺寸（如厚度、角度、位置等）的变化来感受被测量，并转换成可用信号的传感器。例如电容式压力传感器，当被测压力作用在电容器的动极板（敏感元件）上时，电容器的动极板发生位移导致电容量发生变化。如果谐振装置中采用这种电容器，其谐振频率就随电容量发生变化，所以检测谐振频率的变化就实现了对压力的测量。虽然这类传感器开发较早，但近年来由于新材料、新工艺、新技术的开发应用，在精度、灵敏度、稳定度和可靠性等方面都有了很大的提高，所以至今仍广泛应用于工业生产自动化和过程控制的检测设备中。

② 物性型传感器是利用某些功能材料本身具有的内在特性及效应来感受被测量，并转换成可用信号的传感器。例如利用压电特性的石英晶体材料制成的压电式压力传感器，是利用石英晶体的正压电效应而实现对压力的测量的；利用半导体材料在被测压力作用下引起内部应力变化导致电阻量变化而制成的压阻式压力传感器，是利用半导体材料的压阻效应实现对压力的测量的。这类传感器一般没有可动结构部分，具有结构简单、重量轻、体积小、响应快、易于集成化和小型化等优点。随着半导体材料和高分子功能材料的飞速发展，物性型传感器越来越引起人们的重视。

（2）化学型传感器是利用电化学反应原理，将各种化学物质（如电解质、化合物、分子、离子）的状态、成分、浓度等转换成可用信号的传感器。例如离子敏传感器，它是利用离子选择性电极来测量溶液的 pH 值或离子（如 K^+、Na^+、H^+ 等）活度的传感器。其测量原理就是根据电极界面（固相）和被测溶液（液相）之间的电化学反应原理，利用电极对溶液中离子的选择性响应所产生的电位差与离子活度的对数呈线性关系的特性，检测出电化学反应过程中的电位差而实现对离子活度的测量的。这类传感器具有携带方便、选择性好、灵敏度高、易微型化等特点，广泛应用于化学分析、化学工业的在线检测及环境保护中。

（3）生物型传感器是利用生物反应（酶反应、微生物反应、免疫学反应等）原理，将生物体内的葡萄糖、DNA 等转换成可用信号的传感器。例如葡萄糖酶传感器，葡萄糖氧化酶在催化葡萄糖氧化时产生过氧化氢电极，若把葡萄糖氧化酶和过氧化氢电极一起做成复合酶膜，就可以用来测量葡萄糖溶液的浓度或人体血液的血糖。这类传感器是以生物体活性物质（酶、抗体、抗原、激素、细胞、微生物等）作为敏感元件，以选择性电极（氧电极、氢电极、过氧化氢电极等）作为转换元件，具有选择性高、分析速度快、操作简单等特点，在生化、医药、环境、食品及军事等领域都有着广泛的应用前景。

2. 按能量转换关系分类

传感器按被测量与输出量的能量转换关系划分，可分为能量控制型传感器和能量转换型传感器两大类。

（1）能量控制型传感器先将被测量转换成电参量（电阻、电容、电感等）的变化，再依靠外部辅助电源将电参量的变化转换成电能输出，并且由被测量控制输出电能的变化。属于这种类型的传感器有电阻式、电容式、电感式等。例如电阻应变式传感器先将被测应力、应变转换成应变片的电阻量变化，应变片作为电阻元件接入电桥电路，电桥工作电源由外部供给，应变片电阻量的变化控制电桥的失衡程度，从而导致测量电桥输出的电压或电流发生变化。这类传感器在进行信号转换时，需要外部提供电源，故也称为无源传感器。

（2）能量转换型传感器直接将被测量转换成电能输出。属于这种类型的传感器有压电式、磁电式、热电偶、太阳能电池等。例如磁电式传感器直接将速度或转速转换成感应电势输出；压电式传感器直接将冲击力转换成电荷输出等。这类传感器在进行信号转换时，不需要另外提供电源，故也称为有源传感器。

3. 按输出信号分类

传感器按输出信号的形式划分，可分为模拟型传感器和数字型传感器。

（1）模拟型传感器输出连续的模拟信号，而输出周期性信号的传感器实质上也是模拟型传感器。例如感应同步器的滑尺相对定尺移动时，定尺上产生的感应电势为周期性信号，感应同步器就是一种模拟型传感器。

（2）数字型传感器输出"1"或"0"两种信号电平，两种信号电平的高低由电路的通断、信号的有无、极性的正负、绝对值的大小等来实现。例如用光电式接近开关检测不透明的物体，当物体位于光源和光电器件之间时，光路阻断，光电器件截止，输出高电平"1"；当物体离开后，光电器件导通，输出低电平"0"。根据光电器件输出电平的高低就可实现对被测物体的检测或计数。数字型传感器便于与计算机联用，且抗干扰能力强，如码盘式角位移传感器、双金属温度开关等。

4. 按被测量分类

传感器按被测量的性质划分，可分为位移传感器、速度传感器、加速度传感器、转速传感器、力矩传感器、压力传感器、流量传感器、温度传感器、湿度传感器、浓度传感器等。由于这种分类方法是按被测量命名的，因而能够明确地指出传感器的用途，方便地表示传感器的功能，便于使用者选用。生产厂家和用户都习惯于这种分类方法。

除以上几种常用的分类方法之外，还有按作用形式可分为主动型传感器和被动型传感器；按构成可分为基本型传感器、组合型传感器和应用型传感器；按材料可分为陶瓷传感器、半导体传感器、有机高分子材料传感器和气体传感器；按用途可分为工业用、民用、军用、医疗卫生用、环境保护用、科学研究用等类型的传感器。

1.3 传感器的发展趋势

20 世纪 80 年代以来，人类社会进入了信息技术的年代，信息技术对社会发展、科学技术进步起着决定性的作用。而传感器技术作为现代信息技术的三大支柱之一，其作用和地位就显得更为重要，没有传感器技术就没有信息技术，没有信息技术就没有科学技术。传感器是感知、获取自然界信息的关键部件，其发展趋势可以概括为以下几个方面。

1.3.1 新材料、新功能的开发

传感器材料是传感器技术的重要基础，而新材料又是开发新型传感器的基础。随着材料科学的飞速发展，人们已研制、设计与制造出各种用于传感器的新功能材料。

1. 半导体材料

半导体材料包括单晶硅、多晶硅、非晶硅、硅蓝宝石等。由于半导体材料对很多信息量具有敏感特性，又有成熟的平面工艺，易于实现多功能化、集成化和智能化，并且具有相互兼容、性能优良的电学特性和机械特性，因此在压敏、光敏、气敏、热敏、湿敏和固态图像等传感器中得到了广泛应用。

2. 压电材料

压电材料包括石英晶体、压电陶瓷、压电半导体等。其中，天然的石英晶体（单晶体）稳定性很好，机械强度很高，但资源少，一般只用来研制各种微型化的高精度传感器和校准用的标准传感器；人工合成的压电陶瓷（多晶体）灵敏度高，制造工艺成熟，可通过合理配方和掺杂来拓展应用领域；压电半导体既有压电特性，又有半导体特性，便于与信号调理电路集成于一体，形成集成传感器。

3. 功能材料

功能材料包括半导体氧化物、有机材料、光导纤维等。随着材料科学的发展，人们在研制材料时，可以根据功能要求随意、方便地控制它的成分，从而设计制成各种用于传感器的功能材料。例如控制半导体氧化物的成分，制成各种气敏传感器；将有机材料作为功能材料，制成力敏、湿敏、光敏、气敏和离子敏传感器；光导纤维既可以作为传光元件，又可以作为敏感元件，制成位移、温度、压力、振动、速度等传感器。

此外，一些高分子材料、纳米材料、生物敏感材料、复合材料、薄膜材料、形状记忆合金材料等，在传感器技术中也得到了成功的应用。

1.3.2　新工艺、新技术的应用

传感器敏感元件的性能、尺寸不仅与材料有关，而且还与加工工艺及技术有关。例如利用 IC 技术发展起来的微细加工技术，能加工出性能稳定、可靠性高、体积小、质量轻的敏感元件。微细加工技术除了继承氧化、光刻、扩散、淀积、溅射等平面电子工艺技术外，还发展了刻蚀工艺技术、固相键合工艺技术、各向异性腐蚀技术、离子注入技术、外延技术、薄膜技术、机械切割技术和整体封装技术等，利用这些技术对半导体硅材料进行三维形状的加工，能制造出各式各样的新型传感器。例如，利用光刻、扩散工艺研制出的压阻式传感器；利用薄膜工艺研制出的气敏和湿敏传感器；利用各向异性腐蚀技术，在硅片上构成孔、沟、棱、锥、半球等各种形状的微型机械元件，研制出的全硅谐振式压力传感器等。

利用 IC 技术将敏感元件和信号调理电路集成在同一芯片上，就可制成低成本、高精度、超小型的集成传感器。目前集成传感器主要使用半导体硅材料，它既可以制作磁敏、力敏、温敏、光敏和离子敏等敏感元件，又可以制作电路，便于传感器的微型化与集成化。目前，一些发达国家正在把传感器与信号调理电路、辅助电源等集成在一起进行研究。

1.3.3　多功能、智能化传感器的研制

将多种功能的敏感元件或同一功能的多个敏感元件集成在一个芯片上，就可以检测多种被测量。例如我国研制出的复合式热阻传感器，就可以同时测量压力与温度；日本丰田研究所研制的 Na^+、K^+、H^+ 多离子传感器，芯片尺寸为 2.5 mm×0.5 mm×0.5 mm，仅用一滴血液就可快速检测出钠、钾、氢离子的浓度，非常适用于医院的临床诊断。

将传感器、信号调理电路和微处理器等组装在一起构成多功能、智能化传感器，不仅具有信号检测与转换功能，而且还能实现信息采集、记忆存储、统计处理、双向通信及自诊断、自校正、自适应等功能。例如美国霍尼韦尔公司研制的 ST3000 系列智能传感器，可以通过现场通信来设定、检查传感器的工作状态，芯片尺寸为 3 mm×4 mm×2 mm，在一个芯片上能同时测量差压、静压和温度三个信号。

思考题与习题

1.1　什么叫传感器？举例说明传感器在信息技术中的作用。

1.2　在现代测量技术中，为什么把传感器的输出界定在可用信号上？

1.3　为了快速、准确、可靠地实现信息转换，传感器应满足哪些必要条件？

1.4　传感器由哪几部分组成？简述各组成部分的功用及相互关系。

1.5　传感器有哪几种分类方法？

1.6　能量控制型传感器和能量转换型传感器有何不同？

1.7　结构型传感器和物性型传感器各有何特点？

1.8　模拟型传感器和数字型传感器各有何特点？

第2章　传感器的基本特性

在现代化生产和科学实验中，要对各种各样的参数进行检测和控制，这就要求传感器能感受被测量的变化，并将其转换为与被测量呈一定函数关系的可用信号。传感器能否正确地完成预定的检测和控制任务，主要取决于传感器的基本特性，即传感器的输出量与输入量的关系特性，它是与传感器的内部结构参数有关的外部特性。传感器的输入量可分为静态量和动态量。静态量是指不随时间变化的常量或变化极其缓慢的量；动态量是指周期变化、瞬态变化或随机变化的量。输入量为静态量时，其输出量与输入量的关系特性称为传感器的静态特性；输入量为动态量时，其输出量与输入量的关系特性称为传感器的动态特性。

由于各种传感器有着不同的内部结构参数，它们的静态特性和动态特性也表现出不同的特点，对测量结果的影响也各不相同。所以一个高精度的传感器，必须同时具有良好的静态特性和动态特性，这样才能无失真地完成对被测量的检测、控制和转换。

2.1　传感器的静态特性

传感器的静态特性是指输出量与输入量都不随时间变化的关系特性，其输出量与输入量的关系特性可以用数学表达式、曲线或数据表格等形式来表示。

2.1.1　传感器的静态数学模型

传感器的静态数学模型是在输入量为静态量时，即输入量对时间的各阶导数等于零时，其输出量与输入量关系的数学模型。如果不考虑迟滞和蠕变效应，传感器的静态数学模型一般可用多项式来表示，即

$$y = a_0 + a_1 x + a_2 x^2 + a_3 x^3 + \cdots + a_n x^n \tag{2.1}$$

式中：x——传感器的输入量；

y——传感器的输出量；

a_0——输入量 x 为零时的输出量，即零位输出量；

a_1——线性项的待定系数，即线性灵敏度；

a_2，a_3，$\cdots$，a_n——非线性项的待定系数。

多项式(2.1)中的各项系数决定了传感器静态特性曲线的具体形式。在研究传感器的线性特性时，可以不考虑零位输出量，即取 $a_0 = 0$，则式(2.1)由线性项和非线性项叠加而成。静态特性曲线过原点，一般可分为四种情况，如图2.1所示。

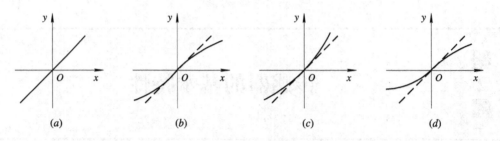

图 2.1　传感器的静态特性曲线

(a) 理想线性特性；(b) 非线性项仅有奇次项；(c) 非线性项仅有偶次项；(d) 一般情况

1. 理想线性特性

当 $a_2 = a_3 = \cdots = a_n = 0$ 时，多项式(2.1)中的非线性项为零，静态特性曲线为理想的线性特性，如图 2.1(a)所示。此时

$$y = a_1 x \qquad (2.2)$$

其静态特性曲线是一条过原点的直线，直线上所有点的斜率相等，传感器的灵敏度为

$$S = \frac{y}{x} = a_1 = 常数 \qquad (2.3)$$

2. 非线性项仅有奇次项

当 $a_2 = a_4 = \cdots = 0$ 时，多项式(2.1)中的非线性项的偶次项为零，仅有奇次非线性项，即

$$y = a_1 x + a_3 x^3 + a_5 x^5 + \cdots \qquad (2.4)$$

此时的静态特性曲线关于原点对称，在原点附近有较宽的线性范围，如图 2.1(b)所示。这是比较接近理想线性的非线性特性。差动式传感器具有这种特性，可以消除电器元件中的偶次分量，显著地改善非线性，并可使灵敏度提高一倍。

3. 非线性项仅有偶次项

当 $a_3 = a_5 = \cdots = 0$ 时，多项式(2.1)中的非线性项的奇次项为零，仅有偶次非线性项，即

$$y = a_1 x + a_2 x^2 + a_4 x^4 + \cdots \qquad (2.5)$$

此时的静态特性曲线过原点，但不具有对称性，线性范围较窄，如图 2.1(c)所示。传感器设计时很少采用这种特性。

4. 一般情况

多项式(2.1)中的非线性项既有奇次项，又有偶次项，即

$$y = a_1 x + a_2 x^2 + a_3 x^3 + \cdots + a_n x^n \qquad (2.6)$$

此时的静态特性曲线过原点，也不具有对称性，如图 2.1(d)所示。

传感器的静态数学模型究竟取几阶多项式，这是一个数学处理问题。通过理论分析建立静态数学模型是非常复杂的，有时甚至难以实现。在实际应用中，往往利用静态标定数据来建立静态数学模型或绘制静态标定曲线，根据静态标定曲线来描述传感器的静态特性，这是目前普遍采用的一种方法。

2.1.2　传感器的静态标定

在规定条件下,利用一定准确度等级的标定设备产生已知标准的静态量(如标准压力、应变、位移等)作为传感器的输入量,用实验方法对传感器进行多次重复测量,从而得到输出量的过程称为传感器的静态标定(或静态校准)。根据静态标定时传感器的静态标定数据绘制的曲线称为静态标定曲线,通过对静态标定曲线的分析处理,可确定传感器的静态特性。

1. 静态标定的条件

传感器静态标定的条件主要有标定环境和标定设备。

1) 标定环境

(1) 无加速度、无振动、无冲击(除非这些量本身就是被测量);

(2) 环境温度一般为(20±5)℃;

(3) 相对湿度不大于 85%;

(4) 大气压力为 0.1 MPa。

2) 标定设备

(1) 标定设备和传感器的确定性系统误差较小或可以消除,只考虑它们的随机误差时,应满足如下条件

$$\sigma_b \leqslant \frac{1}{3}\sigma_c \qquad (2.7)$$

式中:σ_b——标定设备的随机误差;

σ_c——传感器的随机误差。

(2) 标定设备和传感器的随机误差较小,只考虑它们的系统误差时,应满足如下条件

$$\varepsilon_b \leqslant \frac{1}{10}\varepsilon_c \qquad (2.8)$$

式中:ε_b——标定设备的系统误差;

ε_c——传感器的系统误差。

例如对压电式压力传感器进行静态标定时,选用静重式标准活塞压力计作为传感器的标定设备,传感器输出配接静态标准电荷放大器及显示仪表;对应变式拉压力传感器进行静态标定时,选用标准测力机作为传感器的标定设备,传感器输出配接静态电阻应变仪。

2. 静态标定的过程

(1) 根据静态标定的条件,将传感器、标定设备以及测量仪器连接好;

(2) 在传感器超载 20% 的全量程范围内分成若干等份,保持一定时间均匀地进行逐级加载和卸载,并逐点记录传感器的静态标定数据;

(3) 将静态标定数据用表格列出或绘出标定曲线,然后进行分析处理,从而确定传感器的静态特性。

2.1.3　传感器的静态性能指标

描述传感器的静态特性主要有线性度、灵敏度、滞后量、重复性、精度、分辨率、稳定性、漂移等静态性能指标。

1. 线性度(非线性误差)

线性度是指传感器的输出量 y 与输入量 x 之间能否保持理想线性特性的一种度量。如果多项式(2.1)中的非线性项的阶次不高，在输入量变化范围不大的条件下，可以用一条直线来近似代替传感器的静态标定曲线，如图2.2所示。这种方法称为传感器非线性特性的线性化，所采用的直线称为拟合直线，传感器在全量程范围内静态标定曲线与拟合直线的接近程度称为线性度。线性度 γ_{L} 用静态标定曲线与拟合直线之间最大偏差的绝对值 $\Delta L_{\max}$ 与满量程输出值 Y_{FS} 的百分比来表示，即

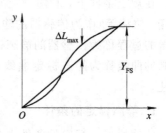

图 2.2　线性度

$$\gamma_{\mathrm{L}} = \frac{\Delta L_{\max}}{Y_{\mathrm{FS}}} \times 100\% \tag{2.9}$$

设拟合直线方程为

$$\hat{y} = a_0 + a_1 x \tag{2.10}$$

式中：$\hat{y}$——输出量的估计值；

a_0——零位时的输出量；

a_1——拟合直线的斜率，即线性灵敏度。

拟合直线的确定方法很多，其原则是获得尽量小的非线性误差，同时考虑使用方便和计算简单。需要指出的是，即使是同一种传感器，用不同方法得到的拟合直线是不同的，计算的线性度也有所不同。常用的拟合方法有端点直线法、端点平移直线法、平均法和最小二乘法等。

1）端点直线法

端点是指量程上、下极限值对应的点，通常取零位输出值作为直线的起点，满量程输出值作为直线的终点，两个端点的连线就是拟合直线。这种拟合方法与静态标定曲线的分布无关，其优点是简单方便，但缺点是 $\Delta L_{\max}$ 较大，拟合精度较低，只能作粗略估计，一般用于静态特性曲线非线性较小的传感器。

2）端点平移直线法

在端点直线法的基础上，将端点直线平行移动，移动间距为 $\Delta L_{\max}$ 的一半，使静态标定曲线分布在拟合直线的两侧。这种拟合方法不仅简单方便，而且非线性误差减小了一半，提高了拟合精度。

3）平均法

平均法确定拟合直线的实质是：选择合适的待定系数 a_0 和 a_1，使静态标定曲线与拟合直线之间偏差的代数和为零，即

$$D = \sum_{i=1}^{n} (y_i - \hat{y}_i) = \sum_{i=1}^{n} (y_i - a_0 - a_1 x_i) = 0$$

拟合直线方程中有两个待定系数 a_0 与 a_1，为了求它们，首先把静态标定数据按输入量 x 由小到大依次排列，然后分成个数近似相等的两组。第一组为 $x_1, x_2, \cdots, x_k$，第二组为 $x_{k+1}, x_{k+2}, \cdots, x_n$，建立相应的两组方程，并将两组方程分别相加得

$$\begin{cases} \sum_{i=1}^{k} y_i = ka_0 + a_1 \sum_{i=1}^{k} x_i \\ \sum_{i-k+1}^{n} y_i = (n-k)a_0 + a_1 \sum_{i=k+1}^{n} x_i \end{cases} \tag{2.11}$$

解此联立方程便可求出待定系数 a_0 与 a_1，从而确定拟合直线方程。

如果传感器的静态标定数据过零点，则取待定系数 $a_0=0$，拟合直线过原点，即

$$\hat{y} = a_1 x \tag{2.12}$$

由平均法确定的拟合直线斜率为

$$a_1 = \frac{\sum_{i=1}^{n} y_i}{\sum_{i=1}^{n} x_i} \tag{2.13}$$

平均法的优点是计算简单，拟合精度较高，其缺点是对静态标定数据的统计规律考虑不够深入，常用于要求不是很高的传感器。

4）最小二乘法

最小二乘法确定拟合直线的实质是：选择合适的待定系数 a_0 和 a_1，使静态标定曲线与拟合直线偏差的平方和为最小，即

$$Q = \sum_{i=1}^{n} (y_i - \hat{y}_i)^2 = \sum_{i=1}^{n} (y_i - a_0 - a_1 x_i)^2$$

为最小。由于偏差的平方均为正值，偏差的平方和为最小，就意味着拟合直线与静态标定曲线的偏离程度最小。

按最小二乘法确定待定系数，就是要求出能使 Q 取最小的 a_0 与 a_1 值。为此，将 Q 分别对 a_0 和 a_1 求偏导数，并令其等于零

$$\begin{cases} \dfrac{\partial Q}{\partial a_0} = -2 \sum_{i=1}^{n} (y_i - a_0 - a_1 x_i) = 0 \\ \dfrac{\partial Q}{\partial a_1} = -2 \sum_{i=1}^{n} (y_i - a_0 - a_1 x_i) x_i = 0 \end{cases}$$

由此解得

$$\begin{cases} a_0 = \dfrac{1}{n} \sum_{i=1}^{n} y_i - \dfrac{a_1}{n} \sum_{i=1}^{n} x_i = \bar{y} - a_1 \bar{x} \\ a_1 = \dfrac{\sum_{i=1}^{n} x_i y_i - \dfrac{1}{n} \sum_{i=1}^{n} x_i \sum_{i=1}^{n} y_i}{\sum_{i=1}^{n} x_i^2 - \dfrac{1}{n} \left(\sum_{i=1}^{n} x_i \right)^2} = \dfrac{\sum_{i=1}^{n} (x_i - \bar{x})(y_i - \bar{y})}{\sum_{i=1}^{n} (x_i - \bar{x})^2} \end{cases} \tag{2.14}$$

式中：$\bar{x} = \dfrac{1}{n} \sum_{i=1}^{n} x_i$ ——输入量的算术平均值；

$\bar{y} = \dfrac{1}{n} \sum_{i=1}^{n} y_i$ ——输出量的算术平均值。

由式（2.14）求出待定系数 a_0 与 a_1 后，就可确定拟合直线方程。

值得注意的是，将 $a_0 = \bar{y} - a_1 \bar{x}$ 代入拟合直线方程 $\hat{y} = a_0 + a_1 x$ 得

$$\hat{y} - \bar{y} = a_1(x - \bar{x}) \tag{2.15}$$

该式表明拟合直线通过 $(\bar{x}, \bar{y})$ 点，这对作拟合直线是很有帮助的。

同理，如果传感器的静态标定数据过零点，待定系数 $a_0 = 0$，拟合直线过原点，则由最小二乘法确定的拟合直线斜率为

$$a_1 = \frac{\sum\limits_{i=1}^{n} x_i y_i}{\sum\limits_{i=1}^{n} x_i^2} \tag{2.16}$$

最小二乘法拟合精度很高，但计算相对繁琐，一般用于较为重要场合的传感器。

2. 灵敏度

灵敏度是传感器对被测量变化的反应能力，是反映传感器基本性能的一个指标。当传感器输入量 x 有一个变化量 Δx，引起输出量 y 也发生相应的变化量 Δy，则输出变化量与输入变化量之比称为灵敏度，常用 S 表示，其表达式为

$$S = \frac{\Delta y}{\Delta x} \tag{2.17}$$

显然，灵敏度就是传感器静态标定曲线的斜率。对于线性传感器，静态标定曲线与拟合直线接近重合，故灵敏度为拟合直线的斜率，它是一个常数，即 $S = a_1 = $ 常数。对于非线性传感器，灵敏度为一变量。一般希望传感器的灵敏度高，在全量程范围内是恒定的，即传感器的静态标定曲线为一条直线。

在工程应用中，由于能量控制型传感器（无源传感器）的输出量与外部提供的电源有关，故其灵敏度必须考虑电源的影响。例如，用于骨外固定力测量的微型 S 梁拉压力传感器，四个电阻应变片接成差动全桥，当供桥电压（电源电压）为 1 V，满量程为 100 N 时，电桥输出电压为 100 mV，则该传感器的灵敏度为 1 mV/(N·V)。

由于外界干扰因素的影响，传感器的灵敏度也会发生变化，从而产生灵敏度误差。灵敏度误差用相对误差来表示，其表达式为

$$\gamma_{\text{S}} = \frac{\Delta S_{\max}}{S} \times 100\% \tag{2.18}$$

式中：γ_{S}——灵敏度的相对误差；

$\Delta S_{\max}$——灵敏度的最大变化量。

3. 滞后量（迟滞或回程误差）

当输入量 x 由小增大（正行程），而后又由大减小（反行程）时，同一个输入量传感器会产生不同的输出量。在全量程范围内，传感器正反行程最大输出差值的绝对值称为滞后量；滞后量是用来描述传感器正反行程的不重合程度的，如图 2.3 所示。滞后量 γ_{H} 用正反行程最大输出差值的绝对值 $\Delta H_{\max}$ 与满量程输出值 Y_{FS} 的百分比来表示，即

$$\gamma_{\text{H}} = \frac{\Delta H_{\max}}{Y_{\text{FS}}} \times 100\% \tag{2.19}$$

实际上，滞后量主要是由于传感器敏感元件材料的

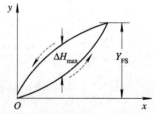

图 2.3 滞后量

物理性质和机械零部件的缺陷所造成的，包括迟滞现象和不工作区（或称死区）。例如，磁性材料磁畴变化时而形成的磁滞回线、压电材料的迟滞现象、弹性材料的弹性滞后、运动部件的摩擦、传动部件的间隙、紧固件的松动等都将产生滞后量。

4. 重复性

重复性表示输入量 x 按同一方向变化，传感器在全量程范围内重复进行测量时所得到各特性曲线的重复程度，如图 2.4 所示。重复性 γ_R 一般采用输出最大不重复误差的绝对值 ΔR_{max} 与满量程输出值 Y_{FS} 的百分比来表示，即

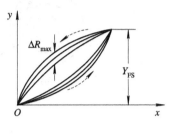

图 2.4　重复性

$$\gamma_R = \frac{\Delta R_{max}}{Y_{FS}} \times 100\% \qquad (2.20)$$

传感器的重复性反映随机误差的大小，其中不重复误差也可以用标准偏差 σ 来代替，即

$$\gamma_R = \frac{(2 \sim 3)\sigma}{Y_{FS}} \times 100\% \qquad (2.21)$$

随机误差服从正态分布，标准偏差 σ 根据贝塞尔公式来计算，其表达式为

$$\sigma = \sqrt{\frac{\sum\limits_{i=1}^{n}(y_i - \bar{y})^2}{n-1}} \qquad (2.22)$$

式中：y_i——多次重复测量的测得值；

$\bar{y}$——测得值的算术平均值；

n——重复测量的次数。

5. 精度

精度反映传感器测量结果与真值的接近程度。它与误差的大小相对应，因此可以用误差的大小来表示精度的高低，误差小则精度高，反之，误差大则精度低。精度可分为精密度、正确度和准确度（精确度）。

（1）精密度表示多次重复测量中，传感器测得值彼此之间的重复性或分散性大小的程度。它反映随机误差的大小，随机误差愈小，测得值就愈密集，重复性愈好，精密度愈高。

（2）正确度表示多次重复测量中，传感器测得值的算术平均值与真值接近的程度。它反映系统误差的大小，系统误差愈小，测得值的算术平均值就愈接近真值，正确度愈高。

（3）准确度（精确度）表示多次重复测量中，传感器测得值与真值一致的程度。它反映随机误差和系统误差的综合大小，只有当随机误差和系统误差都小时，准确度才高。准确度也简称为精度。

对于具体的传感器，精密度高时正确度不一定高，而正确度高时精密度也不一定高，但准确度高，则精密度和正确度都高。在消除系统误差的情况下，精密度与准确度才是一致的。

现以图 2.5 所示的打靶结果——子弹落在靶心周围的三种情况来说明传感器精度的高低。图 2.5(a)表示系统误差大而随机误差小，即正确度低而精密度高，弹孔较密集但偏离靶心较远；图 2.5(b)表示系统误差小而随机误差大，即正确度高而精密度低，弹孔分散但

接近靶心；图 2.5(c)表示系统误差和随机误差都小，正确度和精密度都高，即准确度高，弹孔既集中又接近靶心，这是希望得到的结果。

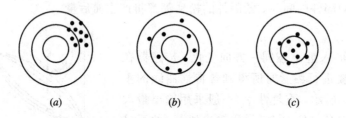

图 2.5　精度
(a) 精密度高；(b) 正确度高；(c) 准确度高

为了确保传感器测量结果的准确可靠，要求传感器的线性度好(非线性误差小)，滞后量和重复性误差小，灵敏度和精度高。由于线性度、灵敏度、滞后量和重复性都是评价传感器静态特性的单项性能指标，而精度则是评价传感器静态特性的综合性指标，所以传感器的精度常用线性度、灵敏度、滞后量、重复性误差的方和根来表示，其表达式为

$$\gamma = \sqrt{\gamma_L^2 + \gamma_S^2 + \gamma_H^2 + \gamma_R^2} \tag{2.23}$$

在工程应用中，传感器的精度也常用相对误差和引用误差来表示。

相对误差

$$\gamma = \frac{y - \mu}{\mu} \times 100\% = \frac{y - \bar{y}}{\bar{y}} \times 100\% \tag{2.24}$$

引用误差

$$\gamma_n = \frac{y - \mu}{\mu_n} \times 100\% = \frac{y - \bar{y}}{y_n} \times 100\% \tag{2.25}$$

式中：y——测得值；

μ、μ_n——给定真值和额定真值；

$\bar{y}$、y_n——测得值的算术平均值和测量范围的上限值(量程)。

传感器的准确度等级多采用引用误差的百分数值来表示，即去掉式(2.25)中的百分号(%)就是传感器的准确度等级，其表达式为

$$a = \frac{y - \bar{y}}{y_n} \times 100 = 100\gamma_n \tag{2.26}$$

在选用传感器时，应在合理选用量程的条件下再选择合适的准确度等级，一般应尽量避免在全量程 1/3 以下的范围内工作，以免产生较大的相对误差。

6. 分辨率

分辨率表示传感器能够检测到输入量最小变化的能力。当输入量缓慢变化，且超过某一增量时，传感器才能够检测到输入量的变化，这个输入量的增量称为传感器的分辨率。当输入量变化小于这个增量时，传感器无任何反应。例如电感式位移传感器的分辨率为 1 μm，能够检测到的最小位移值是 1 μm，当被测位移为 $0.1 \sim 0.9$ μm 时，传感器几乎没有反应。

对于数字式传感器，分辨率是指能引起输出数字的末位数发生变化所对应的输入增量。

7. 稳定性

稳定性表示在较长的时间内传感器对于大小相同的输入量，其输出量发生变化的程度。一般在室温条件下，经过规定的时间间隔后，传感器输出的差值称为稳定性误差，常用相对误差或绝对误差来表示。

8. 漂移

漂移是指在外界干扰的情况下，在一定的时间间隔内，传感器输出量发生与输入量无关的变化程度，包括零点漂移和温度漂移。

零点漂移是指在无输入量的情况下，间隔一段时间进行测量，其输出量偏离零值的大小。温度漂移是指在外界温度（环境温度）干扰下，传感器输出量发生的变化。传感器的灵敏度误差主要是由零点漂移和温度漂移引起的。

例 2.1 对自行研制的用于骨外固定力测量的微型 S 梁拉压力传感器进行静态标定。将四个电阻应变片接成差动全桥，用二等标准砝码的重力作为输入量，等间隔 20 N 加载和卸载，用静态电阻应变测量其输出量（$1\ \mu\varepsilon = 10^{-6}$），传感器在超载 20% 全量程范围内的静态标定数据如表 2.1 所示。求该传感器的灵敏度、线性度和滞后量。

表 2.1 传感器的静态标定数据

序号	输入量/N	输出量/$\mu\varepsilon$	估计值/$\mu\varepsilon$	绝对误差/$\mu\varepsilon$	相对误差/%
1	20	424.0	424.68	-0.68	0.16
2	40	849.0	849.80	-0.80	0.09
3	60	1276.0	1274.92	$+1.08$	0.08
4	80	1702.0	1700.04	$+1.96$	0.12
5	100	2124.0	2125.15	-1.15	0.05
6	120	2550.0	2550.27	-0.27	0.01
7	100	2125.0	2125.15	-0.15	0.01
8	80	1700.0	1700.04	-0.04	0.00
9	60	1275.0	1274.92	$+0.08$	0.01
10	40	849.5	849.80	-0.30	0.04
11	20	424.5	424.68	-0.18	0.04
12	0	0.0	-0.44	$+0.44$	

解 把表中数据代入式（2.14）所示的最小二乘法公式，经计算机处理得拟合直线方程为

$$\hat{y} = a_0 + a_1 x = -0.438\ 354\ 5 + 21.689\ 71x$$

该传感器的灵敏度、线性度和滞后量分别为

$$S = \frac{\Delta y}{\Delta x} = a_1 \approx 21.7\ (\mu\varepsilon/\text{N})$$

$$\gamma_{\text{L}} = \frac{\Delta L_{\max}}{Y_{\text{FS}}} \times 100\% = \frac{1.96}{2550} \times 100\% \approx 0.08\%$$

$$\gamma_{\text{H}} = \frac{\Delta H_{\max}}{Y_{\text{FS}}} \times 100\% = \frac{1702 - 1700}{2550} \times 100\% \approx 0.08\%$$

2.2 传感器的动态特性

用于动态测量的传感器必须对其动态特性有清楚的了解，当被测输入量随时间变化较快时，传感器的输出量不仅受输入量变化的影响，也受到传感器动态特性的影响。传感器的动态特性是指输出量与输入量都随时间变化的关系特性，其动态特性反映输出量再现输入量变化的能力，即测量结果能否真实准确地再现输入信号波形的能力。

2.2.1 传感器的动态数学模型

传感器的输入量 $x(t)$、输出量 $y(t)$ 和转换特性 $h(t)$ 三者之间的关系如图 2.6 所示。

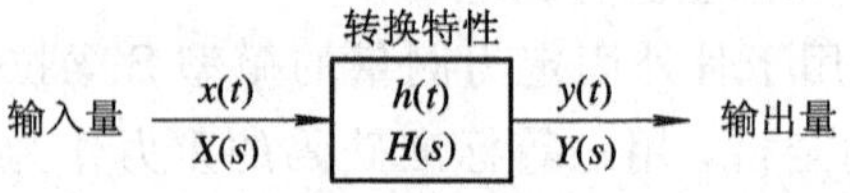

图 2.6 输入量、输出量和转换特性之间的关系

理想传感器应该具有单值的、确定的输入输出关系。对于每一个输入量，传感器都有一个单一的输出量与之一一对应，知道其中一个量就可以确定另一个量，并且以输出量和输入量呈线性关系为最佳。在静态测量中，传感器的这种线性关系虽然总是所希望的，但不是必须的，因为用曲线校正或用输出补偿技术作非线性校正并不困难。在动态测量中，传感器本身应该力求是线性的，这不仅因为目前对线性传感器能作比较完善的数学处理与分析，而且也因为在动态测量中作非线性校正还相当困难或不经济。相当多的实际传感器，由于不可能在较大的工作范围内完全保持线性，而只能限制在一定的工作范围内和一定的误差允许范围内近似地作线性处理。

传感器的动态数学模型比静态数学模型复杂得多，必须根据传感器的结构、参数与特性建立相应的数学模型。要精确地建立传感器的动态数学模型是非常困难的，在工程上总是采取一些近似的措施，略去一些影响不大的因素，把传感器看作时不变线性传感器，一般用常系数线性微分方程来描述，其输出量 $y(t)$ 与输入量 $x(t)$ 之间的关系为

$$a_n \frac{\mathrm{d}^n y(t)}{\mathrm{d}t^n} + a_{n-1} \frac{\mathrm{d}^{n-1} y(t)}{\mathrm{d}t^{n-1}} + \cdots + a_1 \frac{\mathrm{d}y(t)}{\mathrm{d}t} + a_0 y(t)$$

$$= b_m \frac{\mathrm{d}^m x(t)}{\mathrm{d}t^m} + b_{m-1} \frac{\mathrm{d}^{m-1} x(t)}{\mathrm{d}t^{m-1}} + \cdots + b_1 \frac{\mathrm{d}x(t)}{\mathrm{d}t} + b_0 x(t) \tag{2.27}$$

式中：n、m——输出量与输入量的微分阶次；

$a_i(i=0,1,2,\cdots,n)$、$b_j(j=0,1,2,\cdots,m)$——由传感器结构参数确定的系数。

若以 $x(t) \rightarrow y(t)$ 表示传感器的输入量与输出量的对应关系，则时不变线性传感器具有以下主要性质：

(1) 叠加性：若 $x_1(t) \rightarrow y_1(t)$，$x_2(t) \rightarrow y_2(t)$，则

$$[x_1(t) \pm x_2(t)] \rightarrow [y_1(t) \pm y_2(t)] \tag{2.28}$$

即两个输入量共同作用引起的输出量等同于它们分别作用引起的输出量的代数和。

(2) 比例性：对于任意常数 c，都有

$$cx(t) \rightarrow cy(t) \tag{2.29}$$

即输入量放大 c(常数)倍，则输出量等同于该输入量引起的输出量的 c(常数)倍。

（3）微分性：对输入量微分的响应，等同于对原输入量响应的微分，即

$$\frac{\mathrm{d}x(t)}{\mathrm{d}t} \rightarrow \frac{\mathrm{d}y(t)}{\mathrm{d}t} \tag{2.30}$$

（4）积分性：若传感器初始状态为零，则对输入量积分的响应等同于对原输入量响应的积分，即

$$\int_0^t x(t)\,\mathrm{d}t \rightarrow \int_0^t y(t)\,\mathrm{d}t \tag{2.31}$$

（5）频率保持性：若输入量为某一频率的正弦（或余弦）信号，则传感器的稳态输出量将有且只有该同一频率，只不过幅值与相位发生了变化，即

$$x_0 \sin(\omega t) \rightarrow y_0 \sin(\omega t + \varphi) \tag{2.32}$$

在使用传感器时应根据被测输入量的频率范围合理选用频率特性。一般希望在被测输入量的频率范围内，将幅值的变化限制在 $5\%\sim10\%$ 以内，相位的偏移不超过 $3°\sim6°$。

传感器的这些性质，特别是频率保持性，在动态测量中具有重要作用。例如已知传感器是线性的，其输入量的频率也已知（如稳态正弦激振），那么测得的输出量中只有与输入量频率相同的成分才可能是由该输入量引起的振动，而其他频率成分都是干扰。利用这一性质，采用相应的滤波技术，在很强的干扰下也能把有用的频率成分提取出来。

对于时不变线性传感器，常系数线性微分方程式（2.27）是在时域中描述传感器的动态特性，用经典法求解该微分方程比较困难。因此，通过拉普拉斯变换（简称拉氏变换）建立相应的传递函数，把时域中的微分方程变换成频域中的代数方程，不仅易于求解，而且可更简便地描述传感器的动态特性。

1. 传递函数

如果输入量 $x(t)$ 是时间变量 t 的函数，并且在初始条件 $t \leqslant 0$ 时 $x(t)=0$，则它的拉氏变换定义为

$$\mathscr{L}\left[x(t)\right] = \int_0^\infty x(t)\,\mathrm{e}^{-st}\,\mathrm{d}t = X(s) \tag{2.33}$$

由此可得输入量 $x(t)$ 的 n 阶微分的拉氏变换为

$$\mathscr{L}\left[\frac{\mathrm{d}^n x(t)}{\mathrm{d}t^n}\right] = \int_0^\infty \frac{\mathrm{d}^n x(t)}{\mathrm{d}t^n}\mathrm{e}^{-st}\,\mathrm{d}t = s^n X(s) \tag{2.34}$$

式中：s——复变量，且 $s = \sigma + \mathrm{j}\omega$，$\sigma > 0$。

若传感器的初始条件为零，即在考察时刻以前（$t = 0_-$），其输出量与输入量以及各阶微分都为零，此时对式（2.27）进行拉氏变换，可得

$$(a_n s^n + a_{n-1}s^{n-1} + \cdots + a_1 s + a_0)Y(s) = (b_m s^m + b_{m-1}s^{m-1} + \cdots + b_1 s + b_0)X(s) \tag{2.35}$$

传感器的传递函数定义为：在零初始条件下，传感器输出量的拉氏变换与输入量的拉氏变换之比，即

$$H(s) = \frac{Y(s)}{X(s)} = \frac{b_m s^m + b_{m-1}s^{m-1} + \cdots + b_1 s + b_0}{a_n s^n + a_{n-1}s^{n-1} + \cdots + a_1 s + a_0} \tag{2.36}$$

传递函数为复变量 s 的函数，一般为有理真分式，即 $n \geqslant m$。分母中 s 的最高阶数等于输出量微分的最高阶数，如果 s 的最高阶数为 n，则该传感器称为 n 阶传感器。

1）传递函数的特点

由式(2.36)可以看出，传递函数仅与传感器的结构参数有关，而与输入量无关，只反映传感器输出量和输入量的关系，对任意输入量 $x(t)$ 都能确定地给出相应的输出量 $y(t)$，是一个描述传感器传递信息的函数。

传递函数是把实际物理结构抽象成数学模型，然后经过拉氏变换得到的，它只反映传感器的传输、转换和响应特性，而与具体的物理结构无关。同一形式的传递函数可能表征着物理结构完全不同的传感器，它们具有相似的传递特性。

传递函数的分母通常取决于传感器的结构参数，分子则取决于输入量的输入方式。由于在实际的物理结构中，输入量 $x(t)$ 和输出量 $y(t)$ 常具有不同的量纲，所以用传递函数描述传感器传输、转换特性时，也应该真实地反映这种量纲变换。不同的物理结构可能有相似的传递函数，但是系数 a_0 和 b_0 的量纲将由输入量和输出量的量纲决定。

2）多个环节构成的传感器

传感器由多个环节构成时，如果已知各个环节之间的关系，也可以通过各环节的传递函数求出传感器的动态特性。实际传感器往往由若干个环节通过串联或并联的方式所构成，如图 2.7 所示。

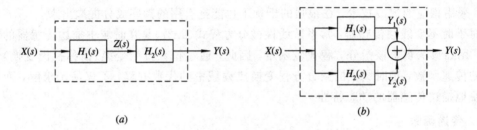

图 2.7 多个环节构成的传感器
(a) 两个环节串联；(b) 两个环节并联

图 2.7(a)为两个环节串联构成的传感器，其传递函数为

$$H(s) = \frac{Y(s)}{X(s)} = \frac{Z(s)Y(s)}{X(s)Z(s)} = H_1(s)H_2(s)$$

类似地，对于 n 个环节串联构成的传感器，其传递函数为

$$H(s) = \prod_{i=1}^{n} H_i(s) \tag{2.37}$$

图 2.7(b)为两个环节并联构成的传感器，其传递函数为

$$H(s) = \frac{Y(s)}{X(s)} = \frac{Y_1(s) + Y_2(s)}{X(s)} = H_1(s) + H_2(s)$$

对 n 个环节串联构成的传感器，也类似地有

$$H(s) = \sum_{i=1}^{n} H_i(s) \tag{2.38}$$

2. 频率特性

传感器的频率响应是指输入量为正弦信号时的稳态响应(输出量)，当由低到高改变正弦输入量的频率时，输出量与输入量的幅值比及相位差的变化情况称为传感器的频率特

性。将 $s=\mathrm{j}\omega$ 代入式(2.33)得

$$X(\mathrm{j}\omega) = \int_0^\infty x(t)\mathrm{e}^{-\mathrm{j}\omega t}\,\mathrm{d}t \tag{2.39}$$

实际上这是单边傅里叶变换(简称傅氏变换),相应的式(2.36)将变为

$$H(\mathrm{j}\omega) = \frac{Y(\mathrm{j}\omega)}{X(\mathrm{j}\omega)} = \frac{b_m(\mathrm{j}\omega)^m + b_{m-1}(\mathrm{j}\omega)^{m-1} + \cdots + b_1(\mathrm{j}\omega) + b_0}{a_n(\mathrm{j}\omega)^n + a_{n-1}(\mathrm{j}\omega)^{n-1} + \cdots + a_1(\mathrm{j}\omega) + a_0} \tag{2.40}$$

$H(\mathrm{j}\omega)$ 就是传感器的频率特性。频率特性是传递函数的一个特例。传递函数是通过对式(2.27)两边求拉氏变换而得到的,频率特性也可以通过对式(2.27)两边求傅氏变换而得到。

在推导传递函数时,曾经强调了传感器的初始状态为零。但是,即使传感器的初始状态为零,从 $t=0_+$ 所施加的输入量也是正弦信号,而传感器的响应也将由瞬态响应和稳态响应两部分组成。瞬态响应取决于传感器的结构参数,反映传感器固有特性的"自然响应",稳态响应取决于输入量的形式。因为传感器中存在阻尼,瞬态响应部分经过一段过渡过程将趋于零。

频率特性仅反映传感器的稳态响应。当输入量为同一频率的正弦信号时,在时间坐标上前可推溯至 $t=-\infty$,后将延续至 $t=+\infty$,因此在观察时刻,瞬态响应部分早已衰减为零。

由此可见,频率特性不能反映过渡过程,传递函数才能反映全过程。频率特性只是传递函数在特定输入量的情况下的描述,这一点在 $H(\mathrm{j}\omega)=H(s)\big|_{s=\mathrm{j}\omega}$ 中就已经充分反映了。

对于时不变线性传感器,若输入量为正弦信号,则稳态响应是与输入量同一频率的正弦信号。输出量的幅值和相位通常不等于输入量的幅值和相位,输出量与输入量的幅值比和相位差是输入信号频率的函数,这将反映在频率特性的模和相角上。

若将频率特性的虚部和实部分开,记作

$$H(\mathrm{j}\omega) = P(\omega) + \mathrm{j}Q(\omega) \tag{2.41}$$

则实部 $P(\omega)$ 和虚部 $Q(\omega)$ 都是角频率 ω 的实函数。

若将频率特性写成模和相角的形式,即

$$H(\mathrm{j}\omega) = A(\omega)\mathrm{e}^{\mathrm{j}\varphi(\omega)} \tag{2.42}$$

则

$$A(\omega) = |H(\mathrm{j}\omega)| = \sqrt{P^2(\omega) + Q^2(\omega)} \tag{2.43}$$

$$\varphi(\omega) = \angle H(\mathrm{j}\omega) = \arctan\frac{Q(\omega)}{P(\omega)} \tag{2.44}$$

称 $A(\omega)$ 为传感器的幅频特性函数,$\varphi(\omega)$ 为传感器的相频特性函数,即输入量为不同频率的正弦信号时,输出量与输入量的幅值比和相位差。据此画出的 $A(\omega)\text{-}\omega$ 曲线和 $\varphi(\omega)\text{-}\omega$ 曲线分别称为传感器的幅频特性曲线和相频特性曲线。

1) 零阶传感器的频率特性

当输出量和输入量的微分阶次都为零时,式(2.27)中的系数除了 a_0 和 b_0 之外,其他系数都为零,则输出量和输入量之间为理想的线性特性,微分方程就变成了简单的代数方程,即

$$a_0 y(t) = b_0 x(t)$$

该代数方程可改写成

$$y(t) = \frac{b_0}{a_0}x(t) = Sx(t) \tag{2.45}$$

式中：$S = b_0/a_0$——传感器的静态灵敏度。

对于时不变线性传感器，静态灵敏度 S 为常数。在动态特性分析中，灵敏度只起着使输出量增加倍数的作用。为了分析方便，讨论任意阶传感器都将静态灵敏度归一化为 1，归一化后对式（2.45）求拉氏变换可得零阶传感器的传递函数为

$$H(s) = \frac{Y(s)}{X(s)} = \frac{b_0}{a_0} = 1 \tag{2.46}$$

零阶传感器的频率特性、幅频特性函数和相频特性函数分别为

$$H(j\omega) = \frac{Y(j\omega)}{X(j\omega)} = 1 \tag{2.47}$$

$$A(\omega) = 1 \tag{2.48}$$

$$\varphi(\omega) = 0° \tag{2.49}$$

零阶传感器的幅频特性曲线和相频特性曲线如图 2.8 所示。

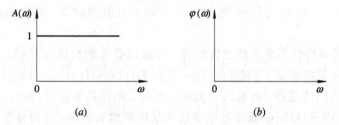

图 2.8 零阶传感器的频率特性

（a）幅频特性曲线；（b）相频特性曲线

零阶传感器是一个理想的传感器，具有理想的动态特性，无论输入量如何变化，其输出量都不会引起失真。

2）一阶传感器的频率特性

式（2.27）中的系数除了 a_1、a_0 和 b_0 之外，其他系数都为零，则微分方程为

$$a_1 \frac{dy(t)}{dt} + a_0 y(t) = b_0 x(t)$$

该方程为一阶微分方程，可改写成标准形式

$$\tau \frac{dy(t)}{dt} + y(t) = Sx(t) \tag{2.50}$$

式中：$\tau = a_1/a_0$——传感器的时间常数；

$S = b_0/a_0$——传感器的静态灵敏度。

将静态灵敏度 S 归一化为 1，对式（2.50）求拉氏变换可得一阶传感器的传递函数为

$$H(s) = \frac{Y(s)}{X(s)} = \frac{1}{1+\tau s} \tag{2.51}$$

一阶传感器的频率特性、幅频特性函数和相频特性函数分别为

$$H(j\omega) = \frac{Y(j\omega)}{X(j\omega)} = \frac{1}{1+j\omega\tau} \tag{2.52}$$

$$A(\omega) = \frac{1}{\sqrt{1 + (\omega\tau)^2}} \tag{2.53}$$

$$\varphi(\omega) = -\arctan(\omega\tau) \tag{2.54}$$

以无量纲系数 $\omega\tau$ 为横坐标，幅频特性函数 $A(\omega)$ 和相频特性函数 $\varphi(\omega)$ 为纵坐标，可得一阶传感器的幅频特性曲线和相频特性曲线如图 2.9 所示。

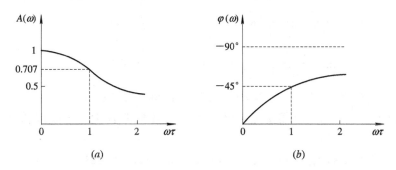

图 2.9　一阶传感器的频率特性

(a) 幅频特性曲线；(b) 相频特性曲线

由图 2.9 可以看出，只有当 $\omega\tau = 0$ 时，$A(\omega) = 1$，$\varphi(\omega) = 0°$。由此可得，用一阶传感器测量时产生的幅值误差和相位误差分别为

$$\Delta A(\omega) = A(\omega) - A(0) = \frac{1}{\sqrt{1 + (\omega\tau)^2}} - 1 \tag{2.55}$$

$$\Delta\varphi(\omega) = \varphi(\omega) - \varphi(0) = -\arctan(\omega\tau) \tag{2.56}$$

当 $\omega\tau$ 很小时，传感器接近于理想状态，即使时间常数 τ 值不变，总有一个角频率 ω 值确保 $\omega\tau$ 足够小，当输入量角频率小于 ω 值时，输出量失真就很小，测量结果就足够准确。

如果需要测量高频率的输入量，则必须要求传感器的时间常数 τ 值很小，所以准确地动态测量需要小时间常数的传感器。在 $\omega\tau = 1$ 处，输出量与输入量幅值比降为 0.707，相位滞后 45°，只有 $\omega\tau$ 远小于 1 时，幅值比才接近于 1。因此一阶传感器的动态特性参数是时间常数 τ，时间常数 τ 的大小决定了一阶传感器的动态特性。

在工程应用中，用于温度测量的热电偶、热电阻、液柱式温度计均可看作一阶传感器。

例 2.2　证明图 2.10 所示的液柱式温度计是一阶传感器。

证明　若用 $T_i(t)$ 表示温度计的被测温度，$T_o(t)$ 表示温度计的示值温度，c 表示温度计的热容量，α 表示传热系数，则根据热力学定律，它们之间的关系为

$$c\frac{\mathrm{d}T_o(t)}{\mathrm{d}t} = \alpha[T_i(t) - T_o(t)]$$

即

$$\frac{c}{\alpha}\frac{\mathrm{d}T_o(t)}{\mathrm{d}t} + T_o(t) = T_i(t)$$

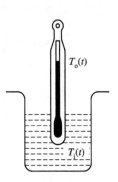

该方程为典型的一阶传感器特性方程，时间常数 $\tau = c/\alpha$，静态灵敏度 $S = 1$，所以液柱式温度计是一阶传感器。

图 2.10　液柱式温度计

例 2.3 用 $\tau = 0.2$ s 的一阶传感器来测量复合周期信号

$$x(t) = \sin 2t + 0.3 \sin 20t$$

求传感器的测量结果 $y(t) = ?$

解 根据时不变线性传感器的叠加性和频率保持性，传感器的测量结果为

$$y(t) = A(2) \sin[2t + \varphi(2)] + 0.3A(20) \sin[20t + \varphi(20)]$$

$$= \frac{1}{\sqrt{1 + (2 \times 0.2)^2}} \sin[2t - \arctan(2 \times 0.2)]$$

$$+ \frac{0.3}{\sqrt{1 + (20 \times 0.2)^2}} \sin[20t - \arctan(20 \times 0.2)]$$

$$= 0.93 \sin(2t - 0.38) + 0.072 \sin(20t - 1.32)$$

理想情况下 $y(t)$ 与 $x(t)$ 很接近，但本例中两者相差较大，即该传感器的测量误差较大。

若改用 $\tau = 0.002$ s，则 $y(t) = 0.999 \sin(2t - 0.004) + 0.299 \sin(20t - 0.04)$，$y(t)$ 与 $x(t)$ 较为接近，测量误差较小，这是希望得到的测量结果。

3）二阶传感器的频率特性

式（2.27）中的系数除了 a_2、a_1、a_0 和 b_0 之外，其他系数都为零，则微分方程为

$$a_2 \frac{\mathrm{d}^2 y(t)}{\mathrm{d}t^2} + a_1 \frac{\mathrm{d}y(t)}{\mathrm{d}t} + a_0 y(t) = b_0 x(t)$$

该方程为二阶微分方程，也可改写成标准形式

$$\frac{\mathrm{d}^2 y(t)}{\mathrm{d}t^2} + 2\xi \omega_n \frac{\mathrm{d}y(t)}{\mathrm{d}t} + \omega_n^2 y(t) = S \omega_n^2 x(t) \tag{2.57}$$

式中：$\omega_n = \sqrt{a_0/a_2}$ ——传感器的固有角频率；

$\xi = \dfrac{a_1}{2\sqrt{a_0 a_2}}$ ——传感器的阻尼度；

$S = b_0/a_0$ ——传感器的静态灵敏度。

将静态灵敏度 S 归一化为 1，对式（2.57）求拉氏变换可得二阶传感器的传递函数为

$$H(s) = \frac{Y(s)}{X(s)} = \frac{\omega_n^2}{s^2 + 2\xi \omega_n s + \omega_n^2} \tag{2.58}$$

二阶传感器的频率特性、幅频特性函数和相频特性函数分别为

$$H(\mathrm{j}\omega) = \frac{Y(\mathrm{j}\omega)}{X(\mathrm{j}\omega)} = \frac{\omega_n^2}{(\mathrm{j}\omega)^2 + 2\xi \omega_n (\mathrm{j}\omega) + \omega_n^2} = \frac{1}{1 - \left(\dfrac{\omega}{\omega_n}\right)^2 + \mathrm{j}2\xi\left(\dfrac{\omega}{\omega_n}\right)} \tag{2.59}$$

$$A(\omega) = \frac{1}{\sqrt{\left[1 - \left(\dfrac{\omega}{\omega_n}\right)^2\right]^2 + 4\xi^2\left(\dfrac{\omega}{\omega_n}\right)^2}} \tag{2.60}$$

$$\varphi(\omega) = -\arctan \frac{2\xi(\omega/\omega_n)}{1 - (\omega/\omega_n)^2} \tag{2.61}$$

以相对角频率 ω/ω_n 为横坐标，幅频特性函数 $A(\omega)$ 和相频特性函数 $\varphi(\omega)$ 为纵坐标，可得二阶传感器的幅频特性曲线和相频特性曲线如图 2.11 所示。

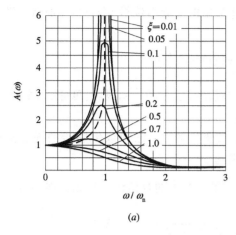 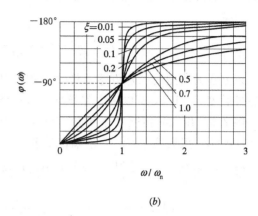

图 2.11　二阶传感器的频率特性

(a) 幅频特性曲线；(b) 相频特性曲线

由图 2.11 可以看出，只有当 $\omega/\omega_n = 0$ 时，$A(\omega) = 1$，$\varphi(\omega) = 0°$。由此可得，用二阶传感器测量时产生的幅值误差和相位误差分别为

$$\Delta A(\omega) = A(\omega) - A(0) = \frac{1}{\sqrt{\left[1 - \left(\dfrac{\omega}{\omega_n}\right)^2\right]^2 + 4\xi^2 \left(\dfrac{\omega}{\omega_n}\right)^2}} - 1 \tag{2.62}$$

$$\Delta\varphi(\omega) = \varphi(\omega) - \varphi(0) = -\arctan\frac{2\xi(\omega/\omega_n)}{1 - (\omega/\omega_n)^2} \tag{2.63}$$

二阶传感器固有频率 f_n 的选择应与工作频率 f 密切联系。当 $\omega/\omega_n = f/f_n = 1$ 时，传感器将引起共振，此时幅频特性函数 $A(\omega) = 1/2\xi$，若阻尼度 ξ 甚小，则输出量的幅值将急剧增大，幅值增大的情况与阻尼度成反比。此外，在 $\omega/\omega_n = 1$ 处，不管 ξ 多大，输出量与输入量的相位总是滞后 $90°$，而在 $\omega/\omega_n \gg 1$ 时接近 $180°$，即输出量几乎与输入量反相。

当阻尼度 $\xi = 0.7$ 左右时，幅频特性曲线平坦的频率范围较宽，而增大固有频率 f_n 将相应增大工作频率范围，通常称 $\xi = 0.7$ 为最佳阻尼度。为了准确测量高频信号，必须选用更高的固有频率和最佳的阻尼度。二阶传感器实现相位滞后为零是很困难的，而阻尼度 $\xi = 0.7$ 的相频特性曲线在较宽频率范围内近似于直线，这样的传感器不会因为相位滞后而导致输出量失真。

综上所述，二阶传感器的动态特性参数为固有频率 f_n 和阻尼度 ξ。为了减小测量误差和提高测量频率范围，首先要求传感器有合适的固有频率，通常固有频率至少为被测输入信号频率的 3～5 倍，即 $f_n \geqslant (3\sim5)f$。其次，当固有频率已定的情况下，应选择合适的阻尼度，能使失真小、工作频带宽的最佳阻尼度为 0.6～0.7。

在工程应用中，多数传感器都是二阶系统。如用于振动加速度测量的应变式、电容式、压电式传感器和测力弹簧等均属于二阶传感器，它们都可等效为弹簧、质量、阻尼系统。

例 2.4　证明图 2.12 所示的测力弹簧是二阶传感器。

证明　测力弹簧可简化成弹簧刚度为 k、质量为 m、阻尼

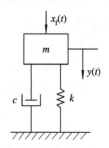

图 2.12　测力弹簧

系数为 c 的机械系统。当被测力 $x_f(t)=0$ 时，调整初始值使输出位移 $y(t)=0$，根据力平衡方程可得

$$m\frac{d^2 y(t)}{dt^2} + c\frac{dy(t)}{dt} + ky(t) = x_f(t)$$

该方程为典型的二阶传感器特性方程，固有角频率 $\omega_n = \sqrt{k/m}$，阻尼度 $\xi = c/2\sqrt{km}$，静态灵敏度 $S=1/k$，所以测力弹簧是二阶传感器。

例 2.5　用二阶传感器来测量 $f=400$ Hz 正弦变化的力，已知该传感器的固有频率 $f_n=800$ Hz，阻尼度 $\xi=0.4$，求幅值误差和相位误差。

解　因为 $\dfrac{\omega}{\omega_n} = \dfrac{f}{f_n} = \dfrac{400}{800} = 0.5$，则用该传感器测量时产生的幅值误差和相位误差分别为

$$\Delta A(\omega) = \frac{1}{\sqrt{(1-0.5^2)^2 + (2\times 0.4\times 0.5)^2}} - 1 = -18\%$$

$$\Delta\varphi(\omega) = -\arctan\frac{2\times 0.4\times 0.5}{1-0.5^2} = -28°$$

幅值和相位误差都较大。为了减小测量误差，应选用更高的固有频率和最佳阻尼度。

常见传感器的阶次一般为零阶、一阶和二阶，尽管实际上存在更高阶次的传感器，但在一定条件下，可以用上述三种情况的组合进行分析。

3. 瞬态响应

以上讨论的都是传感器对稳态正弦激励的响应。频率特性充分描述了在稳态输出与输入情况下传感器的动态特性，它反映了对不同频率成分的正弦激励、传感器输出量与输入量的幅值比和相位滞后的变化情况。在讨论过程中也曾指出，在正弦激励刚施加上去的一段时间内，传感器输出量中含有瞬态响应，它随时间的增大逐渐衰减为零。瞬态响应反映传感器的固有特性，它和激励的初始施加方式有关，而与激励的稳态频率无关。瞬态响应的存在说明传感器的响应有一个过渡过程。

由式(2.36)可知，当已知传递函数表达式中 $H(s)$、$Y(s)$ 和 $X(s)$ 的任意两个量时，就可以求出另一个量。如果传感器的传递函数 $H(s)$ 已知，输入量(激励)也可以用数学表达式 $x(t)$ 描述，那么就可以对输入量求拉氏变换得 $X(s)$，从而得到输出量(响应)的拉氏变换 $Y(s)$，即

$$Y(s) = H(s)X(s) \tag{2.64}$$

由式(2.64)可知，为了求出输出量的拉氏变换 $Y(s)$，需要确定传递函数 $H(s)$ 的数学表达式，所以要用参数拟合的方法估计传递函数表达式中的各项系数。如果传感器已建立了足够准确的数学模型并写出其运动微分方程，那么就可以直接用拉氏变换求得传递函数 $H(s)$。此外，运用式(2.64)还可能遇到另一个问题，那就是工程中的很多实际激励(输入量)也难以用解析式表达，因此也难以直接获得 $X(s)$ 的表达式。这样，要研究传感器的动态特性，就只能给传感器施加一个典型的瞬变输入信号 $x(t)$，通过实验测出传感器的瞬态响应 $y(t)$，由 $H(s)=\mathscr{L}[y(t)]/\mathscr{L}[x(t)]$ 就可以确定传感器的动态特性。

1) 典型输入信号

通常采用的典型输入信号有单位斜坡信号 $r(t)$、单位阶跃信号 $u(t)$ 和单位脉冲信号 $\delta(t)$，如图 2.13 所示，传感器对这些典型输入信号的响应称为瞬态响应。

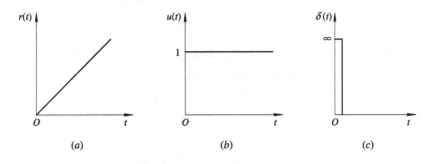

图 2.13　典型输入信号

(a) 单位斜坡信号；(b) 单位阶跃信号；(c) 单位脉冲信号

图 2.13(a)所示为单位斜坡信号，其表达式为

$$r(t) = \begin{cases} 0, & t < 0 \\ t, & t \geqslant 0 \end{cases} \tag{2.65}$$

图 2.13(b)所示为单位阶跃信号，其表达式为

$$u(t) = \begin{cases} 0, & t < 0 \\ 1, & t \geqslant 0 \end{cases} \tag{2.66}$$

图 2.13(c)所示为单位脉冲信号（又称为 δ 函数），其表达式为

$$\delta(t) = \begin{cases} \infty, & t = 0 \\ 0, & t \neq 0 \end{cases} \tag{2.67}$$

且 $\int_{-\infty}^{\infty} \delta(t)\, dt = 1$。它实际上是一个宽度为零、幅值为无限大、面积为 1 的脉冲。

由图 2.13 可以看出，三种典型输入信号之间有如下微分、积分关系，即

$$\delta(t) = \frac{du(t)}{dt}$$

$$u(t) = \frac{dr(t)}{dt}$$

根据时不变线性传感器的微分性和积分性，三种典型输入信号的响应之间也同样存在微分和积分的关系。因此，只要知道传感器对其中一种典型输入信号的响应，就可以利用上述微分和积分的关系求出另外两种典型输入信号的响应。

2) 单位脉冲响应——权函数 $h(t)$

单位脉冲信号也可以从原点移到任意点 t_0，这时 $\delta(t-t_0)$ 满足

$$\delta(t - t_0) = \begin{cases} \infty, & t = t_0 \\ 0, & t \neq t_0 \end{cases}$$

和

$$\int_{-\infty}^{\infty} \delta(t - t_0)\, dt = 1$$

单位脉冲信号最有用的性质之一就是所谓的采样性质。若任意函数 $f(t)$ 在 t_0 处连续，则乘积 $f(t)\delta(t-t_0)$ 除了在 $t=t_0$ 点有值外，其他各点处均为零，因此有

$$\int_{0}^{\infty} f(t)\delta(t - t_0)\, dt = f(t_0) \tag{2.68}$$

利用这个性质，不难求出单位脉冲信号 $\delta(t)$ 的拉氏变换为

$$X_\delta(s) = \mathscr{L}[\delta(t)] = \int_0^\infty \delta(t)\mathrm{e}^{-st}\,\mathrm{d}t = 1$$

显然，在初始条件为零的情况下，给传感器施加一个单位脉冲信号 $\delta(t)$，其单位脉冲信号所引起的响应 $y_\delta(t)$（单位脉冲响应）的拉氏变换可由式（2.64）求得，即

$$Y_\delta(s) = H(s)X_\delta(s) = H(s)$$

可见，传递函数 $H(s)$ 的拉氏逆变换就是单位脉冲响应（或权函数），即

$$h(t) = \mathscr{L}^{-1}[H(s)] = \mathscr{L}^{-1}[Y_\delta(s)] = y_\delta(t) \tag{2.69}$$

反之，单位脉冲响应的拉氏变换就是传感器的传递函数，即

$$H(s) = \mathscr{L}[h(t)] = \mathscr{L}[y_\delta(t)] \tag{2.70}$$

这是一对拉氏变换对。

对于任意输入信号 $x(t)$，可以用无限多个出现在不同时刻的脉冲来逼近，如图 2.14 所示。根据叠加原理，总输入 $x(t)$ 引起的响应 $y(t)$ 为

$$
\begin{aligned}
y(t) &= \lim_{\Delta\tau \to 0} \sum_{\tau=0}^{t} x(\tau) \cdot \Delta\tau \cdot h(t-\tau) \\
&= \int_0^t x(\tau) \cdot h(t-\tau) \cdot \mathrm{d}\tau \tag{2.71}
\end{aligned}
$$

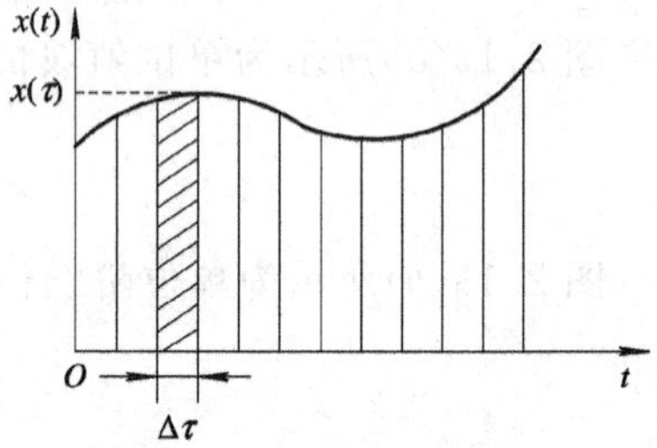

当 $t<0$ 时，$h(t) = x(t) = 0$，式（2.71）也可简写为

$$y(t) = x(t) * h(t) \tag{2.72}$$

图 2.14　任意输入信号

式（2.72）很简明，含义也明确，从时域看传感器的输出量是输入量与单位脉冲响应的卷积。但卷积计算比较困难，即使用计算机作离散数字卷积计算，其工作量也相当大。

在频域上处理问题就比较简单。式（2.64）已经给出，通过拉氏变换可描述传感器对任意输入量的响应，该式的特点是以乘积运算代替式（2.72）中的卷积运算，即两个信号卷积的拉氏变换为该两个信号拉氏变换的乘积，这是拉氏变换的一个主要性质。

（1）一阶传感器的单位脉冲响应。

一阶传感器的传递函数 $H(s) = \dfrac{1}{1 + \tau s}$，则单位脉冲响应为

$$h(t) = \mathscr{L}^{-1}[H(s)] = \frac{1}{\tau}\mathrm{e}^{-t/\tau} \tag{2.73}$$

（2）二阶传感器的单位脉冲响应。

二阶传感器的传递函数 $H(s) = \dfrac{\omega_\mathrm{n}^2}{s^2 + 2\xi\omega_\mathrm{n}s + \omega_\mathrm{n}^2}$，则不同阻尼度的单位脉冲响应分别为

在欠阻尼（$0<\xi<1$）时

$$h(t) = \frac{\omega_\mathrm{n}}{\sqrt{1-\xi^2}}\mathrm{e}^{-\xi\omega_\mathrm{n}t}\sin(\sqrt{1-\xi^2}\,\omega_\mathrm{n}t) \tag{2.74}$$

在临界阻尼（$\xi=1$）时

$$h(t) = \omega_\mathrm{n}^2 t\mathrm{e}^{-\omega_\mathrm{n}t} \tag{2.75}$$

在过阻尼（$\xi>1$）时

$$h(t) = \frac{\omega_\mathrm{n}}{2\sqrt{\xi^2-1}}\left[\mathrm{e}^{-(\xi-\sqrt{\xi^2-1})\omega_\mathrm{n}t} - \mathrm{e}^{-(\xi+\sqrt{\xi^2-1})\omega_\mathrm{n}t}\right] \tag{2.76}$$

一阶传感器和二阶传感器的单位脉冲响应曲线如图 2.15 所示。

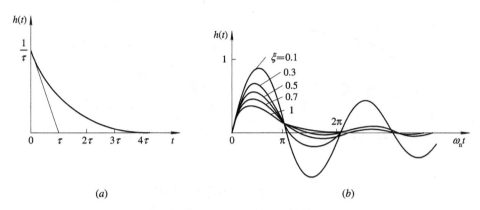

图 2.15　单位脉冲响应曲线

(a) 一阶传感器单位脉冲响应；(b) 二阶传感器单位脉冲响应

3) 单位阶跃响应

由于单位阶跃信号可以看成是单位脉冲信号的积分，因此单位阶跃响应就是单位脉冲响应的积分。对传感器突然加载或者突然卸载即属于阶跃输入，这种输入方式既简单易行，又能充分揭示传感器的动态特性，故常采用。

(1) 一阶传感器的单位阶跃响应。

假定传感器在 $t < 0$ 时，输入量和输出量都为零，即 $x(t) = y(t) = 0$。但当 $t \geqslant 0$ 时，输入量突然由零增大到 1，如图 2.13(b)所示。

输入量 $x(t) = u(t) = 1$ 的拉氏变换 $X_u(s) = 1/s$，将它和一阶传感器的 $H(s)$ 代入式 (2.64)得

$$Y_u(s) = H(s)X_u(s) = \frac{1}{(1 + \tau s)s}$$

对 $Y_u(s)$ 求拉氏逆变换可得一阶传感器的单位阶跃响应，即

$$y_u(t) = 1 - e^{-t/\tau} \tag{2.77}$$

若输入阶跃信号为

$$u(t) = \begin{cases} A_0, & t < 0 \\ A, & t \geqslant 0 \end{cases}$$

在 $t = 0$ 时传感器处于稳态，则一阶传感器的阶跃响应为

$$y_u(t) = A_0 + (A - A_0)(1 - e^{-t/\tau}) \tag{2.78}$$

直接对一阶传感器的单位脉冲响应进行积分，同样可得出上述结论。

根据式(2.77)和式(2.78)绘出的阶跃响应曲线如图 2.16 所示。由图 2.16(a)可以看出，随着时间的推移输出量逐渐接近于 1，传感器的初始上升斜率为 $1/\tau$(τ 为时间常数)。当时间 $t = \tau$ 时，$y_u(t) = 0.632$，根据典型一阶传感器的阶跃响应曲线可求出时间常数 τ 的数值。当 $t = 4\tau$ 时，$y_u(t) = 0.982$，其输出量相对于输入量的误差已降到 2% 以下的允许值，因此通常称 $t = 4\tau$ 为调整时间。若要求误差不大于 5%，则可选用 $t = 3\tau$。若时间常数本身逐渐减小，则输出量的响应时间就可以很小。因此，调整时间实际上是指在输入阶跃信号时，在某规定误差范围内传感器的输出量达到最终示值所需要的时间。

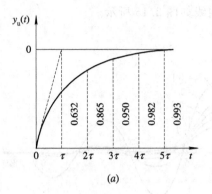 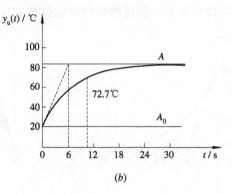

图 2.16　一阶传感器的阶跃响应曲线

(a) 单位阶跃响应；(b) 阶跃响应示例

例 2.6　用热电阻温度计测量热源的温度，将该温度计从 20℃ 的室温突然插入 85℃ 的热源时，相当于给温度计输入一个阶跃信号 $u(t)$，其阶跃响应曲线如图 2.16(b) 所示，即

$$u(t) = \begin{cases} 20℃, & t < 0 \\ 85℃, & t \geqslant 0 \end{cases}$$

已知热电阻温度计的时间常数 $\tau = 6\ \text{s}$，求经过 10 s 后温度计测得的实际温度值。

解　温度计测得的实际温度值可由式(2.78)求出，即

$$\begin{aligned} y_u(t) &= A_0 + (A - A_0)(1 - e^{-t/\tau}) \\ &= 20 + (85 - 20)(1 - e^{-10/6}) \\ &= 72.7℃ \end{aligned}$$

偏离最终示值的相对误差为

$$\gamma = \frac{85 - 72.7}{85} \times 100\% = 14.47\%$$

说明调整时间过短，输出量尚不能不失真地反映输入量的情况，因此必须增加调整时间或选择更小时间常数的温度计。

（2）二阶传感器的单位阶跃响应。

将单位阶跃信号 $u(t)$ 的拉氏变换和二阶传感器的传递函数代入式(2.64)得

$$Y_u(s) = \frac{\omega_n^2}{(s^2 + 2\xi\omega_n s + \omega_n^2)s}$$

对 $Y_u(s)$ 求拉氏逆变换可得二阶传感器在不同阻尼度下的单位阶跃响应：

在欠阻尼（$0 < \xi < 1$）时

$$y_u(t) = 1 - \frac{e^{-\xi\omega_n t}}{\sqrt{1 - \xi^2}} \sin(\sqrt{1 - \xi^2}\,\omega_n t + \arcsin\sqrt{1 - \xi^2}) \tag{2.79}$$

在临界阻尼（$\xi = 1$）时

$$y_u(t) = 1 - (1 + \omega_n t)e^{-\omega_n t} \tag{2.80}$$

在过阻尼（$\xi > 1$）时

$$y_u(t) = 1 - \frac{\xi + \sqrt{\xi^2 - 1}}{2\sqrt{\xi^2 - 1}}e^{-(\xi - \sqrt{\xi^2 - 1})\omega_n t} + \frac{\xi - \sqrt{\xi^2 - 1}}{2\sqrt{\xi^2 - 1}}e^{-(\xi + \sqrt{\xi^2 - 1})\omega_n t} \tag{2.81}$$

同样直接对二阶传感器的单位脉冲响应进行积分，也可得出上述表达式。

二阶传感器的单位阶跃响应曲线如图 2.17 所示。从图中可以看出，不同阻尼度 ξ 值的二阶传感器，其阶跃响应曲线是不同的，并且固有角频率 ω_n 的大小也直接影响着传感器的响应速度。对于给定的 ξ 值，ω_n 成倍增加，则响应时间相应减小，即固有角频率越高，传感器响应速度越快。图 2.17 中响应曲线的形状仅取决于阻尼度 ξ 的值，在临界阻尼和过阻尼时，趋于最终值的调整时间过长，欠阻尼状态 ξ 值过小时，输出过冲量增大将产生振荡，趋于最终值的时间也会加长。为提高响应速度和减小过渡过程，二阶传感器均采用 $\xi=0.6\sim$ 0.7 作为最佳阻尼。

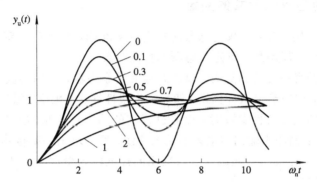

图 2.17　二阶传感器的阶跃响应曲线

4）单位斜坡响应

根据上述对传感器的分析，由单位斜坡信号和传递函数，或直接对单位阶跃响应进行积分，也可直接得到单位斜坡响应。

（1）一阶传感器的单位斜坡响应。

$$y_r(t) = t - \tau + \tau e^{-t/\tau} \tag{2.82}$$

（2）二阶传感器的单位斜坡响应。

在欠阻尼（$0 < \xi < 1$）时

$$y_r(t) = t - \frac{2\xi}{\omega_n} + \frac{e^{-\xi\omega_n t}}{\omega_n \sqrt{1-\xi^2}} \sin\left(\sqrt{1-\xi^2}\,\omega_n t + \arctan\frac{2\xi\sqrt{1-\xi^2}}{2\xi^2-1}\right) \tag{2.83}$$

在临界阻尼（$\xi = 1$）时

$$y_r(t) = t - \frac{2}{\omega_n} + \frac{2}{\omega_n}\left(1 + \frac{1}{2}\omega_n t\right)e^{-\omega_n t} \tag{2.84}$$

在过阻尼（$\xi > 1$）时

$$y_r(t) = t - \frac{2\xi}{\omega_n} + \frac{1+2\xi\sqrt{\xi^2-1}-2\xi^2}{2\omega_n\sqrt{\xi^2-1}}e^{-(\xi+\sqrt{\xi^2-1})\omega_n t} - \frac{1-2\xi\sqrt{\xi^2-1}-2\xi^2}{2\omega_n\sqrt{\xi^2-1}}e^{-(\xi-\sqrt{\xi^2-1})\omega_n t} \tag{2.85}$$

一阶传感器和二阶传感器对单位斜坡信号的响应都包括三项。其中第一项等于输入量，因此第二项和第三项即为动态误差。第二项只与传感器的动态特性参数 τ 或 ω_n、ξ 有关，而与时间 t 无关，此项误差称为稳态误差。第三项与时间有关，都含有 e^{-bt}（其中 b 为正数）因子，当 $t \to \infty$ 时，此项误差趋于零。由此可见，一阶传感器和二阶传感器的输入量为单位斜坡信号时，其单位斜坡响应都存在着稳态误差，一阶传感器稳态误差随时间常数 τ 的增大而增大，二阶传感器稳态误差随固有角频率 ω_n 的减小、阻尼度 ξ 的增大而增大。

一阶传感器和二阶传感器的输入量为单位阶跃信号和单位脉冲信号时，它们的单位阶跃响应和单位脉冲响应的误差项都包含因子 e^{-bt}，当时间 $t \to \infty$ 时，动态误差都趋于零，而且它们都没有稳态误差。

但是，一阶传感器和二阶传感器之间的瞬态响应有很大差别。其中最重要的差别是在欠阻尼（$0 < \xi < 1$）情况下，二阶传感器的三种瞬态响应表达式(2.74)、(2.79)和式(2.83)都包含一个以 $\omega_n \sqrt{1-\xi^2}$ 为角频率的衰减正弦振荡，而一阶传感器不会出现振荡。

2.2.2 传感器动态特性参数的测定

要使测量结果准确可靠，不仅传感器的标定应当准确，而且应当定期校准。标定和校准就其实验内容来说，都是为了测定传感器的特性参数。

在测定传感器的静态性能指标时，以静态标准量作为输入，用实验方法测出输出与输入的关系曲线，从中整理确定拟合直线，然后求出线性度、灵敏度、滞后量和重复性等。

在测定传感器的动态特性参数时，以经过校准的动态标准量（如标准正弦信号、阶跃信号等）作为输入，从而测出输出与输入的关系曲线，然后求出一阶传感器的时间常数 τ 和二阶传感器的阻尼度 ξ、固有角频率 ω_n。所采用的标准输入量误差应当为所要求测量结果误差的 $1/3 \sim 1/5$ 或更小。

1. 用频率响应法测定动态特性参数

给传感器输入一定频率的正弦信号，然后测出输出量与输入量的幅值比 $A(\omega)$ 和相位差 $\varphi(\omega)$。不断改变正弦输入信号的角频率 ω，就会一一对应地得到相应的幅值比和相位差，从而求得传感器在一定频率范围内的幅频特性曲线和相频特性曲线，根据这些曲线就可求出传感器的动态特性参数。

1) 一阶传感器的时间常数

由图 2.9 所示的幅频特性曲线和相频特性曲线可知，当静态灵敏度 $S=1$、幅频特性函数 $A(\omega)=0.707$、相频特性函数 $\varphi(\omega)=-45°$ 时，所对应的横坐标 $\omega\tau=1$，查出该点对应正弦输入信号的角频率 ω_i，就可得到一阶传感器的时间常数 τ，即

$$\tau = \frac{1}{\omega_i} \qquad (2.86)$$

2) 二阶传感器的阻尼度和固有角频率

由图 2.11(a)所示的幅频特性曲线可知，在阻尼度 $\xi < 0.7$ 的情况下，幅频特性曲线的共振点在稍偏离固有角频率 ω_n 的 ω_i 处，且

$$\omega_n = \frac{\omega_i}{\sqrt{1-2\xi^2}} \qquad (2.87)$$

此时，共振点幅频特性函数 $A(\omega_i)$ 的峰值为

$$A(\omega_i) = \frac{1}{2\xi\sqrt{1-\xi^2}} \qquad (2.88)$$

由此可估计固有角频率 ω_n 和阻尼度 ξ 的值，由共振点估计 ω_n 和 ξ 的方法也称共振法。

由图 2.11(b)所示的相频特性曲线可知，在 $\omega = \omega_n$ 处，相频特性函数 $\varphi(\omega) = -90°$，该点斜率即为阻尼度 ξ 的值。工程中相频特性曲线的测定比较困难，所以常用幅频特性曲线估计二阶传感器的动态特性参数。

不同阻尼度的二阶传感器，其幅频特性曲线的形状各不相同，但只要该传感器确实是二阶传感器，将测得的某一阻尼度的幅频特性曲线与图 2.11(a)所示的典型曲线比较，就可以很快地确定阻尼度 ξ 的范围或估计值。

2. 用阶跃响应法测定动态特性参数

给传感器输入一个单位阶跃信号，由一阶传感器和二阶传感器的单位阶跃响应曲线确定动态特性参数。

1）一阶传感器的时间常数

由图 2.16(a)所示单位阶跃响应曲线可知，当时间 $t = \tau$ 时，单位阶跃响应 $y(t) = 0.632$。因此，只要给传感器施加一个单位阶跃信号，记录输出波形并找出输出量等于最终稳态值 63.2% 的点，该点所对应的时间就等于时间常数 τ。不过这样求取的时间常数，因为未涉及阶跃响应的全过程，所得到的时间常数仅仅取决于某个瞬时值，所以测量结果的可靠性很差，并且也无法判断该传感器是否真正是一阶传感器。若用下述方法确定时间常数 τ，可以获得较为可靠的测量结果。

一阶传感器的单位阶跃响应式(2.77)可改写为

$$1 - y_u(t) = e^{-t/\tau}$$

两边取对数

$$\ln[1 - y_u(t)] = -\frac{t}{\tau}$$

令 $Z = \ln[1 - y_u(t)]$，则

$$Z = -\frac{t}{\tau}$$

上式表明，Z 与 t 呈线性关系。根据测得的单位阶跃响应 $y_u(t)$ 值，作出 Z 与 t 的关系曲线，如图 2.18 所示。曲线的斜率在数值上等于 $-1/\tau$，量取 Δt 所对应的 ΔZ 值，可计算得

$$\tau = \frac{\Delta t}{\Delta Z} \tag{2.89}$$

这种方法充分考虑了瞬态响应的全过程。若传感器确实是一个典型的一阶传感器，则 Z 与 t 的关系曲线是一条严格的直线。当测得单位阶跃响应后，取若干组 t_i、$y_i(t)$ 的值，计算出相应的 Z_i 并依次在图 2.18 上描点，如果所有各点均匀分布在一条直线上，说明该传感器是一阶传感器，否则就不是一阶传感器。

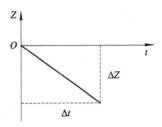

图 2.18　一阶传感器的判断

2）二阶传感器的阻尼度和固有角频率

从不失真的角度看，二阶传感器均应为欠阻尼传感器。典型的欠阻尼二阶传感器的单位阶跃响应式(2.79)表明，瞬态响应是以 $\omega_d = \omega_n \sqrt{1 - \xi^2}$ 的角频率作自由衰减振荡的，ω_d 称为单位阶跃响应的阻尼振荡角频率，其阻尼振荡周期为

$$T_d = \frac{2\pi}{\omega_d} = \frac{2\pi}{\omega_n \sqrt{1 - \xi^2}} \tag{2.90}$$

欠阻尼二阶传感器的单位阶跃响应曲线如图 2.19 所示。按照求极值的通用方法，可以求出各振荡峰值所对应的时间 $t = 0$，π/ω_d，$2\pi/\omega_d$，…将 $t = \pi/\omega_d$ 代入式(2.79)，经计算可

求得最大过冲量

$$M_1 = \mathrm{e}^{\frac{-\xi\pi}{\sqrt{1-\xi^2}}}$$

由此式可得

$$\xi = \frac{1}{\sqrt{\left(\dfrac{\pi}{\ln M_1}\right)^2 + 1}} \tag{2.91}$$

从二阶传感器的单位阶跃响应曲线上测取最大过冲量 M_1，将其代入式(2.91)即可求出阻尼度 ξ。

如果不仅能测取最大过冲量 M_1，而且还能测得单位阶跃响应的整个瞬变过程，那么就可利用任意两个过冲量 M_i 和 M_{i+n} 求出阻尼度。

设过冲量 M_i 对应的时间为 t_i，过冲量 M_{i+n} 对应的时间为 t_{i+n}，而且 t_i 与 t_{i+n} 之间的间隔为 n 个整数周期 nT_d，则 t_{i+n} 可用 t_i 表示成

$$t_{i+n} = t_i + \frac{2n\pi}{\omega_d}$$

将它们分别代入式(2.79)，即可求得过冲量 M_i 和 M_{i+n}，由此可得

$$\ln \frac{M_i}{M_{i+n}} = \ln\left[\frac{\mathrm{e}^{-\xi\omega_n t_i}}{\mathrm{e}^{-\xi\omega_n(t_i+2n\pi/\omega_d)}}\right] = \frac{2n\pi\xi}{\sqrt{1-\xi^2}}$$

整理后可得

$$\xi = \frac{\delta_n}{\sqrt{\delta_n^2 + 4\pi^2 n^2}} \tag{2.92}$$

其中

$$\delta_n = \ln \frac{M_i}{M_{i+n}}$$

计算阻尼度 ξ 时，首先从二阶传感器的单位阶跃响应曲线上直接测取相隔 n 个周期的任意两个过冲量 M_i 和 M_{i+n}，然后将其比值取对数求出 δ_n，再代入式(2.92)便可求出阻尼度 δ 的数值。

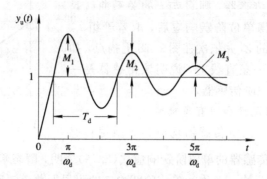

图 2.19 欠阻尼二阶传感器的单位阶跃响应

当阻尼度 $\xi < 0.1$ 时，$\sqrt{1-\xi^2} \approx 1$（其误差小于 0.6%），则

$$\delta_n \approx 2n\pi\xi$$

式(2.92)可简化为

$$\xi \approx \frac{\delta_n}{2n\pi} \tag{2.93}$$

若传感器确实是典型的二阶传感器，则式(2.92)严格成立，此时用 $n=1$、2、$3\cdots$和对应的过冲量 M_i、M_{i+n} 分别求出的阻尼度 ξ 值均应相等。若分别求出的阻尼度 ξ 值都不相等，则说明该传感器不是二阶传感器。阻尼度 ξ 值之间的差别越大，说明该传感器与二阶传感器的差别就越大。由式(2.90)可求得固有角频率为

$$\omega_n = \frac{2\pi}{T_d \sqrt{1-\xi^2}} \tag{2.94}$$

测定固有角频率 ω_n 时，先在二阶传感器的单位阶跃响应曲线上测取阻尼振荡周期 T_d 的值，然后将 T_d 及计算出的阻尼度 ξ 值代入式(2.94)即可求出固有角频率 ω_n 的值。

例 2.7　给某加速度传感器突然加载，得到的阶跃响应曲线如图 2.20 所示，求该传感器的阻尼度和固有频率。

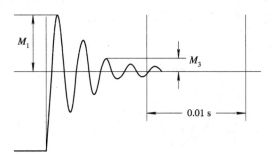

图 2.20　二阶传感器的阶跃响应示例

解　由图中实际测量得：$M_1=15$ mm、$M_3=4$ mm，在 0.01 s 的标线内有 4.1 个衰减的波形，则阻尼振荡周期为

$$T_d = \frac{0.01}{4.1} = 0.002\ 44\ (\text{s})$$

为了计算阻尼度 ξ 的数值，首先求出

$$\delta_n = \ln \frac{M_1}{M_3} = \ln \frac{15}{4} = 1.322$$

计算中选用了 $n=2$，代入式(2.92)得

$$\xi = \frac{1.322}{\sqrt{1.322^2 + 4\pi^2 \times 2^2}} = 0.105$$

再将阻尼度 ξ 和周期 T_d 代入式(2.94)可得固有角频率为

$$\omega_n = \frac{2\pi}{0.002\ 44 \sqrt{1-0.105^2}} = 2575\ (\text{rad/s})$$

固有频率为

$$f_n = \frac{\omega_n}{2\pi} = 410\ (\text{Hz})$$

计算阻尼度误差为 5%，计算固有频率误差为 2.5%，其中包括传感器参数选配误差和阶跃响应曲线的测取误差。

2.2.3 传感器的不失真条件

输入量经过传感器后，一般来说输出量必然与输入量之间存在差异，这就是说，信号在传输、转换过程中将产生失真。时不变线性传感器产生的失真一般由两种因素造成：一种是传感器对输入量中各频率分量的幅值将产生不同程度的放大或衰减，从而使各频率分量的相对幅值发生变化而引起失真，称为幅值失真；另一种是传感器对各频率分量的相对相位发生变化而引起失真，称为相位失真。

设输入量为 $x(t)$，输出量为 $y(t)$，若要求传感器在传输、转换过程中不失真，则输出量 $y(t)$ 与输入量 $x(t)$ 应满足：在幅值上允许差一个比例因子 A_0，在时间上允许滞后一段时间 t_0，即

$$y(t) = A_0 x(t - t_0) \tag{2.95}$$

式中，A_0 和 t_0 都是常数。式(2.95)表明，该传感器的输出波形和输入波形精确地相似，只是幅值放大了 A_0 倍，时间滞后了 t_0，如图 2.21 所示。

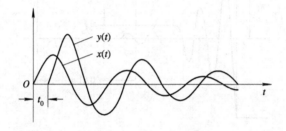

图 2.21 不失真传输波形

根据式(2.95)来考虑不失真传输波形，就能满足传感器的频率特性要求。对式(2.95)求拉氏变换得

$$Y(s) = A_0 e^{-st_0} X(s)$$

用 $s = j\omega$ 代入上式

$$Y(j\omega) = A_0 e^{-j\omega t_0} X(j\omega)$$

则传感器的频率特性为

$$H(j\omega) = \frac{Y(j\omega)}{X(j\omega)} = A_0 e^{-j\omega t_0}$$

由此可见，若要求传感器的输出波形不失真，其幅频特性和相频特性函数应分别满足

$$A(\omega) = A_0 = 常数 \tag{2.96}$$

$$\varphi(\omega) = -t_0 \omega \propto \omega \tag{2.97}$$

这就是说，输入量经过传感器转换为输出量时，其输出量中各频率分量的幅值同时放大（或衰减）A_0 倍，各频率分量滞后的相位 $\varphi(\omega)$ 与各自的角频率 ω 成正比，这时滞后时间为

$$t = \frac{\varphi(\omega)}{\omega} = t_0 = 常数$$

即保证输出量中各频率分量相对于输入量的滞后时间是个常数 t_0，不随各频率分量的不同而改变。当不同频率分量输入到传感器时，由于滞后时间相同，输出量将不会产生相位失真。

由上述分析可以看出传感器的不失真条件为:

(1) 各频率分量的幅值,其输出量比输入量应放大(或衰减)同样的倍数,反映在幅频特性曲线上应是一条平坦的直线,在整个频率范围内是一常数,即 $A(\omega) = A_0 = $ 常数;

(2) 各频率分量的滞后相位与各自的角频率必须成正比,反映在相频特性曲线上应是一条过原点的斜线,即 $\varphi(\omega) = -t_0 \omega \infty \omega$。如果传感器的输出量用来作为反馈控制信号,那么输出量对输入量的滞后时间有可能破坏传感器的稳定性,这时只有滞后相位为零才是理想的,即 $\varphi(\omega) = 0°$。

实际传感器不可能在非常宽的频率范围内都能满足上述两个条件,所以一般既有幅值失真,也有相位失真。但在允许的误差范围条件下,在一定的工作频率范围内,可以使传感器的幅频特性函数和相频特性函数满足不失真条件。

从传感器的不失真条件看,对一阶传感器而言,如果时间常数 τ 愈小,则传感器的响应愈快,频带愈宽。所以一阶传感器的时间常数 τ 原则上愈小愈好。

对丁二阶传感器来说,图 2.11 特性曲线上有两段值得注意。一般而言,在 $\omega < 0.3\omega_n$ 的频率范围内,相频特性函数 $\varphi(\omega)$ 的数值较小,且 $\varphi(\omega)$ 与 ω 的相频特性曲线接近直线,幅频特性函数 $A(\omega)$ 在该频率范围内的变化不超过 10%,输出波形失真较小。在 $\omega > (2.5 \sim 3)\omega_n$ 的频率范围内,$\varphi(\omega)$ 接近 $180°$,且差值甚小,此时可在实际传感器中减去固定相位差或把输出量反相 $180°$,就可使相频特性基本满足不失真条件。但从幅频特性曲线来看,$A(\omega)$ 在该频率范围内幅值太小,输出波形失真太大。

若二阶传感器输入量的频率范围在上述两个频段之间($0.3\omega_n < \omega < 2.5\omega_n$),则因为传感器的频率特性受阻尼度 ξ 的影响较大,需要作具体分析。分析表明,阻尼度 ξ 愈小,传感器对输入扰动量容易发生超调和共振,对使用不利,在阻尼度 $\xi = 0.6 \sim 0.7$ 时,可以获得较为合适的频率特性。计算表明,在 $\xi = 0.7$、$\omega < 0.58\omega_n$ 的频率范围内,幅频特性函数 $A(\omega)$ 接近于常数,其变化不超过 5%,同时相频特性函数 $\varphi(\omega)$ 也接近于线性关系,产生的相位失真也很小。所以二阶传感器常采用阻尼度 $\xi = 0.6 \sim 0.7$,固有角频率 ω_n 愈高愈好。固有角频率 ω_n 与传感器运动部件的质量 m 和弹性敏感元件的刚度 k 有关,增大刚度或减小质量都可以提高固有角频率,但增大刚度会使传感器的灵敏度降低。在实际应用中,应综合各种因素来确定传感器的动态特性参数和合适的工作频率范围,以满足传感器的不失真条件。

思考题与习题

2.1 说明二阶传感器的阻尼度采用 $0.6 \sim 0.7$ 的原因。

2.2 传感器的不失真条件是什么?

2.3 欲测量 $100℃$ 左右的温度,现有 $0 \sim 300℃$、0.5 级和 $0 \sim 120℃$、1 级的两支温度计,试问选用哪一支温度计较好? 为什么?

2.4 某力传感器静态标定数据如下表所示,求传感器的灵敏度、线性度和滞后量。

拉力 P/N	0	10	20	30	40	50	40	30	20	10	0
应变 $\varepsilon/\mu\varepsilon$	0	76	152	228	310	400	330	252	168	84	2

2.5 设温度传感器的微分方程为 $0.15\dfrac{\mathrm{d}y(t)}{\mathrm{d}t}+3y(t)=30x(t)$，其中 $y(t)$ 为输出电压（单位为 mV），$x(t)$ 为输入温度（单位为℃），求该传感器的时间常数和静态灵敏度。

2.6 用时间常数 $\tau=0.35$ s 的一阶传感器，分别测量周期为 5 s、1 s、2 s 的正弦信号时，幅值误差各是多少？

2.7 用一阶传感器来测量 100 Hz 的正弦信号时，若要求幅值误差不大于 5%，该传感器的时间常数应取多大？若用该时间常数来测量 50 Hz 的正弦信号，测量结果的幅值误差和相位误差各是多少？

2.8 一阶传感器受到阶跃输入信号的作用，在 2 s 时输出量达到稳态值的 20%，求：

(1) 该传感器的时间常数；

(2) 当输出量达到稳态值的 95% 时，需多长时间？

2.9 设时间常数 $\tau=5$ s 的温度计，从 20℃ 的室温突然插入 80℃ 的水温中，经过 15 s 后温度计的指示值为多少？

2.10 用温度计测量炉子的温度，已知炉温在 500~540℃ 之间作正弦波动，其周期为 80 s，该温度计的时间常数 $\tau=10$ s，求：

(1) 温度计的测量结果；

(2) 输出量与输入量之间的相位差；

(3) 输出量相对输入量的滞后时间。

2.11 已知某一阶传感器的频率特性为

$$H(\mathrm{j}\omega)=\frac{1}{1+\mathrm{j}\omega}$$

(1) 求输入信号 $x(t)=\sin t+\sin 3t$ 时的测量结果；

(2) 分析测量结果波形是否失真。

2.12 已知某一阶传感器的传递函数为

$$H(\mathrm{s})=\frac{1}{1+0.005s}$$

当输入信号 $x(t)=0.5\cos 10t+0.2\cos(100t-45°)$ 时，求该传感器的稳态响应。

2.13 已知两个二阶传感器的固有频率分别为 800 Hz 和 1.2 kHz，阻尼度 $\xi=0.4$，测量频率为 400 Hz 正弦信号时，应选用哪一个传感器较好？为什么？

2.14 已知测力弹簧（二阶传感器）的固有频率 $f_n=1000$ Hz，阻尼度 $\xi=0.7$，用它来测量频率 $f=600$ Hz 的正弦变化力时，求幅值误差和相位误差。

2.15 已知应变式加速度传感器的固有角频率 $\omega_n=2\pi\times1200$ rad/s，阻尼度 $\xi=0.7$，当测量信号 $x(t)=\sin\omega_0 t+\sin 3\omega_0 t+\sin 5\omega_0 t$ 时，求测量结果（已知：$\omega_0=2\pi\times600$ rad/s）。

2.16 已知某二阶传感器的阻尼度 $\xi=0.1$，固有频率 $f_n=20$ kHz，若要求幅值误差不大于 3%，试确定该传感器的工作频率范围。

2.17 用压电式加速度传感器来测量频率为 300~600 Hz 的正弦振动信号时，已知传感器的阻尼度 $\xi=0.7$，要求幅值误差不大于 5%，该传感器的固有频率应取多大？

2.18 用频率响应法测得二阶传感器的幅频特性实验数据如下表所示，已知该传感器的固有频率 $f_n=120$ Hz。

输入 f_i/Hz	0	30	60	90	120	160	300	600
输出 A_i/mV	58.0	57.8	56.3	50.0	41.5	29.5	16.0	2.5

（1）绘出该传感器的幅频特性曲线；

（2）在幅值误差不大于 3％ 时，确定该传感器的工作频率范围；

（3）测量 90 Hz 的正弦信号时，其幅值误差是多少？

第3章 电阻式传感器

电阻式传感器是将被测量转换成材料的电阻变化，通过测量此电阻量达到测量被测量的目的。在物理学中已经阐明，导电材料的电阻不仅与材料的类型、几何尺寸有关，还与温度、湿度和变形等因素有关；不同导电材料，对同一被测量的敏感程度也不同，甚至差别很大。因而根据不同的物理原理就制成了各种各样的电阻式传感器，用于测量力、压力、位移、应变、加速度、温度等被测量。本章主要讨论应变式、压阻式和电位器式传感器。

3.1 应变式传感器

应变式传感器一般由电阻应变片和测量电路两部分组成。电阻应变片是将被测试件上的应力、应变变化转换成电阻变化的传感转换元件，而测量电路则进一步将该电阻再转换成电压或电流的变化，以便显示或记录被测量的大小。

3.1.1 电阻应变效应

金属导体的电阻与其电阻率、几何尺寸(长度与截面积)有关，在外力作用下发生机械变形时，引起该导电材料的电阻发生变化，这种由于变形引起金属导体电阻变化的现象称为电阻应变效应。电阻应变片的工作原理就是基于电阻应变效应，建立金属导体电阻变化与变形之间的量值关系，即求取电阻应变片的灵敏系数。

图 3.1 所示为金属电阻丝的电阻应变效应原理图。长度为 L、截面积为 A、电阻率为 ρ 的金属电阻丝，在未受外力作用时的原始电阻值为

$$R = \rho \frac{L}{A} \tag{3.1}$$

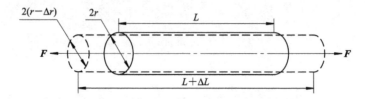

图 3.1 金属电阻丝的电阻应变效应

当受到轴向拉力 F 作用时，其长度伸长 ΔL，截面积相应减小 ΔA，电阻率 ρ 则因晶格变形等因素的影响而改变 $\Delta \rho$，故引起电阻变化 ΔR。对式(3.1)全微分可得

$$\frac{\Delta R}{R} = \frac{\Delta L}{L} - \frac{\Delta A}{A} + \frac{\Delta \rho}{\rho} \tag{3.2}$$

式中：$\Delta L/L = \varepsilon$——金属电阻丝的轴向相对伸长，称为轴向应变，是一个无量纲的量。

因为 $A=\pi r^2$，$\Delta A/A=2(\Delta r/r)$，$\Delta r/r$ 为径向应变，由材料力学可知 $\Delta r/r=-\mu(\Delta L/L)$，负号表示两者变化方向相反，代入式(3.2)得

$$\frac{\Delta R}{R}=(1+2\mu)\varepsilon+\frac{\Delta\rho}{\rho}=S_0\varepsilon \tag{3.3}$$

式中：μ——金属电阻丝的泊松比；

S_0——金属电阻丝的灵敏系数，单位应变引起的电阻值相对变化量，即

$$S_0=\frac{\Delta R/R}{\varepsilon}=(1+2\mu)+\frac{\Delta\rho/\rho}{\varepsilon} \tag{3.4}$$

式中右边前两项 $(1+2\mu)$ 是由几何尺寸发生变形而引起的电阻相对变化量，而第三项则是由于电阻率变化而引起的电阻相对变化量。为了保证将应变变化转换为电阻相对变化时具有足够的线性范围和灵敏度，要求 S_0 在相应的应变范围内具有较大的常数值。

对于金属导体材料，$\Delta\rho/\rho$ 较小，且 $\mu=0.2\sim0.4$，则 $S_0\approx1+2\mu=1.4\sim1.8$，实际测得 $S_0\approx2.0$，说明 $\Delta\rho/\rho$ 对 S_0 还是有一定影响的。

在应变极限范围内，金属材料电阻的相对变化量与应变成正比，即

$$\frac{\Delta R}{R}=S_0\varepsilon \tag{3.5}$$

3.1.2　金属电阻应变片

1. 应变片的结构及测量原理

金属电阻应变片简称应变片，其结构大体相同，如图 3.2 所示。金属电阻应变片由基底、敏感栅、覆盖层和引线等部分组成。

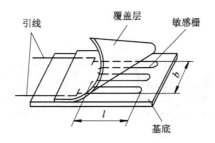

图 3.2　金属电阻应变片的结构

为了使应变片既具有一定的电阻值，又不太长，应变片的敏感栅采用直径为 0.025 mm 的金属电阻丝做成栅状。敏感栅是应变片的核心，它粘贴在绝缘的基底上，两端焊接引出导线，敏感栅上面粘贴有保护作用的覆盖层。图 3.2 中 l 为应变片的基长，b 为应变片的基宽。$l\times b$ 为应变片的使用面积。应变片的规格一般以使用面积和敏感栅的电阻值表示，如 $(17\times2.8)\text{mm}^2$、120 Ω。

使用应变片测量应变或应力时，应将应变片牢固地粘贴在弹性试件上，当试件受力变形时，应变片电阻变化 ΔR。若用测量电路和仪器测出 ΔR，根据式(3.5)可得弹性试件的应变值 ε，根据应力与应变关系 $\sigma=E\varepsilon$，则可得到被测应力值 σ。其中 E 为试件材料的弹性模量，σ 为试件的应力，ε 为试件的应变。

通过弹性敏感元件的作用，可以将应变片测量应变的原理应用到能引起弹性敏感元件

产生应变的各种被测量的测量中，从而构成各种电阻应变式传感器。

2. 应变片的种类

应变片按照敏感栅材料形状和制造工艺的不同，可分为丝绕式、短接式、箔式和薄膜式等多种类型。

1) 丝绕式应变片

丝绕式应变片的结构如图 3.2 所示。敏感栅由康铜等高阻值的金属电阻丝制成，直径为 0.012~0.05 mm，栅长常取 0.2、0.5、1.0、100、200 mm 等尺寸。这种应变片制作方便，价格低廉，为最常见形式，但其端部圆弧段会产生横向效应。

2) 短接式应变片

短接式应变片的结构如图 3.3(a)所示。敏感栅也由康铜等高阻值的金属电阻丝制成，敏感栅各直线段间的横接线采用面积较大的铜导线，其电阻值很小，因而可减小横向效应。但是由于敏感栅上焊点较多，因而耐疲劳性能较差，不适于长期的动应力测量。

3) 箔式应变片

箔式应变片的结构如图 3.3(b)所示。敏感栅由很薄的康铜、镍铬合金等金属箔片通过光刻、腐蚀等工艺制成，厚度为 0.003~0.01 mm，栅长可作到 0.2 mm，其优点如下：

(1) 制造技术能保证敏感栅尺寸准确、线条均匀、可制成各种形状(亦称应变花)，适用于各种弹性敏感元件上的应力分布测量。图 3.3(c)和 3.3(d)分别为用于扭矩和流体压力测量的箔式应变片；

(2) 敏感栅薄而宽，与被测试件粘贴面积大，粘结牢靠，传递试件应变性能好；

(3) 散热条件好，允许通过较大的工作电流，从而提高了输出灵敏度；

(4) 横向效应小。

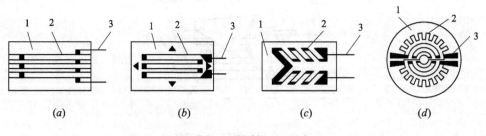

1—基底；2—敏感栅；3—引线

图 3.3 金属电阻应变片的种类

(a) 短接式；(b) 箔式；(c) 用于扭矩测量；(d) 用于流体压力测量

4) 薄膜式应变片

薄膜式应变片是利用真空蒸镀、沉积或溅射等方法在绝缘基底上制成各种形状的薄膜敏感栅，膜厚小于 1 μm。这种应变片的优点是应变灵敏系数大，允许电流密度大，可以在 $-197 \sim 317$℃温度下工作。

3. 应变片的材料

1) 敏感栅材料的性能要求

(1) 应变灵敏系数较大，且在所测应变范围内保持常数；

(2) 电阻率高而稳定,便于制造小栅长的应变片;

(3) 电阻温度系数较小,重复性好;

(4) 机械强度高,碾压及焊接性能好,与其他金属之间的接触电势小;

(5) 抗氧化,耐腐蚀性能强,无明显机械滞后。

康铜是用得最广泛的敏感栅材料,其主要优点是:灵敏系数 S_0 对应变的稳定性非常好,不仅在弹性变形范围内保持常数,而且在进入塑性变形范围时也基本保持常数,所以康铜电阻丝的应变测量范围大;电阻温度系数足够小,测量时温度误差小;能通过改变其合金比例、进行冷作加工或不同的热处理方法来控制其电阻温度系数,使之从负值到正值的很大范围内变化,可制成温度自补偿应变片;电阻率 ρ 也足够大,便于制造适当的阻值和尺寸的应变片;加工性好,容易拉丝,易于焊接等。因此国内外应变材料均以康铜为主。

2) 基底和覆盖层

基底和覆盖层的作用是保持敏感栅和引线的几何形状和相对位置,并且有绝缘作用。一般是厚度为 0.02～0.05 mm 的环氧树脂、酚醛树脂等胶基材料,要求机械强度好、挠性好、粘贴性能好、电绝缘性好、热稳定性和高温性好、无滞后和蠕变等。

3) 引线

引线一般采用直径为 0.05～0.1 mm 的银铜线、铬镍线、铁铅丝等,与敏感栅点焊焊接。

4. 应变片的粘贴

用应变片测量应力或应变时,必须将应变片利用粘结剂粘贴到被测试件或弹性元件上,粘结剂形成的胶层必须可靠地将被测试件产生的应变传递到应变片的敏感栅上。选择的粘结剂必须适合应变片材料和被测试件材料及环境,例如工作温度、湿度、化学腐蚀等。不仅要求有一定的粘结强度能准确传递应变,而且粘合层要有足够的剪切弹性模量,蠕变、机械滞后小,有良好的电绝缘性能,耐湿、耐油、耐老化、耐疲劳等。

常用的粘结剂有硝化纤维素型、氰基丙烯酸脂型、环氧树脂型等。

粘贴工艺包括应变片的质量检查和阻值检查、试件表面处理、定位划线、粘贴应变片、干燥固化、引线焊接、固定以及防护与屏蔽处理等。粘结剂的性能和应变片的粘贴质量直接影响应变片的工作特性,如零漂、蠕变、滞后、灵敏系数等。因此,选择合适的粘结剂和采用正确的粘结工艺对保证应变片的测量精度有着重要的关系。

5. 应变片的工作特性及参数

为了合理使用应变片,必须正确了解其工作特性和参数,否则不仅可能产生较大的测量误差,甚至得不到所需要的测量结果。

1) 灵敏系数

将图 3.4 所示的应变片粘贴在试件表面上,使应变片的主轴线方向与试件轴线方向一致,当试件轴线上受到一维应力作用时,则应变片的电阻变化率 $\Delta R/R$ 与试件主应力方向的应变 ε_x 之比,称为应变片的灵敏系数 S,即

$$S = \frac{\Delta R/R}{\varepsilon_x} \tag{3.6}$$

应变片的灵敏系数 S 具有以下特点:

（1）应变片的灵敏系数 S 是按一维应力定义的，但实验时是在二维应变场中（在应变片使用面积内，当产生纵向应变 ε_x 时，必然产生横向应变 ε_y）测得的 S 值，所以必须规定试件的泊松比 μ，以确定横向应变的影响。一般选取 $\mu=0.285$ 的钢试件来确定 S 值；

（2）由于应变片粘贴到试件上就不能取下再用，因而不可能对每一个应变片都进行标定，只能在每批产品中提取一定百分比（如 5%）的样品进行标定，而后取其平均值作为这一批产品的灵敏系数，工程上称为"标称灵敏系数"；

（3）用同一根电阻丝先测定其 S_0，而后制成如图 3.4(a) 所示的应变片，再按规定条件测定 S 值。实验证明，被测应变在很大范围内，S 与 S_0 均能保持常数，但 S 恒小于 S_0。其原因有二：其一，试件与应变片之间的粘结剂传递变形失真；其二，在实际测量过程中，应变片存在横向效应，而后者属原理性误差。

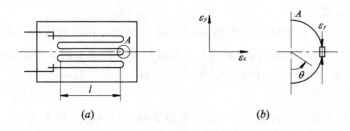

图 3.4　应变片轴向受力及横向效应

2）横向效应

由于应变片的敏感栅是由多条直线段和圆弧段组成，若该应变片受轴向应力而产生纵向拉应变 ε_x 时，则各直线段的电阻将增加。但在圆弧段，如图 3.4(b) 所示，除产生纵向拉应变 ε_x 外，还有垂直方向的横向压应变 $\varepsilon_y=-\varepsilon_x$，沿各微段轴向（即微段圆弧的切向）的应变在 ε_x 和 ε_y 之间变化。在圆弧段两端的起、终微段，即 $\theta=0°$ 和 $\theta=180°$ 处，承受 $+\varepsilon_x$ 应变；而在 $\theta=90°$ 的微段处，则承受 $\varepsilon_y=-\varepsilon_x$ 应变。因此，将金属电阻丝绕成敏感栅后，虽然长度不变，应变状态相同，但应变片敏感栅的灵敏系数 S 比电阻丝的灵敏系数 S_0 低，这种现象称为应变片的横向效应。

3）零漂和蠕变

粘贴在试件上的应变片，温度保持恒定，在试件不受力（即无机械应变）的情况下，其电阻值随时间变化的特性称为应变片的零漂。如果应变片承受恒定机械应变（1000 $\mu\varepsilon$ 内）长时间作用，则其指示应变随时间变化的特性称为应变片的蠕变。蠕变包含零漂，因为零漂是不加载的情况，是加载特性的特例。应变片在制造过程中所产生的内应力、丝材、粘结剂、基底等变化是造成应变片零漂和蠕变的因素。

4）机械滞后

应变片粘贴在试件上，应变片的指示应变 ε_i 与试件的机械应变 ε_j 之间应该是一确定的关系。但在实际应用时，在加载和卸载过程中，对于同一机械应变 ε_k，应变片卸载时的指示应变高于加载时的指示应变，这种现象称为应变片的机械滞后，如图 3.5 所示。其最大差值 $\Delta\varepsilon_j$ 称为应变片的机械滞后量。

机械滞后产生的原因主要是敏感栅、基底和粘结剂在承受机械应变 ε_j 后的残余变形。

5）应变极限

对于已粘贴好的应变片，其应变极限是指在一定温度下，指示应变 ε_i 与受力试件真实

应变 ε_j 的相对误差达到规定值(一般为 10%)时的真实应变 ε_k，如图 3.6 所示。

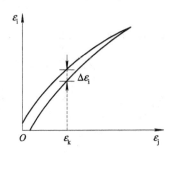
图 3.5　机械滞后

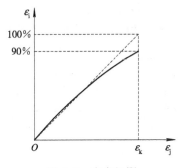
图 3.6　应变极限

6) 绝缘电阻

绝缘电阻是指已粘贴的应变片引线与被测试件之间的电阻值。通常要求 $50\sim100$ MΩ 左右。绝缘电阻过低，会造成应变片与试件之间漏电而产生测量误差。应变片绝缘电阻取决于粘结剂及基底材料的种类以及它们的固化工艺。基底与胶层愈厚，绝缘电阻愈大，但会使应变片的灵敏系数减小，蠕变和滞后增加，因此基底与胶层不可太厚。

7) 允许工作电流

应变片的允许工作电流又称为最大工作电流，是指允许通过应变片而不影响其工作特性的最大电流值。允许工作电流的选取原则为：静态测量时约取 25 mA 左右，动态测量时可高一些，箔式应变片更大些；对于易导热的被测构件材料，也可选得大一些。对于不易导热的材料，如塑料、玻璃、陶瓷等要取得小些。

8) 电阻值

应变片电阻值是指应变片没有粘贴、也不受外力作用时，在室温条件下测定的原始电阻值 R_0。目前已标准化的系列有 60 Ω、120 Ω、350 Ω、600 Ω、1000 Ω 等各种规格，最常用的是 120 Ω。电阻值越大，应变片承受的电压就大，输出信号也越大，但敏感栅的尺寸相应地也会增大。

3.1.3　应变片的动态特性

当被测应变随时间变化的频率很高时，需考虑应变片的动态特性。因为应变是以应变波的形式在材料中传播的，其传播速度与声波相同，对于钢材 $v\approx5000$ m/s。应变波由试件材料表面，经粘合层、基底传播到敏感栅，所需时间非常短暂，如应变波在粘合层和基底中的传播速度为 1000 m/s，粘合层和基底的总厚度为 0.05 mm，则所需时间约为 5×10^{-8} s，可以忽略不计。但由于应变片的敏感栅相对较长，对应变片动态测量的结果会产生影响。

假设试件内的应变波为阶跃变化，如图 3.7(a)所示。由于只有在应变波通过敏感栅全部长度后，应变片所反映的波形才能达到最大值，即应变片所反映的应变波有一定的时间延迟。应变片的理论响应特性如图 3.7(b)所示，而实际波形如图 3.7(c)所示。由图可以看出上升时间 t_r(应变输出从 10% 上升到 90% 的最大值所需时间)可表示为

$$t_r = 0.8\frac{l}{v} \tag{3.7}$$

式中：l——应变片基长；

v——应变波速。

实际上，t_r 值亦是很小的。例如应变片基长 $l=20$ mm，此时 $t_r=3.2\times10^{-6}$ s。

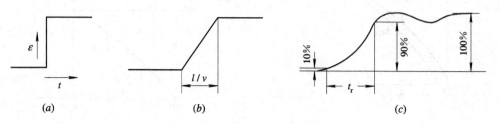

(a) (b) (c)

图 3.7　应变片对阶跃变化的响应特性

(a) 阶跃变化；(b) 理想响应特性；(c) 实际响应特性

假设受力试件内的应变波按正弦规律变化，即 $\varepsilon=\varepsilon_m\sin(2\pi x/\lambda)$，由于应变片反映的应变波是应变片敏感栅各相应点应变量的平均值，因此应变波幅值将低于真实应变波，从而带来一定的误差。显然，这种误差将随应变片基长的增加而增加，图 3.8(a) 表示应变波与应变片轴向的响应特性。设应变波的波长为 λ，应变片两端点的坐标为 x_1 和 x_2，于是沿应变片基长 l 内测得的平均应变为

$$\varepsilon_p=\frac{\int_{x_1}^{x_2}\varepsilon_m\sin(2\pi x/\lambda)\,\mathrm{d}x}{x_2-x_1}=-\frac{\lambda}{2\pi l}\varepsilon_m\left[\cos\left(\frac{2\pi x_2}{\lambda}\right)-\cos\left(\frac{2\pi x_1}{\lambda}\right)\right]\tag{3.8}$$

把 $x_1=\dfrac{\lambda}{4}-\dfrac{l}{2}$，$x_2=\dfrac{\lambda}{4}+\dfrac{l}{2}$ 代入上式得

$$\varepsilon_p=\frac{\lambda\varepsilon_m}{\pi l}\sin\left(\frac{\pi l}{\lambda}\right)$$

应变波测量的相对误差 γ 为

$$\gamma=\frac{\varepsilon_p-\varepsilon_m}{\varepsilon_m}=\frac{\lambda}{\pi l}\sin\left(\frac{\pi l}{\lambda}\right)-1\tag{3.9}$$

由式(3.9)可见，测量误差 γ 与应变波长对基长的比值 $n=\lambda/l$ 有关，其关系曲线如图 3.8(b) 所示。一般可取 $\lambda/l=10\sim20$，其误差范围为 $1.6\%\sim0.4\%$。

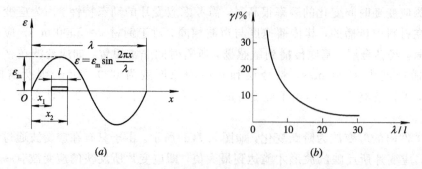

(a) (b)

图 3.8　应变波的响应特性与误差曲线

(a) 响应特性；(b) 误差曲线

利用频率 f、波长 λ 和波速 v 的关系 $\lambda=v/f$ 和 $n=\lambda/l$，可得应变波的频率与应变片基长的关系为

$$f = \frac{v}{nl} \tag{3.10}$$

3.1.4　应变片的温度误差及其补偿

1. 温度误差

在采用应变片进行应变测量时，由于测量现场环境温度的改变（偏离应变片标定温度），而给测量带来的附加误差，称为应变片的温度误差，又叫应变片的热输出。应变片产生温度误差的主要原因如下：

1）敏感栅材料电阻温度系数的影响

当环境温度变化 Δt 时，敏感栅材料电阻温度系数为 α_t，则引起的电阻相对变化为

$$\left(\frac{\Delta R_t}{R}\right)_1 = \alpha_t \Delta t \tag{3.11}$$

2）试件材料和敏感栅材料线膨胀系数的影响

当试件与敏感栅材料的线膨胀系数不同时，由于环境温度的变化，敏感栅会产生附加变形，从而产生附加电阻，引起的电阻相对变化为

$$\left(\frac{\Delta R_t}{R}\right)_2 = S(\beta_1 - \beta_2)\Delta t \tag{3.12}$$

式中：S——应变片的灵敏系数；

β_1、β_2——试件材料和敏感栅材料的线膨胀系数。

因此由温度变化引起的总电阻相对变化为

$$\frac{\Delta R_t}{R} = \alpha_t \Delta t + S(\beta_1 - \beta_2)\Delta t \tag{3.13}$$

相应的热输出为

$$\varepsilon_t = \frac{\Delta R_t / R}{S} = \frac{\alpha_t}{S}\Delta t + (\beta_1 - \beta_2)\Delta t \tag{3.14}$$

2. 温度补偿

1）自补偿法

利用应变片的敏感栅材料及制造工艺等措施，使应变片在一定的温度范围内满足

$$\alpha_t = -S(\beta_1 - \beta_2) \tag{3.15}$$

上式表明，当被测试件的线膨胀系数 β_1 已知时，如果合理选择敏感栅材料（即电阻温度系数 α_t、灵敏系数 S 和线膨胀系数 β_2）使式（3.15）成立，则无论温度如何变化，均有 $\Delta R_t / R = 0$，从而达到温度自补偿作用，这种应变片称为温度自补偿应变片。

双金属敏感栅是实现温度自补偿的常用方法，即利用两段电阻温度系数相反的敏感栅 R_a 和 R_b 串联制成的复合型应变片，如图 3.9(a) 所示。若两段敏感栅 R_a 和 R_b 由于温度变化而产生的电阻变化 ΔR_{at} 和 ΔR_{bt} 大小相同、符号相反，就可实现温度自补偿。电阻 R_a 和 R_b 的比值可由下式确定

$$\frac{R_a}{R_b} = \frac{-(\Delta R_{bt}/R_b)}{\Delta R_{at}/R_a} \tag{3.16}$$

若双金属敏感栅材料的电阻温度系数相同，则如图 3.9(b) 所示。在两种材料 R_a 和 R_b

的连接处再焊接引线 2，构成电桥的相邻臂如图 3.9(c)所示。图中 R_a 为工作臂，R_b 与外接电阻 R_B 组成补偿臂，适当调节 R_a 和 R_b 对应的长度比和外接电阻 R_B 的数值，就可以使两桥臂由于温度引起的电阻变化相等或接近，实现温度自补偿，即

$$\frac{\Delta R_{at}}{R_a} = \frac{\Delta R_{bt}}{R_b + R_B}$$

由此可得

$$R_B = R_a \frac{\Delta R_{bt}}{\Delta R_{at}} - R_b \qquad (3.17)$$

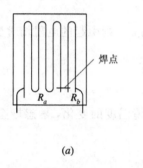
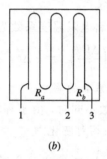
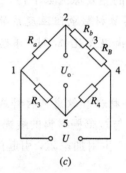

(a)   (b)   (c)

图 3.9　自补偿法

2) 电桥补偿法

利用测量电桥的特点来进行温度补偿，是最常用且效果较好的补偿方法，如图 3.10 所示。图 3.10(a)中 R_1 为工作应变片，粘贴在试件上；R_2 为温度补偿应变片，粘贴在材料、温度与试件相同的补偿块上，补偿应变片 R_2 和工作应变片 R_1 完全相同，为同一批号生产。将 R_1 和 R_2 接入电桥的两个相邻桥臂，如图 3.10(b)所示（R_3 和 R_4 为固定电阻）。当温度变化时两个应变片的电阻变化 ΔR_1 与 ΔR_2 符号相同、数值相等，电桥仍然满足平衡条件，即 $R_1 R_4 = R_2 R_3$，电桥没有输出。工作时只有工作应变片 R_1 感受应变，电桥输出仅与被测试件的应变有关，而与环境温度无关。

通常，在被测试件结构允许的情况下，不用另设补偿块，而将补偿片直接粘贴在被测试件上，如图 3.10(c)所示。将 R_1 和 R_2 接在电桥的两个相邻桥臂，既能起到温度补偿作用，又能提高电桥灵敏度。

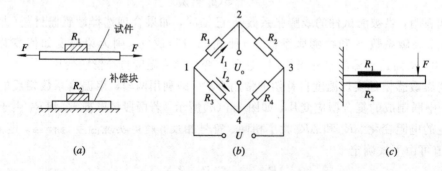

(a)   (b)   (c)

图 3.10　电桥补偿法

3.1.5　测量电桥

应变式传感器的测量电路常采用电桥电路。根据所用电源不同,电桥分为直流电桥和交流电桥。四个桥臂均为纯电阻时,用直流电桥精度高;若桥臂为阻抗时,必须用交流电桥。根据读数方法不同,电桥可分为平衡电桥(零读法)与不平衡电桥(偏差法)。平衡电桥仅适用于静态参数的测量,而不平衡电桥对静、动态参数都可以测量。

在实际应用中多采用交流电桥,其原因有二:其一,电桥输出一般很小(mV 数量级),需要用放大器放大,而直流放大器容易产生零点漂移,故目前多采用交流放大器;其二,应变片与电桥采用电缆连接,当电缆分布电容的影响不能忽略时,也必须采用交流电桥。

1. 直流不平衡电桥的工作原理

直流不平衡电桥采用直流电源供电,将应变式的电阻变化转换成电桥的电压或电流输出,如图 3.11 所示。图中 U 为电源电压(或供桥电压),R_1、R_2、R_3、R_4 为桥臂电阻,R_L 为负载电阻。利用基尔霍夫定律,可以求得流过负载电阻的电流为

$$I_L = U \frac{R_1 R_4 - R_2 R_3}{R_L(R_1 + R_2)(R_3 + R_4) + R_1 R_2(R_3 + R_4) + R_3 R_4(R_1 + R_2)}$$

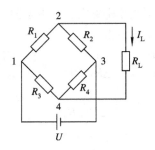

图 3.11　直流不平衡电桥

当 $I_L = 0$ 时,电桥处于平衡状态,此时电桥无输出,从而得到电桥的平衡条件为

$$R_1 R_4 = R_2 R_3 \tag{3.18}$$

若电桥后接放大器,由于放大器的输入阻抗很大,即 $R_L \to \infty$,则电桥输出电压为

$$U_o = U \frac{R_1 R_4 - R_2 R_3}{(R_1 + R_2)(R_3 + R_4)} \tag{3.19}$$

若桥臂中 R_1 为应变片,其他桥臂为固定电阻,则当应变片 R_1 承受应变 ε_x 时,将产生电阻变化 $\Delta R_1 = SR_1\varepsilon_x$,考虑电桥初始平衡条件 $R_1 R_4 = R_2 R_3$,其输出电压为

$$U_o = U \frac{\dfrac{\Delta R_1}{R_1} \dfrac{R_4}{R_3}}{\left(1 + \dfrac{\Delta R_1}{R_1} + \dfrac{R_2}{R_1}\right)\left(1 + \dfrac{R_4}{R_3}\right)} \tag{3.20}$$

令 $n = \dfrac{R_2}{R_1}$,且 $\dfrac{R_2}{R_1} = \dfrac{R_4}{R_3}$,忽略分母中的"微小项"$\dfrac{\Delta R_1}{R_1}$,则式(3.20)可写为

$$U_o \approx U \frac{n}{(1+n)^2} \frac{\Delta R_1}{R_1} \tag{3.21}$$

电桥的电压灵敏度定义为:电桥输出电压 U_o 与应变片的电阻相对变化量 $\Delta R_1/R_1$ 之

比，用符号 S_u 表示，即

$$S_u = \frac{U_o}{\Delta R_1/R_1} \approx U \frac{n}{(1+n)^2} \tag{3.22}$$

由式(3.21)和式(3.22)可知，电桥输出电压 U_o 与负载电阻 R_L 无关。当 $\Delta R_1/R_1$ 一定时，$U_o \propto S_u$，为此要求电桥具有尽可能大的电压灵敏度。

电压灵敏度正比于电源电压 U，电源电压越高，电桥灵敏度也越高。但是，电源电压的提高受到两方面的限制，一是应变片允许工作电流的限制，二是应变片电阻的温度误差，所以电源电压一般为 1～3 V。

电压灵敏度是桥臂电阻比 n 的函数，当电源电压 U 一定时，由 $\dfrac{\mathrm{d}S_u}{\mathrm{d}n}=0$ 可求得 $n=1$ 时电压灵敏度 S_u 最大，此时 $R_1=R_2$，$R_3=R_4$，电桥的这种对称情况正是进行温度补偿所需要的电路，在测量电桥中得到了广泛的应用。

2. 电桥的连接方式

1) 单臂电桥

单臂电桥如图 3.12(a) 所示，桥臂 R_1 为工作应变片，其他桥臂为固定电阻，且 $R_1=R_2$，$R_3=R_4$。当 R_1 的阻值随被测量变化而产生电阻变化量 ΔR_1 时，输出电压和电压灵敏度由式(3.20)、(3.21)和式(3.22)得

$$U_o = \frac{U}{4}\frac{\Delta R_1}{R_1}\frac{1}{1+\Delta R_1/2R_1} \approx \frac{U}{4}\frac{\Delta R_1}{R_1} = \frac{U}{4}S\varepsilon_x \tag{3.23}$$

$$S_u = \frac{U_o}{\Delta R_1/R_1} \approx \frac{1}{4}U \tag{3.24}$$

单臂电桥的实际输出电压为

$$U_o = \frac{U}{4}\frac{\Delta R_1}{R_1}\frac{1}{1+\Delta R_1/2R_1} \tag{3.25}$$

当 $\varepsilon_x \to 0$，即 $\dfrac{\Delta R_1}{R_1} \to 0$ 时，单臂电桥的理想输出电压为

$$U_o' = \frac{U}{4}\frac{\Delta R_1}{R_1} \tag{3.26}$$

单臂电桥的非线性误差 γ 为

$$\gamma = \left| \frac{U_o - U_o'}{U_o'} \right| \times 100\% \tag{3.27}$$

将式(3.25)、(3.26)代入式(3.27)得

$$\gamma = \left| \frac{1}{1+\Delta R_1/2R_1} - 1 \right| \times 100\%$$

将上式展开为泰勒级数形式，且当 $\dfrac{\Delta R_1}{2R_1} \ll 1$ 时

$$\gamma = \left| \left[1 - \left(\frac{\Delta R_1}{2R_1}\right) + \left(\frac{\Delta R_1}{2R_1}\right)^2 - \left(\frac{\Delta R_1}{2R_1}\right)^3 + \cdots \right] - 1 \right| \times 100\%$$

$$\approx \frac{\Delta R_1}{2R_1} \times 100\% = \frac{1}{2}S\varepsilon_x \times 100\% \tag{3.28}$$

由式(3.28)可知，单臂电桥的非线性误差与应变片灵敏系数 S 及应变片承受的应变 ε_x 成正比。例如，当应变片灵敏系数 $S=2$，应变片承受的应变 $\varepsilon_x=2000\ \mu\varepsilon$ 时，则电桥的非线性误差 $\gamma=0.2\%$；若要求 $\gamma\leqslant1\%$，则应变片承受的最大应变 $\varepsilon_x=10\ 000\ \mu\varepsilon$。

2）差动半桥

差动半桥如图 3.12(b)所示，相邻桥臂 R_1 和 R_2 为工作应变片，R_3 和 R_4 为固定电阻。当 R_1 受拉产生 $+\Delta R_1$，R_2 受压产生 $-\Delta R_2$ 时，输出电压由式(3.19)得

$$U_o = U\frac{(R_1+\Delta R_1)R_4-(R_2-\Delta R_2)R_3}{(R_1+\Delta R_1+R_2-\Delta R_2)(R_3+R_4)}$$

若电桥初始状态是平衡的，即 $R_1R_4=R_2R_3$ 成立，且 $R_1=R_2$，$R_3=R_4$。当 $\Delta R_1=\Delta R_2$ 时，输出电压和电压灵敏度为

$$U_o = \frac{U}{2}\frac{\Delta R_1}{R_1}=\frac{U}{2}S\varepsilon_x \tag{3.29}$$

$$S_u = \frac{U_o}{\Delta R_1/R_1}=\frac{1}{2}U \tag{3.30}$$

3）差动全桥

差动全桥如图 3.12(c)所示，四个桥臂均为工作应变片，且阻值变化相同的应变片接在电桥的相对臂，阻值变化相反的应变片接在电桥的另一相邻臂。当 $\Delta R_1=\Delta R_2=\Delta R_3=\Delta R_4$ 时，输出电压和电压灵敏度为

$$U_o = U\frac{\Delta R_1}{R_1}=US\varepsilon_x \tag{3.31}$$

$$S_u = \frac{U_o}{\Delta R_1/R_1}=U \tag{3.32}$$

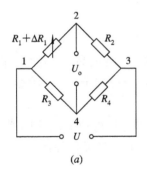 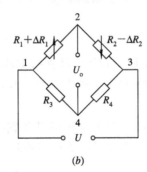 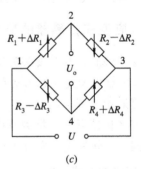

图 3.12 电桥的连接方式

(a) 单臂电桥；(b) 差动半桥；(c) 差动全桥

比较电桥的三种连接方式可知，差动电桥的输出电压与应变片的电阻相对变化量 $\Delta R_1/R_1$ 成正比，而且电压灵敏度也比单臂电桥高，同时还能起到温度补偿作用。

3. 交流电桥原理及平衡条件

交流电桥采用交流电源供电，如图 3.13(a)所示。图中 Z_1、Z_2、Z_3、Z_4 为复阻抗，u 为交流电压源，u_o 为开路输出电压。对于应变片构成的交流电桥，即使桥臂为电阻应变片，但由于引线间存在分布电容，相当于在桥臂上并联了一个电容，差动半桥如图 3.13(b)所示。桥臂上的复阻抗分别为：$Z_1=\dfrac{R_1}{1+\mathrm{j}\omega R_1C_1}$，$Z_2=\dfrac{R_2}{1+\mathrm{j}\omega R_2C_2}$，$Z_3=R_3$，$Z_4=R_4$。

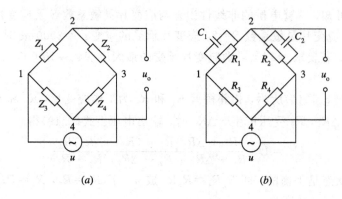

图 3.13 交流电桥

(a) 原理图；(b) 差动半桥

交流电桥的输出电压为

$$u_o = u \frac{Z_1 Z_4 - Z_2 Z_3}{(Z_1 + Z_2)(Z_3 + Z_4)} \tag{3.33}$$

交流电桥的平衡条件为

$$Z_1 Z_4 = Z_2 Z_3 \tag{3.34}$$

将桥臂上的复阻抗代入式(3.34)可得

$$\begin{cases} R_1 R_4 = R_2 R_3 \\ C_1 R_3 = C_2 R_4 \end{cases} \tag{3.35}$$

由此可知，由应变片构成的交流电桥，除了满足电阻平衡条件外，还必须满足电容平衡条件。为此，交流电桥上设置有电阻平衡调节和电容平衡调节。

3.1.6 应变式传感器的应用

应变式传感器与其他类型的传感器相比，具有测量范围广、精度高、线性好、性能稳定、工作可靠以及能在恶劣的环境条件下工作等优点，因此广泛应用于国防、冶金、煤炭、化工和交通运输等部门。

应变式传感器除直接测量应力、应变外，还可以制成各种专用的应变式传感器。按其用途不同，可分为应变式力传感器、应变式压力传感器和应变式加速度传感器等。

1. 应变式力传感器

应变式力传感器主要用于各种电子秤与材料试验机的测力元件，也可用于发动机的推力测试、水坝坝体承载状况的监视和切削刀具的受力分析等。

应变式力传感器利用弹性元件把被测荷重或力的变化转换成应变量的变化，弹性元件上粘贴有应变片，再把应变量的变化转换成应变片的电阻变化。弹性元件的形式多种多样，要求具有较高的灵敏度和稳定性，在力的作用点稍许变化或存在侧向力时，对传感器的输出影响小，粘贴应变片的地方应尽量平整或曲率半径大，所选结构最好能有相同的正、负应变区等。

1) 柱(筒)式力传感器

图 3.14(a)和(b)分别为柱式和筒式力传感器的弹性元件，图 3.14(c)和(d)分别为应

变片的粘贴图和电桥连接图。为了消除偏心和弯矩的影响，将应变片对称粘贴在应力分布均匀的圆柱表面的中间部分，四片沿轴向，四片沿径向。R_1 和 R_3、R_2 和 R_4 分别串联接在电桥的相对臂，R_5 和 R_7、R_6 和 R_8 分别串联接在电桥的另一相对臂，构成差动全桥，不仅消除了弯矩的影响，而且能实现温度补偿。柱(筒)式弹性元件的结构简单紧凑，可承受很大的载荷，最大载荷可达 10^7 N，地磅秤一般采用柱式力传感器。

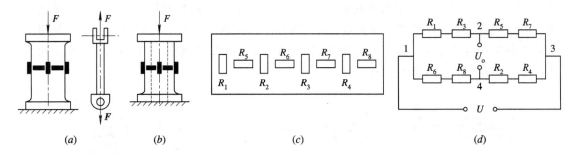

图 3.14　柱(筒)式力传感器

(a) 柱式弹性元件；(b) 筒式弹性元件；(c) 圆柱面展开贴片图；(d) 电桥连接图

2) 环式力传感器

环式力传感器的弹性元件如图 3.15(a)所示。与柱式相比，环式弹性元件应力分布变化大，且有正有负，可以选择有利部位粘贴应变片，便于接成差动电桥。对于 $r/h > 5$ 的小曲率圆环，可用下式计算 A、B 两点的应变

$$\varepsilon_A = -\frac{1.09r}{bh^2E}F \tag{3.36}$$

$$\varepsilon_B = \frac{1.91r}{bh^2E}F \tag{3.37}$$

式中：E——材料的弹性模量；

b、h、r——圆环的宽度、厚度和平均半径。

只要测出 A、B 两点处的应变，即可得到载荷 F。图 3.15(b)为环式弹性元件的应力分布曲线，从图中可以看出，应变片 R_2 所在位置应变为零，故 R_2 只起温度补偿作用。

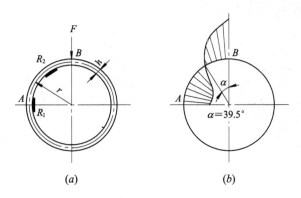

图 3.15　环式力传感器

(a) 环式弹性元件；(b) 应力分布曲线

3）悬臂梁式力传感器

悬臂梁式力传感器的弹性元件有多种形式，如图3.16所示。图3.16(a)为等截面梁，结构简单，易于加工，灵敏度高，适于测量5000 N以下的载荷，要求四个应变片粘贴在悬臂梁的同一个断面。图3.16(b)为等强度梁，当力F作用在悬臂梁的自由端时，悬臂梁产生变形，梁内各断面产生的应力相等，表面上的应变也相等，故对应变片的粘贴位置要求不严。图3.16(c)和(d)分别为双孔梁及"S"形弹性元件，利用弹性体的弯曲变形，采用对称贴片组成差动电桥，可减小受力点位置的影响，提高测量精度，因而广泛用于小量程工业电子秤和商业电子秤。将图中应变片R_1和R_4、R_2和R_3分别接在电桥的相对臂，构成差动全桥，其输出电压与力F成正比。

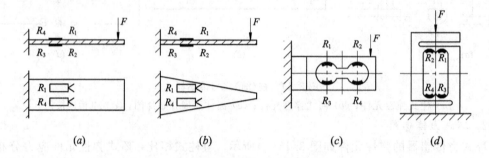

图3.16　悬臂梁式力传感器

(a)等截面梁；(b)等强度梁；(c)双孔梁；(d)"S"形弹性元件

4）轮辐式力传感器

轮辐式力传感器的弹性元件如图3.17(a)所示。力F作用在轮毂顶部和轮圈底部，每根轮辐的力学模型可等效为一端固定、另一端承受$F/4$力和$Fl/8$力矩作用的等截面梁，如图3.17(b)所示。两端断面处产生的弯矩最大，应变片粘贴处的应变为

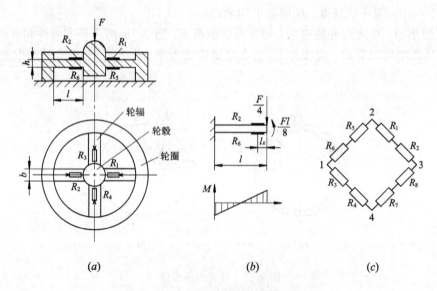

图3.17　轮辐式力传感器

(a)轮辐式弹性元件；(b)轮辐的力学模型；(c)电桥连接图

$$\varepsilon = \frac{\sigma}{E} = \frac{M}{EW} = \frac{M}{Ebh^2/6} = \frac{3}{2Ebh^2}\left(\frac{l}{2} - l_x\right)F \tag{3.38}$$

式中：σ、M——力 F 作用时产生的应力和弯矩；

　　　W——抗弯模量，矩形截面 $W = bh^2/6$；

　　　l、b、h——轮辐的长度、宽度和厚度。

按图 3.17(a)所示粘贴应变片，按图 3.17(c)所示接成差动全桥，可以消除载荷偏心和侧向力对输出的影响。

2. 应变式压力传感器

应变式压力传感器主要用于流体和气体压力的测量，其弹性元件有筒式、膜片式和组合式等形式。

1）筒式压力传感器

当被测压力较小时，多采用筒式弹性元件，圆柱体内有一盲孔，如图 3.18 所示。在圆筒外表面的筒壁和端部沿圆周方向各粘贴一个应变片，当被测压力 p 进入筒腔内时，筒体空心部分发生变形，圆筒外表面沿圆周方向产生的环向应变为

$$\varepsilon = \frac{p(2 - \mu)}{E(n^2 - 1)} \tag{3.39}$$

式中：μ——材料的泊松比；

　　　n——圆筒的内径与外径之比，即 $n = D/D_0$。

对于薄壁圆筒，环向应变为

$$\varepsilon = \frac{pD}{E(D_0 - D)}(1 - 0.5\mu) \tag{3.40}$$

端部粘贴的应变片 R_2 不产生应变，只起温度补偿作用。筒式压力传感器一般用来测量机床液压系统的管道压力和枪炮的膛内压力等。

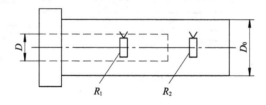

图 3.18　筒式压力传感器

2）膜片式压力传感器

膜片式压力传感器的弹性元件为周边固定的圆形平膜片，如图 3.19 所示。当膜片受到均匀压力 p 作用时，将产生径向应变 ε_r 和切向应变 ε_t，其表达式分别为

$$\varepsilon_r = \frac{3p}{8Eh^2}(1 - \mu^2)(R^2 - 3r^2) \tag{3.41}$$

$$\varepsilon_t = \frac{3p}{8Eh^2}(1 - \mu^2)(R^2 - r^2) \tag{3.42}$$

式中：r——沿膜片半径方向的距离；

　　　h、R——膜片的厚度和半径。

在膜片中心（$r=0$）处 $\varepsilon_r = \varepsilon_t = \varepsilon_{max}$，径向应变和切向应变都达到正最大值；在边缘（$r=R$）处 $\varepsilon_t = 0$，$\varepsilon_r = -2\varepsilon_{max}$，径向应变达到负最大值；在 $r = R/\sqrt{3}$ 处，径向应变 $\varepsilon_r = 0$。按图 3.19 所示粘贴应变片，使粘贴在 $r > R/\sqrt{3}$ 内的径向应变片 R_1、R_4 与粘贴在 $r < R/\sqrt{3}$ 内的切向应变片 R_2、R_3，感受的应变大小相等、极性相反，并接成差动全桥。

3）组合式压力传感器

组合式压力传感器的应变片不是直接粘贴在压力感受元件上，而是由某种感压元件（如膜片、膜盒、波纹管）通过传递机构将感压元件的位移传递到贴有应变片的弹性元件上，如图 3.20 所示。图 3.20(a)和(b)中感压元件为膜片，压力产生的位移传递给悬臂梁或薄壁圆筒。图 3.20(c)中感压元件为波纹管，位移传递给双端固定梁。这种传感器的尺寸和材料选择适当时，可制成灵敏度较高的压力传感器，但固有频率较低，不适于瞬态测量。

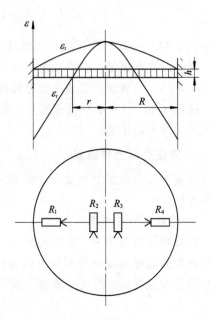

图 3.19　膜片式压力传感器

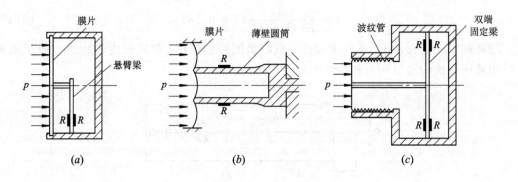

图 3.20　组合式压力传感器

3. 应变式加速度传感器

图 3.21 所示为应变式加速度传感器的结构示意图，主要由应变片、悬臂梁、质量块和壳体等组成。质量块 2 固定在悬臂梁 3 的一端，梁的上下表面粘贴应变片 4。测量时将壳体 1 与被测对象刚性连接，当被测对象以加速度 a 运动时，质量块得到一个与加速度方向相反、大小与加速度成正比的惯性力使悬臂梁变形，从而使应变片产生与加速度成比例的应变值，利用电阻应变仪即可测定加速度。

应变式加速度传感器的频率范围有限，一般不适于高频以及冲击、宽带随机振动等测量，常用于低频振动测量。

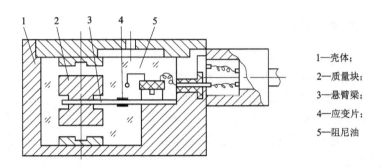

图 3.21 应变式加速度传感器

1—壳体；

2—质量块；

3—悬臂梁；

4—应变片；

5—阻尼油

3.2 压阻式传感器

半导体材料在某一方向上承受应力时，其电阻率发生显著变化，这种现象称为半导体压阻效应。利用半导体材料制成的压阻式传感器主要有体型、薄膜型和扩散型等。体型是利用半导体材料的体电阻制成粘贴式应变片（半导体应变片），薄膜型是利用真空沉积技术将半导体材料沉积在带有绝缘层的基底上而制成，扩散型是在半导体材料的基片上利用集成电路工艺制成扩散电阻。

3.2.1 压阻效应

金属电阻丝受到外力作用时，电阻的变化主要是由几何尺寸变化而引起的。而半导体材料受到外力作用时，电阻的变化主要是由电阻率发生变化而引起的，半导体几何尺寸变化引起的电阻变化可以忽略不计。

对于长为 L、截面积为 A、电阻率为 ρ 的条形半导体应变片，在轴向力 F 作用下，由式 (3.3) 可得到半导体应变片的电阻相对变化量为

$$\frac{\Delta R}{R} = (1 + 2\mu)\varepsilon + \frac{\Delta\rho}{\rho} \approx \frac{\Delta\rho}{\rho} \tag{3.43}$$

根据半导体材料理论可知

$$\frac{\Delta\rho}{\rho} = \pi_{L}\sigma = \pi_{L}E\varepsilon \tag{3.44}$$

式中：π_{L}——沿某晶向的纵向压阻系数；

σ——沿某晶向的应力；

E——半导体材料的弹性模量。

半导体材料的灵敏系数为

$$S = \frac{\Delta R/R}{\varepsilon} = (1 + 2\mu) + \frac{\Delta\rho/\rho}{\varepsilon} \approx \pi_{L}E \tag{3.45}$$

如半导体硅，$\pi_{L} = (40 \sim 80) \times 10^{-11} \ \mathrm{m^2/N}$，$E = 1.67 \times 10^{11}$，则 $S = \pi_{L}E = 70 \sim 140$。可见半导体应变片的灵敏系数比金属应变片高 $50 \sim 70$ 倍。此外，半导体应变片的灵敏系数还与掺杂浓度有关，随杂质的增加而减小。

3.2.2 温度误差及其补偿

半导体材料对温度比较敏感，压阻式传感器的电阻值及灵敏系数随温度变化而发生变化，引起的温度误差分别为零位温漂和灵敏度温漂。

压阻式传感器一般在半导体基片上扩散四个电阻，当四个扩散电阻的阻值相等或相差不大、电阻温度系数也相同时，其零位温漂和灵敏度温漂会很小，但工艺上难以实现。

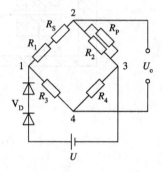

零位温漂一般采用串、并联电阻的方法进行补偿，如图 3.22 所示。串联电阻 R_S 调电桥的零位不平衡输出，而并联电阻 R_P 为阻值较大的负电阻温度系数，补偿零位温漂。R_S、R_P 的阻值和电阻温度系数要选择合适。

图 3.22 温度误差补偿电路

设 R_S、R_P、R_1、R_2、R_3、R_4 为低温下的实测电阻值，R'_S、R'_P、R'_1、R'_2、R'_3、R'_4 为温度变化后的实测电阻值，则应满足如下关系

$$\begin{cases} (R_1 + R_S)R_4 = (R_2 \,/\!/\, R_P)R_3 \\ (R'_1 + R'_S)R'_4 = (R'_2 \,/\!/\, R'_P)R'_3 \end{cases} \tag{3.46}$$

若 R_S 和 R_P 的电阻温度系数分别为 α_S、α_P，则 $R'_S = R_S(1 + \alpha_S \Delta t)$、$R'_P = R_P(1 - \alpha_P \Delta t)$，代入式(3.46)即可计算出 R_S 和 R_P 的阻值。

灵敏度温漂用电源回路串联的二极管 V_D 来补偿，二极管的 PN 结压降为负温度特性，温度每升高 1℃，正向压降减小 $1.9 \sim 2.4$ mV。若电源采用恒压源，则电桥输出电压随温度的升高而提高，以补偿灵敏度下降。串联二极管的数量由实测结果确定。

3.2.3 压阻式传感器的应用

1. 半导体应变式传感器

半导体应变式传感器常用锗、硅材料做成单根状的敏感栅，粘贴在基底上制成，如图 3.23 所示。其使用方法与金属应变片相同，突出优点是灵敏系数很大，可以测微小应变，尺寸小，横向效应和机械滞后小。其缺点是温度稳定性差，测量较大应变时，非线性严重，必须采取补偿措施。此外，灵敏系数随拉伸或压缩而变化，且分散性大。

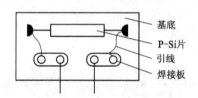

图 3.23 半导体应变式传感器

2. 压阻式压力传感器

图 3.24 所示的压阻式压力传感器，核心部分是一周边固定的圆形 N 型硅膜片，其上

扩散四个阻值相等的 P 型电阻，构成差动全桥。硅膜片两侧有两个压力腔，一个是与被测压力相通的高压腔，另一个是与大气相通的低压腔。当被测压力 p 作用时，膜片上各点产生应力和应变，使四个电阻的阻值发生变化，由电桥输出获得压力的大小。

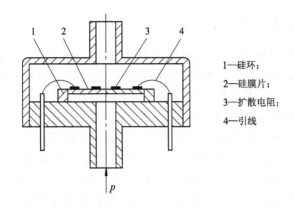

1—硅环；

2—硅膜片；

3—扩散电阻；

4—引线

图 3.24　压阻式压力传感器

图 3.25 所示为一种可以插入心内导管的压阻式压力传感器，为了导入方便，在传感器端部加一塑料壳 6。当被测压力 p 作用于金属波纹膜片 7 上时，将压力转换为集中力，使硅片梁 5 产生变形，从而使硅片梁上扩散的电阻 4 发生变化。这种传感器可用于心血管、颅内、眼球内等压力的测量。

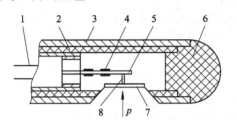

1—引线；2—硅橡胶导管；

3—金属外壳；4—扩散电阻；

5—硅片梁；6—塑料壳；

7—金属波纹膜片；8—推杆

图 3.25　压阻式压力传感器

3. 压阻式加速度传感器

图 3.26 所示为压阻式加速度传感器的结构示意图。图中悬臂梁用单晶硅制成，在悬臂梁的根部扩散四个阻值相同的电阻，构成差动全桥。在悬臂梁的自由端装一质量块，当传感器受到加速度作用时，质量块的惯性力使悬臂梁发生变形而产生应力，该应力使扩散电阻的阻值发生变化，由电桥输出获得加速度的大小。

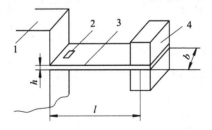

1—基座；2—扩散电阻；3—硅梁；4—质量块

图 3.26　压阻式加速度传感器

3.3 电位器式传感器

3.3.1 电位器的结构类型

电位器是一种将机械位移（线位移或角位移）转换为与其成一定函数关系的电阻或电压的机电传感元件，主要由电阻元件和电刷（活动触点）两个部分组成，如图 3.27 所示。电阻元件是由电阻率很高、极细的绝缘导线，按照一定规律紧密整齐地绕在一个绝缘骨架上制成的。电阻元件上装的滑动电刷由具有弹性的金属薄片或金属丝制成。电刷与电阻元件之间有一定的接触压力，使两者在相对滑动过程中保持可靠的接触和导电。

电位器式传感器结构简单、性能稳定、输出信号大、受环境因素（温度、湿度、电磁干扰、放射性等）影响小，可实现任意函数的特性转换。但由于存在摩擦和电阻丝直径的限制，可靠性和分辨率降低、动态响应较差，所以常用于精度要求不高、动作不太频繁的线位移和角位移测量。

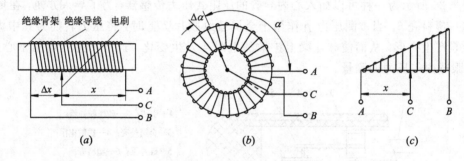

图 3.27 电位器的结构类型
(*a*) 直线位移型；(*b*) 角位移型；(*c*) 非线性型

3.3.2 电位器的负载效应

1. 线性电位器的空载特性

电位器的后接电路一般采用电阻分压电路，如图 3.28 所示。负载电阻 R_L 相当于测量仪器的内阻，输出电压为

$$U_o = \frac{R_x R_L}{R_L R + R_x R - R_x^2} U \qquad (3.47)$$

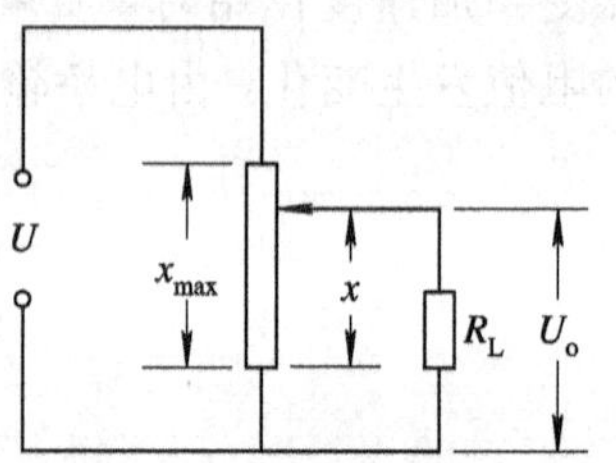

式中：R——电位器的总电阻；

R_x——随电刷位移 x 而变化的电阻值。

对于线性电位器，电刷的相对行程与电阻的相对变化成比例，即

$$\frac{x}{x_{max}} = \frac{R_x}{R} \qquad (3.48)$$

图 3.28 电阻分压电路

当负载电阻 $R_L \rightarrow \infty$ 时，即空载状态下，输出电压 U_o 与电刷位移 x 成正比，即

$$U_{\circ}^{'} = \frac{R_x}{R}U = \frac{U}{x_{\max}}x \tag{3.49}$$

2. 线性电位器的负载特性

一般情况下电位器接有负载电阻 R_L，其输出电压 $U_{\circ}$ 与电刷位移 x 为非线性关系。令 $n = R_x/R$、$m = R/R_L$，代入式(3.47)得

$$U_{\circ} = \frac{n}{1 + nm(1 - n)}U \tag{3.50}$$

负载电阻 R_L 产生的非线性误差为

$$\gamma = \frac{U_{\circ} - U_{\circ}^{'}}{U_{\circ}^{'}} \times 100\% = \left[\frac{1}{1 + nm(1 - n)} - 1\right] \times 100\% \tag{3.51}$$

由式(3.51)可知，负载电阻 R_L 越大(即 m 越小)，非线性误差就越小。若要求电位器在整个行程内保持非线性误差为 $1\% \sim 2\%$，则必须使 $R_L \geqslant (10 \sim 20)R$。

3. 非线性电位器

非线性电位器是指其输出电压(或电阻)与电刷行程 x 之间具有非线性关系，如图 3.27(c)所示。理论上讲，这种电位器可以实现任何函数关系，故又称为函数电位器。

非线性电位器的结构如图 3.29 所示，常用变骨架式与变节距式两种。图 3.29(a)为变骨架式，改变骨架高度或宽度来实现一定函数关系，要求该电位器既要实现函数关系，又不能使导线在骨架上打滑。图 3.29(b)为变节距式，改变导线节距来实现一定函数关系，只适用于特性曲线斜率不大的情况。

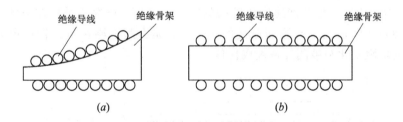

图 3.29　非线性电位器结构图

(a) 变骨架式；(b) 变节距式

3.3.3　电位器式传感器的应用

1. 电位器式位移传感器

图 3.30 所示为替换杆式位移传感器的结构示意图，可用于量程为 $10 \sim 320$ mm 的多种测量范围，采用替换杆实现不同量程测量。替换杆 5 的工作段上开有螺旋槽，当位移超过测量范围时，替换杆与电刷 3 脱开。电位器 2 和替换杆是传感器的主要元件，滑动件 4 上装有导向销 6，可将位移转换成滑动件的旋转。替换杆在外壳 1 的轴承中自由运动，并通过本身的螺旋槽和导向销，使滑动件上的电刷沿电位器绕组滑动，电位器的电阻变化与替换杆的位移成比例。

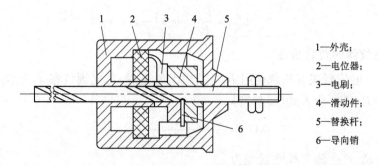

1—外壳；

2—电位器；

3—电刷；

4—滑动件；

5—替换杆；

6—导向销

图 3.30　电位器式位移传感器

2. 电位器式压力传感器

图 3.31 所示为电位器式压力传感器的原理图。当被测压力 p 变化时使弹簧管移动，从而带动电位器的电刷位移，电位器的电阻变化反映被测压力 p 的变化。

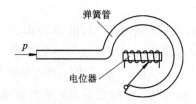

图 3.31　电位器式压力传感器

3. 电位器式加速度传感器

图 3.32 所示为电位器式加速度传感器的结构示意图。惯性质量块在被测加速度作用下，使片状弹簧产生正比于被测加速度的位移，从而引起电刷在电位器的电阻元件上滑动，电位器的电阻变化与被测加速度成比例。

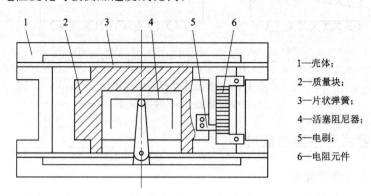

1—壳体；

2—质量块；

3—片状弹簧；

4—活塞阻尼器；

5—电刷；

6—电阻元件

图 3.32　电位器式加速度传感器

思考题与习题

3.1　简述金属电阻应变片的组成、规格及分类。

3.2　金属电阻丝的灵敏系数 S_0 与应变片的灵敏系数 S 有何异同？

3.3 什么是横向效应？应变片敏感栅的结构与横向效应有何关系？

3.4 采用应变片进行测量时，为什么要进行温度补偿？常用的补偿方法有哪些？

3.5 试说明半导体应变片与金属电阻应变片的工作原理有何区别？它们各有何特点？

3.6 压阻式传感器受温度影响会产生哪些温度漂移？如何进行补偿？

3.7 试述电位器式传感器的基本原理、组成部分、主要作用和优缺点。

3.8 电位器式传感器空载特性和负载特性的含义是什么？如何减小电位器负载效应引起的非线性误差？

3.9 采用圆形平膜片弹性元件的应变式压力传感器，测量时接成差动全桥，试问：应变片粘贴在平膜片的何处？如何接成差动全桥？

3.10 采用阻值为 $120\ \Omega$、灵敏系数 $S=2.0$ 的金属电阻应变片和阻值为 $120\ \Omega$ 的固定电阻组成电桥，供桥电压为 $4\ V$，并假定负载电阻 $R_L \to \infty$。当被测应变为 $1000\ \mu\varepsilon$ 时，试求单臂、差动半桥和差动全桥工作时的输出电压 U_o，并比较三种情况下的电压灵敏度。

3.11 在单臂电桥中，若某一桥臂为电阻应变片，其余均为固定电阻，且 $R_1=R_2$。当被测应变为 $1000\ \mu\varepsilon$ 时，电桥非线性误差为 1%，该应变片的灵敏系数为多少？

3.12 某截面积为 $5\ cm^2$ 的试件，弹性模量 $E=20\times10^{10}\ N/m^2$，沿轴向受拉力 $F=10^5\ N$。若沿受力方向粘贴一阻值 $R=120\ \Omega$、灵敏系数 $S=2.0$ 的应变片，试求电阻变化量 ΔR。

3.13 某悬臂梁受力如题 3.13 图所示，在其上、下两面各粘贴两片应变片，组成差动全桥。已知：力 $F=0.5\ N$；应变片的阻值 $R=120\ \Omega$、灵敏系数 $S=2.0$；悬臂梁的弹性模量 $E=70\times10^6\ N/m^2$、长度 $l=24\ cm$、宽度 $b=6\ cm$、厚度 $h=3\ mm$。试求应变片的电阻变化量 ΔR。$\left(\text{提示：}\varepsilon_x=\dfrac{6(l-l_x)}{Ebh^2}F,\ l_x=\dfrac{1}{2}l\right)$

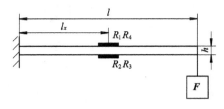

题 3.13 图

3.14 某薄壁圆筒式拉力传感器受力、贴片如题 3.14 图所示。已知弹性元件材料的泊松比 $\mu=0.3$，电阻应变片的灵敏系数 $S=2.0$。问：

(1) 欲测量拉力 P 的大小，如何正确组成差动全桥？

(2) 当供桥电压 $U=2\ V$，$\varepsilon_1=\varepsilon_2=500\ \mu\varepsilon$ 时，输出电压 $U_o=?$

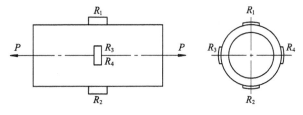

题 3.14 图

3.15　某实心圆柱形弹性元件受力如题 3.15 图所示。已知：力 $F=10$ kN；应变片灵敏系数 $S=2.0$；圆柱断面半径 $r=1$ cm，弹性模量 $E=2\times10^7$ N/cm^2，泊松比 $\mu=0.3$，问：

(1) 如何在圆柱上粘贴四个应变片，请画出贴片图及相应的接桥电路图；

(2) 受 F 力作用时所产生的应变 $\varepsilon=$? 电阻的相对变化量 $\Delta R/R=$?

(3) 供桥电压 $U=6$ V，电桥输出电压 $U_\circ=$?

(4) 此种测量方法是否能补偿温度的影响？并说明原因。

3.16　某悬臂梁受力如题 3.16 图所示，轴向力为 P、弯矩为 M，问：

(1) 欲测量轴向力 P，如何贴片、接桥？

(2) 欲测量弯矩 M，如何贴片、接桥？

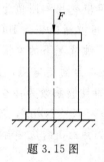

题 3.15 图

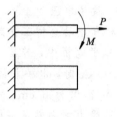

题 3.16 图

<table>
<tr><td>第 4 章</td><td>电容式传感器</td></tr>
</table>

第4章　电容式传感器

电容式传感器是将被测量的变化转换成电容量变化的一种装置。它具有结构简单、灵敏度高、动态特性好、可实现非接触测量等一系列优点，不仅能测量荷重、位移、振动、角度、加速度等机械量，还能测量压力、液位、温度、湿度、成分含量等其他参量。随着电子技术的发展，其易受干扰和分布电容影响等缺点不断得以克服，而且还开发研制出容栅位移传感器和集成电容式传感器等。因此，电容式传感器在自动检测技术中占有很重要的地位。

4.1　工作原理及结构类型

4.1.1　工作原理

电容式传感器实质上是一个可变参数的电容器。由物理学可知，用绝缘介质分开的两个平行金属板组成的平板电容器(如图4.1所示)，当忽略边缘效应时，电容量可表示为

$$C = \frac{\varepsilon A}{\delta} = \frac{\varepsilon_0 \varepsilon_r A}{\delta} \tag{4.1}$$

式中：ε、ε_0——极板间介质和真空的介电常数($\varepsilon_0 = 8.85 \times 10^{-12}$ F/m)；

　　　ε_r——极板间介质的相对介电常数，对于空气介质 $\varepsilon_r \approx 1$；

　　　A——极板相互覆盖的面积；

　　　δ——极板间的距离。

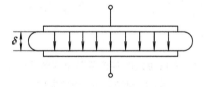

图 4.1　平板电容器

由式(4.1)可知，当 A、δ 或 ε 任意参数发生变化时，都会引起电容量 C 的变化。实际制作电容式传感器时，A、δ 或 ε 三个参数中的两个保持不变，仅改变其中一个参数使电容量发生变化。根据这一原理，电容式传感器可分为三种类型：变极距式、变面积式和变介电常数式。

4.1.2　结构类型

图4.2所示为常用电容式传感器的结构形式。图4.2(a)和(b)为变极距式，图4.2(c)

~(h)为变面积式,而图 4.2(i)~(l)则为变介电常数式。

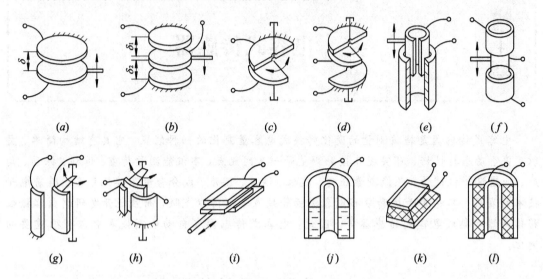

(a)　　　　(b)　　　　(c)　　　　(d)　　　　(e)　　　　(f)

(g)　　　　(h)　　　　(i)　　　　(j)　　　　(k)　　　　(l)

图 4.2　电容式传感器的结构形式

变极距式一般用来测量微小位移(0.01~$0.1~\mu$m),变面积式则用来测量角位移或较大的线位移,变介电常数式常用来测量介质的厚度、位置、液位以及成分含量等。

1. 变极距式

图 4.3(a)为变极距式电容式传感器的原理图。图中下极板固定不动,当上极板随被测量的变化上下移动时,两极板之间的距离 δ 相应变化,从而引起电容量发生变化。

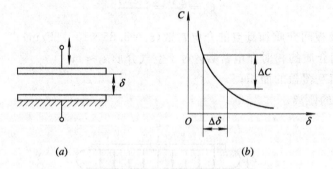

(a)　　　　　　　　　　　　(b)

图 4.3　变极距式电容传感器原理图及特性曲线
(a) 原理图;(b) 特性曲线

当传感器的 ε 和 A 为常数、初始间距为 δ_0 时,由式(4.1)可知初始电容量 C_0 为

$$C_0 = \frac{\varepsilon A}{\delta_0} \tag{4.2}$$

若电容器极板间距离由初始值 δ_0 缩小 $\Delta\delta$ 时,电容量增大 ΔC,则有

$$C = C_0 + \Delta C = \frac{\varepsilon A}{\delta_0 - \Delta\delta} = C_0 \frac{1}{1 - \Delta\delta/\delta_0} \tag{4.3}$$

电容变化量 ΔC 为

$$\Delta C = C_0 \frac{\Delta\delta/\delta_0}{1 - \Delta\delta/\delta_0} \tag{4.4}$$

当 $\Delta\delta \ll \delta_0$ 时，把式(4.4)中右边$(1-\Delta\delta/\delta_0)^{-1}$项展开成泰勒级数形式，即

$$\Delta C = C_0 \frac{\Delta\delta}{\delta_0}\left[1 + \frac{\Delta\delta}{\delta_0} + \left(\frac{\Delta\delta}{\delta_0}\right)^2 + \left(\frac{\Delta\delta}{\delta_0}\right)^3 + \cdots\right] \tag{4.5}$$

由式(4.3)可知，传感器的输出特性 $C = f(\delta)$ 不是线性关系，而是如图 4.3(b)所示双曲线关系。在 $\Delta\delta/\delta_0$ 很小的情况下，ΔC 与 $\Delta\delta$ 近似呈线性关系，传感器输出才有近似的线性特性。工程上常采用以下两种近似处理方法：

(1) 近似线性处理，即取式(4.5)右边第一项近似，有

$$\Delta C \approx C_0 \frac{\Delta\delta}{\delta_0} \tag{4.6}$$

此时 ΔC 与 $\Delta\delta$ 为线性关系，传感器的灵敏度 S 与初始间距 δ_0 成反比，即

$$S = \frac{\Delta C}{\Delta\delta} \approx \frac{C_0}{\delta_0} \tag{4.7}$$

(2) 近似非线性处理，即取式(4.5)右边前两项近似，有

$$\Delta C \approx C_0 \frac{\Delta\delta}{\delta_0}\left[1 + \frac{\Delta\delta}{\delta_0}\right] \tag{4.8}$$

此时 ΔC 与 $\Delta\delta$ 为非线性关系，其非线性误差为

$$\gamma \approx \left|\frac{\Delta\delta}{\delta_0}\right| \times 100\% \tag{4.9}$$

分析表明，非线性误差 γ 与初始间距 δ_0 也成反比，因此提高传感器的灵敏度和减小非线性误差是相互矛盾的。在实际应用中，为了解决这一矛盾，常采用如图 4.4 所示的差动结构。当传感器的活动极板在中间位置时，即 $\delta_1 = \delta_2 = \delta_0$，则有 $C_1 = C_2 = C_0$。如果活动极板向上移动 $\Delta\delta$，即 $\delta_1 = \delta_0 - \Delta\delta$，$\delta_2 = \delta_0 + \Delta\delta$，则

$$C_1 = C_0\left[1 + \frac{\Delta\delta}{\delta_0} + \left(\frac{\Delta\delta}{\delta_0}\right)^2 + \left(\frac{\Delta\delta}{\delta_0}\right)^3 + \cdots\right] \tag{4.10}$$

$$C_2 = C_0\left[1 - \frac{\Delta\delta}{\delta_0} + \left(\frac{\Delta\delta}{\delta_0}\right)^2 - \left(\frac{\Delta\delta}{\delta_0}\right)^3 + \cdots\right] \tag{4.11}$$

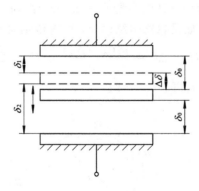

图 4.4　变极距式差动电容传感器原理图

差动结构电容总变化量为

$$\Delta C = C_1 - C_2 = 2C_0 \frac{\Delta\delta}{\delta_0}\left[1 + \left(\frac{\Delta\delta}{\delta_0}\right)^2 + \left(\frac{\Delta\delta}{\delta_0}\right)^4 + \cdots\right] \tag{4.12}$$

差动结构的灵敏度 S 和非线性误差 γ 分别为

$$S = \frac{\Delta C}{\Delta \delta} \approx \frac{2C_0}{\delta_0} \qquad (4.13)$$

$$\gamma \approx \left(\frac{\Delta \delta}{\delta_0}\right)^2 \times 100\% \qquad (4.14)$$

将式(4.7)、(4.9)分别与式(4.13)、(4.14)比较可知,变极距式电容传感器做成差动结构后,不仅灵敏度提高了一倍,而且非线性误差也大大减小了。

由式(4.12)可以看出,在 δ_0 较小时,对于相同的位移量 $\Delta\delta$,引起的电容变化量 ΔC 则增大,从而使传感器灵敏度提高。但 δ_0 过小,容易引起电容器击穿或短路。为此,极板间可采用高介电常数的材料(云母、塑料膜等)作介质,如图 4.5 所示。此时电容量 C 变为

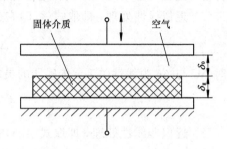

图 4.5 放置固体介质的电容器

$$C = \frac{A}{\frac{\delta_g}{\varepsilon_0 \varepsilon_g} + \frac{\delta_0}{\varepsilon_0}} \qquad (4.15)$$

式中:ε_g——固体介质的相对介电常数(云母 $\varepsilon_g = 7$);

δ_g、δ_0——固体介质和空气隙的厚度。

云母的相对介电常数是空气的 7 倍,其击穿电压大于 1000 kV/mm,而空气的击穿电压仅为 3 kV/mm。因此极板间加入云母介质后,电容器既不容易击穿,又可减小初始间距 δ_0。

一般变极距式电容传感器的初始电容在 20~100 pF 之间,极板间距离在 25~200 μm 的范围内,最大位移应小于初始间距的 1/10。变极距式电容传感器的灵敏度高,可利用被测部件作为动极板实现动态非接触测量,故广泛应用于微小位移和压力的测量。

2. 变面积式

图 4.6 为变面积式位移电容传感器的结构示意图。图 4.6(a)为直线位移型平板电容器的原理图,当两极板完全重叠时,其电容量 $C_0 = \varepsilon ab/\delta$。当动极板移动 Δx 时,两极板重叠面积减小,电容量也将减小。如果忽略边缘效应,可得传感器的特性方程为

$$C = C_0 - \Delta C = \frac{\varepsilon b(a - \Delta x)}{\delta} = C_0 - \frac{\varepsilon b}{\delta}\Delta x \qquad (4.16)$$

式中:a、b——极板的宽度和长度。

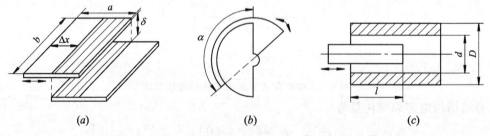

图 4.6 变面积式电容传感器

(a)直线位移型;(b)角位移型;(c)直线位移圆筒型

电容变化量为

$$\Delta C = C_0 - C = \frac{\varepsilon b}{\delta} \Delta x \qquad (4.17)$$

灵敏度 S 为

$$S = \frac{\Delta C}{\Delta x} = \frac{\varepsilon b}{\delta} \qquad (4.18)$$

由式(4.17)和式(4.18)可见，直线位移型电容传感器具有线性输出特性、允许输入的直线位移范围大和灵敏度 S 为常数等特点。增大极板长度 b，减小极板间距离 δ，选取高介电常数 ε 的介质，都可使灵敏度提高。虽然极板宽度 a 的大小不影响灵敏度，但也不能太小，否则边缘电场影响增加，将产生非线性误差。

图 4.6(b)为角位移型电容传感器的原理图，由两块半圆形极板构成，两极板间的有效覆盖面积 $A = \alpha r^2 / 2$，其电容量为

$$C = \frac{\varepsilon r^2 \alpha}{2\delta} \qquad (4.19)$$

式中：r——极板半径；

α——极板覆盖面积对应的中心角。

当动极板有一个角位移 $\Delta\alpha$ 时，与定极板间的有效覆盖面积将改变，从而改变两极板间的电容量，电容变化量为

$$\Delta C = \frac{\varepsilon r^2 (\alpha + \Delta\alpha)}{2\delta} - \frac{\varepsilon r^2 \alpha}{2\delta} = \frac{\varepsilon r^2 \Delta\alpha}{2\delta} \qquad (4.20)$$

灵敏度 S 为

$$S = \frac{\Delta C}{\Delta\alpha} = \frac{\varepsilon r^2}{2\delta} \qquad (4.21)$$

图 4.6(c)为直线位移圆筒型电容传感器的原理图，由两个同心圆筒构成，其电容量为

$$C = \frac{2\pi\varepsilon l}{\ln \dfrac{D}{d}} \qquad (4.22)$$

式中：D——外圆筒的内径；

d——内圆筒(或圆柱)的外径；

l——两圆筒的覆盖长度。

当覆盖长度 l 变化 Δl 时，电容变化量为

$$\Delta C = \frac{2\pi\varepsilon(l + \Delta l)}{\ln \dfrac{D}{d}} - \frac{2\pi\varepsilon l}{\ln \dfrac{D}{d}} = \frac{2\pi\varepsilon \Delta l}{\ln \dfrac{D}{d}} \qquad (4.23)$$

灵敏度 S 为

$$S = \frac{\Delta C}{\Delta l} = \frac{2\pi\varepsilon}{\ln \dfrac{D}{d}} \qquad (4.24)$$

由式(4.18)、(4.21)、(4.24)可以看出，变面积式电容传感器的灵敏度 S 均为常数，即输出与输入为线性关系。但与变极距式相比，灵敏度较低，广泛用于较大的直线位移和角位移的测量。

3. 变介电常数式

变介电常数式电容传感器常用来测量介质的厚度、位置和液位等，如图 4.7 所示。图 4.7(a)是用来测量纸张、绝缘薄膜等厚度的电容式传感器原理图，两平行极板固定不动，当被测介质的厚度 δ_x 发生改变时，将引起电容量变化，其电容量为

$$C = \frac{lb}{\dfrac{\delta - \delta_x}{\varepsilon_0} + \dfrac{\delta_x}{\varepsilon}} \qquad (4.25)$$

式中：l、b——极板的长度和宽度。

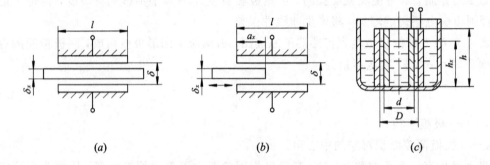

(a) $\qquad\qquad$ (b) $\qquad\qquad$ (c)

图 4.7 变介电常数式电容传感器
(a) 测量介质厚度；(b) 测量介质位置；(c) 测量介质液位

图 4.7(b)是用来测量介质位置的电容式传感器原理图，被测介质以不同深度 a_x 插入两固定极板中，其电容量发生变化，电容量为

$$C = \frac{ba_x}{\dfrac{\delta - \delta_x}{\varepsilon_0} + \dfrac{\delta_x}{\varepsilon}} + \frac{b(l - a_x)}{\dfrac{\delta}{\varepsilon_0}} \qquad (4.26)$$

图 4.7(c)为电容式液位计的原理图，用来测量液体的液位，由两个同心圆筒构成电容器，其电容量 C 为

$$C = \frac{2\pi\varepsilon_0 h}{\ln\dfrac{D}{d}} + \frac{2\pi(\varepsilon - \varepsilon_0)h_x}{\ln\dfrac{D}{d}} \qquad (4.27)$$

式中：h、h_x——圆筒和被测液面的高度；

D、d——外圆筒内径和内圆筒外径。

变介电常数式电容传感器也可用来测量粮食、纺织品、木材或煤炭等固体介质的温度或湿度，当被测介质受到外界温度或湿度影响时，其介电常数发生变化，从而引起电容量发生变化。

4.2 信号调理电路

电容式传感器输出的电容量以及电容变化量都非常小，不能直接驱动显示记录仪器，也不便于传输，必须借助于信号调理电路检出这一微小电容增量，并将其转换成与其成单值函数关系的电压、电流或者频率信号。电容式传感器的信号调理电路种类很多，常用运算放大器电路、电桥电路、调频电路、双 T 形电路、脉冲调宽电路等。

4.2.1 运算放大器电路

运算放大器的输入阻抗和开环放大倍数都非常大,是电容式传感器比较理想的信号调理电路,如图 4.8 所示。图中 C_x 是变极距式电容传感器,C 是固定电容,u 是交流电源电压,u_o 是输出信号电压。由运算放大器的理想条件"虚短"和"虚断"可得

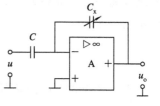

$$u_o = -\frac{C}{C_x}u \qquad (4.28)$$

将 $C_x = \varepsilon A/\delta$ 代入式(4.28)得

$$u_o = -u\frac{C}{\varepsilon A}\delta \qquad (4.29)$$

图 4.8 运算放大器电路

运算放大器的输出电压 u_o 与极板间距离 δ 呈线性关系,解决了变极距式电容传感器的非线性问题。若 C_x 是变面积式电容传感器,则将传感器电容 C_x 与固定电容 C 交换位置,也可得到线性特性。为了保证测量精度,要求电源电压 u 和固定电容 C 必须稳定。式(4.29)中"一"号表示运算放大器的输出电压 u_o 与电源电压 u 反相。

4.2.2 电桥电路

电容式传感器常连接成差动结构,接入交流电桥的两个相邻桥臂,另外两个桥臂可以是固定电阻、电容或电感,也可以是变压器的两个次级线圈,如图 4.9 所示。

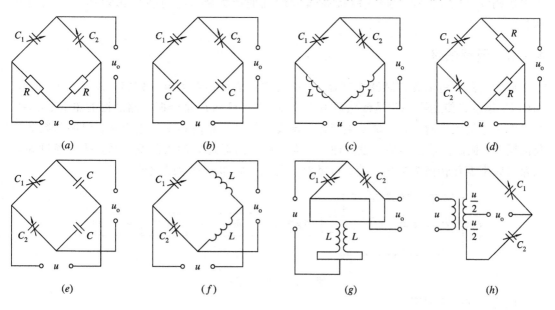

图 4.9 电桥电路

从电桥灵敏度考虑,图 $4.9(a) \sim (c)$ 形式的灵敏度高,图 $4.9(d) \sim (f)$ 形式的灵敏度相对较低。在设计和选择电桥形式时,除了考虑电桥灵敏度外,还应考虑电桥输出电压是否稳定(即受外界干扰影响大小),输出电压与电源电压之间的相移大小,电源与元件所允许的功率以及结构上是否容易实现等。在实际电桥电路中,还要设置零点平衡调节、灵敏度调节等环节。

图 4.9(g)为紧耦合电感臂电桥，具有较高的灵敏度和稳定性，且寄生电容影响极小，大大简化了电桥的屏蔽和接地，非常适合于高频工作。

图 4.9(h)为变压器电桥，使用元件最少，电桥内阻最小，因此目前较多采用。设变压器次级线圈的感应电势为 $u/2$，电桥后接放大器的输入阻抗（即电桥的负载）$R_L \to \infty$，则电桥输出电压为

$$u_o = \frac{u}{2} \frac{C_1 - C_2}{C_1 + C_2} \tag{4.30}$$

对于变极距式电容传感器，$C_1 = \dfrac{\varepsilon A}{\delta_0 - \Delta\delta}$，$C_2 = \dfrac{\varepsilon A}{\delta_0 + \Delta\delta}$，则

$$U_o = \frac{u}{2} \frac{\Delta\delta}{\delta_0} \tag{4.31}$$

对于变面积式电容传感器，$C_1 = \dfrac{\varepsilon(A_0 + \Delta A)}{\delta}$，$C_2 = \dfrac{\varepsilon(A_0 - \Delta A)}{\delta}$，则

$$U_o = \frac{u}{2} \frac{\Delta A}{A_0} \tag{4.32}$$

电桥输出电压 U_o 与极距变化量 $\Delta\delta$、面积变化量 ΔA 都呈线性关系。但必须指出：输出电压与电源电压成正比，要求电源电压波动极小，需要采用稳幅、稳频等措施；传感器必须工作在平衡位置附近，否则电桥非线性增大，在要求精度很高的场合（如飞机用油量表），可采用自动平衡电桥；交流电桥的输出阻抗很高（一般达几兆欧姆至几十兆欧姆），输出电压幅值又较小，所以必须后接高输入阻抗的放大器，将电桥输出电压放大后进行测量。

4.2.3 调频电路

调频电路是将电容传感器与电容、电感元件构成振荡器的谐振回路，如图 4.10 所示。图中 C_x 是电容传感器，C_c 是传感器引线分布电容，C 和 L 是谐振回路的固有电容、电感。当电容传感器工作时，电容量发生变化，导致振荡器的振荡频率发生变化。但振荡频率变化的同时，振荡器输出幅值也发生改变，为此在振荡器之后加入限幅环节，然后通过鉴频电路将频率变化转换为电压变化，再经放大器放大后即可显示或记录。

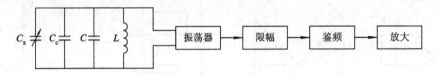

图 4.10 调频电路

振荡器的振荡频率为

$$f = \frac{1}{2\pi \sqrt{LC'}} \tag{4.33}$$

式中：C'——谐振回路的总电容，$C' = C_x + C_c + C$。

当传感器尚未工作时，传感器电容为初始值 $C_x = C_0$，振荡器的振荡频率为

$$f_0 = \frac{1}{2\pi \sqrt{L(C_0 + C_c + C)}} \tag{4.34}$$

当传感器工作时，$C_x = C_0 \pm \Delta C$，振荡器的振荡频率为

$$f = f_0 \mp \Delta f = \frac{1}{2\pi \sqrt{L(C_0 \pm \Delta C + C_c + C)}} \tag{4.35}$$

振荡器输出是一个受被测信号调制的调频波，中心频率 f_0 一般选在 1 MHz 以上。调频电路的灵敏度较高，可以测量 $0.01~\mu m$ 级甚至更小的位移变化量。输出调频波易于用数字仪器测量，便于与计算机通信，抗干扰能力强，可以发送、接收以实现遥测遥控。

4.2.4　双 T 形电路

双 T 形电路如图 4.11(a)所示。图中 u 是对称方波的高频电源电压，V_{D1}、V_{D2} 为特性完全相同的二极管，R_1、R_2 为阻值相等的固定电阻，C_1、C_2 为差动式电容传感器，R_L 为负载电阻。

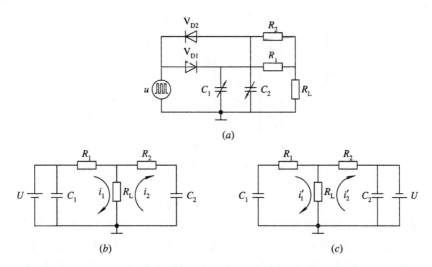

图 4.11　双 T 形电路

当电源电压 u 为正半周时，二极管 V_{D1} 导通、V_{D2} 截止，等效电路如图 4.11(b)所示。此时电容 C_1 充电，充电回路的电阻仅为导线电阻，因此很快被充电至电压 U，U 经 R_1 以电流 i_1 向负载电阻 R_L 供电。如果 C_2 初始已充电，则电容 C_2 以电流 i_2 经 R_2 和 R_L 放电。流经 R_L 的电流 i_L 为 i_1 与 i_2 之代数和。

当电源电压 u 为负半周时，V_{D2} 导通、V_{D1} 截止，等效电路如图 4.11(c)所示。此时 C_2 很快被充电至电压 U，而 C_1 经 R_1 和 R_L 放电，流经 R_L 的电流 i_L' 为 i_1' 和 i_2' 之代数和。

由于 V_{D2} 和 V_{D1} 特性相同，$R_1 = R_2 = R$，所以初始状态 $C_1 = C_2$，在 u 的一个周期内流过 R_L 的电流 i_L 与 i_L' 的平均值为零，即 R_L 上无信号输出。当传感器工作时 $C_1 \neq C_2$，在 R_L 上产生的平均电流不为零，则有信号输出。此时 R_L 两端的平均电压为

$$U_o \approx \frac{R(R + 2R_L)}{(R + R_L)^2} U R_L (C_1 - C_2) f \tag{4.36}$$

式中：U、f——电源电压幅值和频率。

当 R、R_L、U 和 f 均为定值时，双 T 形电路的输出电压 U_o 与传感器电容 C_1 和 C_2 之差呈线性关系。当 R 和 R_L 为定值时，该电路的电压灵敏度 $S = U_o/(C_1 - C_2)$ 与 U 和 f 成

正比。因此，要求电源电压必须是稳幅稳频和高幅高频的对称方波，以保证该电路具有较高的稳定性和灵敏度。

双 T 形电路具有结构简单、灵敏度高、动态响应快、过载能力强、能在恶劣环境（如高、低温及强辐射）中正常工作等优点。

4.2.5 脉冲调宽电路

脉冲调宽电路又称脉冲调制电路，如图 4.12 所示。A_1、A_2 为电压比较器，同相输入端接直流参考电压 U_r；C_1、C_2 为差动式电容传感器，与固定电阻 R_1、R_2 构成两个充放电回路；双稳态触发器采用负电平输入，输出由电压比较器控制。若 A_1 输出为负电平，则 Q 端为低电平，而 $\overline{Q}$ 端为高电平；若 A_2 输出为负电平，则 $\overline{Q}$ 端为低电平，而 Q 端为高电平。

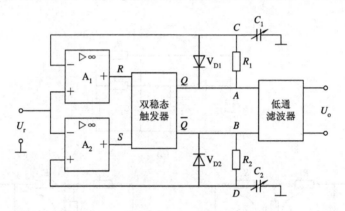

图 4.12　脉冲调宽电路

若接通电源后双稳态触发器 Q 端（A 点）为高电平（$U_A = U$），$\overline{Q}$ 端（B 点）为低电平（$U_B = 0$），则 Q 端通过 R_1 对 C_1 充电，时间常数 $\tau_1 = R_1 C_1$。当 C 点电位上升到 $U_C \geqslant U_r$ 时，比较器 A_1 翻转，使双稳态触发器也跟着翻转，Q 端变为低电平，$\overline{Q}$ 端变为高电平。此时，C_1 上已充电的电荷通过二极管 V_{D1} 迅速放电至零（$U_C = 0$），而双稳态触发器 $\overline{Q}$ 端通过 R_2 对 C_2 充电，时间常数 $\tau_2 = R_2 C_2$。当 D 点电位上升到 $U_D \geqslant U_r$ 时，比较器 A_2 翻转，使双稳态触发器再一次翻转，Q 端又变为高电平，$\overline{Q}$ 端又变为低电平。周而复始重复上述过程，在 A、B 两点分别输出宽度受 C_1、C_2 调制的矩形脉冲。

当 $C_1 = C_2 = C_0$，$R_1 = R_2 = R$ 时，各点波形如图 4.13(a) 所示。由于 $\tau_1 = \tau_2 = RC_0$，U_A 和 U_B 脉冲宽度相等，即 U_{AB} 为对称方波，所以低通滤波器输出的平均电压 $U_o = 0$。

当 $C_1 \neq C_2$ 时，设 $C_1 = C_0 + \Delta C$，$C_2 = C_0 - \Delta C$，则 $\tau_1 = R(C_0 + \Delta C)$，$\tau_2 = R(C_0 - \Delta C)$，各点波形如图 4.13($b$) 所示。$U_A$ 和 U_B 脉冲宽度不相等，此时低通滤波器输出电压为

$$U_o = U_A - U_B = \frac{T_1 - T_2}{T_1 + T_2} U = \frac{C_1 - C_2}{C_1 + C_2} U \qquad (4.37)$$

式中：T_1、T_2——C_1 和 C_2 充电至 U_r 时所需时间，$T_1 = RC_1 \ln \dfrac{U}{U - U_r}$，$T_2 = RC_2 \ln \dfrac{U}{U - U_r}$。

脉冲调宽电路适用于任何类型的差动式电容传感器，理论上都具有线性特性，转换效率高，经过低通滤波器就可得到较大的直流输出电压，调宽频率的变化对输出没有影响。

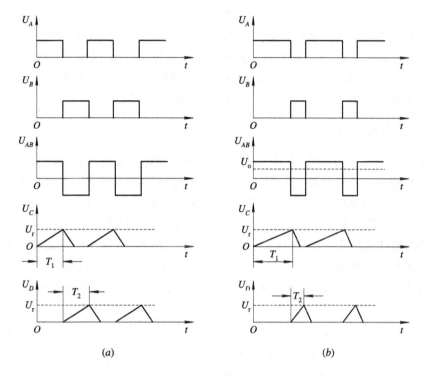

图 4.13 脉冲调宽电路各点电压波形

4.3 电容式传感器的应用

4.3.1 电容式压差传感器

图 4.14 所示为电容式压差传感器的结构示意图，由一个金属膜片动极板和两个在凹

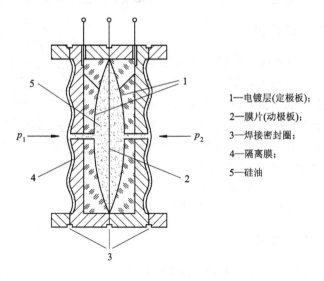

1—电镀层(定极板)；

2—膜片(动极板)；

3—焊接密封圈；

4—隔离膜；

5—硅油

图 4.14 电容式压差传感器

形玻璃圆盘上电镀成的定极板组成。当两边的压力 p_1 和 p_2 相等时，膜片处于中间位置，与左右定极板的距离相等，即 $C_1 = C_2$，经转换电路（常用双 T 形电路）产生的输出电压为零。当 $p_1 > p_2$（或 $p_1 < p_2$）时，膜片向压力小的一侧弯曲，$C_1 \neq C_2$，此时转换电路的输出电压与压力差 $|p_1 - p_2|$ 成正比。电容式压差传感器的分辨率很高，不仅用来测量压差，也可用来测量真空或微小绝对压力（$0 \sim 0.75$ Pa），响应速度为 100 ms。

4.3.2　电容式加速度传感器

加速度传感器均采用弹簧-质量-阻尼系统将被测加速度变换成力或位移量，然后再通过传感器转换成相应的电参量。图 4.15 所示为电容式加速度传感器的结构示意图，两个定极板与壳体绝缘，质量块由弹簧片支撑于壳体内，且两个端面经过磨平抛光后作为动极板，分别与两个定极板构成差动电容 C_1 和 C_2。测量时，将传感器外壳固定在被测振动体上，当传感器随被测对象在垂直方向上作直线加速运动时，质量块相对壳体运动，在垂直方向上产生正比于被测加速度的位移，使电容量 C_1 和 C_2 一个增加、另一个减小，电容总变化量正比于质量块所产生的惯性力。在一定频率范围内，惯性力与被测振动加速度成正比。

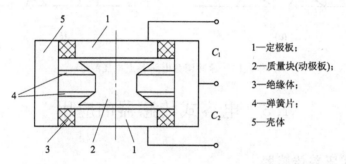

1—定极板；
2—质量块(动极板)；
3—绝缘体；
4—弹簧片；
5—壳体

图 4.15　电容式加速度传感器

电容式加速度传感器的频率响应快、量程范围大，阻尼物质采用空气或其他气体。

4.3.3　电容式应变传感器

图 4.16 所示为电容式应变传感器的原理结构图。在被测量的两个固定点上，装两个薄而低的拱弧，方形电极固定在弧的中央，两个拱弧的曲率略有差别。安装时两个极板应保持平行并平行于安装传感器的平面，拱弧具有一定的放大作用，当两个固定点受压缩时电容量将减小（间距增大）。电容极板间距离的变化与应变之间并非为线性关系，从而抵消变极距式电容传感器本身的一部分非线性误差。

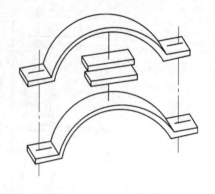

图 4.16　电容式应变传感器

4.3.4　电容式荷重传感器

图 4.17 所示为电容式荷重传感器的原理结构图。在浇铸特性好、弹性极限高的镍铬钼特种钢块上，开一排同高度、等间距且平行的圆孔，每个圆孔的内壁用粘结剂固定两个截

面为 T 形的绝缘体，保持其相对面平行并留有一定间隙，在此相对面上粘贴铜箔作为电容器的两个极板。当钢块端面承受荷重 F 而使圆孔变形时，每个电容器极板间的距离变小、电容量增大。在测量电路中将所有电容并联，电容总变化量正比于被测平均荷重 F。

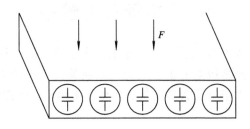

图 4.17　电容式荷重传感器

电容式荷重传感器的测量误差小、受接触面影响小；电容器置于孔内，因而无感应现象，工作可靠；温度漂移可补偿到很小的程度，提高抗干扰能力。

4.3.5　电容式厚度传感器

电容式厚度传感器主要用来测量各种带材的厚度。图 4.18 所示为用于金属带材在轧钢过程中厚度的在线检测，在被测带材的上下两侧各放置一块面积相等且与带材距离相等的极板，并用导线把两块极板连接起来作为电容器的定极板，被测带材作为动极板，相当于两个电容并联，总电容量 $C = C_1 + C_2$。在轧钢过程中带材厚度变化时，将引起电容量发生变化，从而实现带材厚度的在线检测。

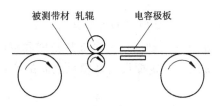

图 4.18　电容式厚度传感器

4.3.6　电容式位移传感器

电容式位移传感器主要用来测量旋转轴的回转精度和轴心动态偏摆、往复机构的运动状态、机械构件的相对振动和相对变形等，属于动态非接触测量。图 4.19 所示为用于测量旋转轴回转精度的电容式位移传感器，在旋转轴外侧相互垂直的两个位置放置两个电容极板（定极板），被测旋转轴作为电容器的动极板。测量时，首先调整好电容极板与被测旋转轴之间的原始间距，当轴旋转时因轴承间隙等原因产生径向位移和摆动时，定极板和动极

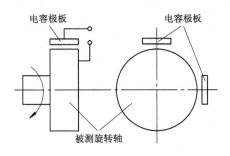

图 4.19　旋转轴回转精度测量原理图

板之间的距离发生变化，相应传感器的电容量也发生变化，然后经过信号调理电路的转换与处理，即可测量旋转轴的回转精度。

4.4 容栅式传感器

容栅式传感器是在变面积式电容传感器基础上发展起来的一种新型传感器。它具有电容传感器优点的同时，又因多级电容的平均效应，使其抗干扰能力强，精度高，测量范围大。容栅式传感器广泛应用于电子数显量具、数显机床标尺、测长机等测量仪器中。

4.4.1 工作原理

容栅式传感器有长容栅和圆容栅两种，结构原理如图 4.20 所示。图 4.20(a)所示为长容栅，由定栅尺和动栅尺组成，在定栅尺上蚀刻反射电极（也称标尺电极），在动栅尺上蚀刻发射电极和接收电极，各电极之间相互绝缘。将定栅尺和动栅尺的电极面相对放置，并留有间隙，形成一系列电容器（即容栅）。在测量电路中将这些电容并联连接，并忽略边缘效应，其最大电容量为

$$C_{max} = \frac{n\varepsilon ab}{\delta} \tag{4.38}$$

式中：n——动栅尺的电极片数；

a、b——动栅尺的电极片长度和宽度；

δ、ε——定栅尺与动栅尺之间的间距和介电常数。

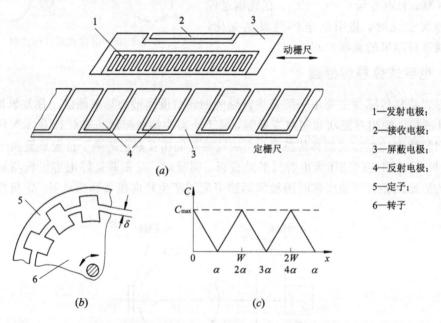

1—发射电极；
2—接收电极；
3—屏蔽电极；
4—反射电极；
5—定子；
6—转子

(a)

(b)　　　　　(c)

图 4.20　容栅式传感器的结构原理图和特性曲线

(a) 长容栅；(b) 圆容栅；(c) 特性曲线

当动栅尺平行于定栅尺移动时，每个电容器的相对覆盖面积将由大变小、再由小变大呈周期性变化，电容量也随之相应地呈周期性变化，如图 4.20(c)所示。经电路处理后，即

可测得直线位移。

图 4.20(b)所示为柱状圆容栅，它由同轴安装的定子和转子组成，在内、外柱面内蚀刻一系列宽度相等的齿和槽。当转子旋转时，定子和转子齿面的相互覆盖面积呈周期性变化，形成一系列可变电容器。定子和转子齿面相对时电容量最大，错开时电容量最小，其电容量 C 与角位移 α 的关系曲线如图 4.20(c)所示。经电路处理后也可测得角位移。

4.4.2　结构类型

以直线位移长容栅传感器为例，常用的电极结构有直电极反射式、直电极透射式和反射式 L 型电极等。

1. 直电极反射式

直电极反射式结构形式如图 4.20(a)所示。动栅尺上排列一系列尺寸相同、间距为 l_0 的小发射电极片和接收电极，定栅尺上均匀排列一系列尺寸相同、间距为 $8l_0$ 的反射电极片，动栅尺和定栅尺的电极面相对、平行安装。当发射电极片分别加以幅值相等、基波相位相差 45°的激励电压时，通过电容耦合在反射电极片上产生电荷，再通过电容耦合在接收电极上产生电荷输出。配上相应的信号调理电路，可得到幅值或相位与被测位移成比例的调幅信号或调相信号。此结构形式制造简单，使用方便，但输出信号较弱，而且运行过程中，导轨的误差对测量精度影响较大。

2. 直电极透射式

直电极透射式结构形式如图 4.21 所示，由一个开有均匀间隔矩形窗口的金属带和测量装置组成。测量装置的一侧固定一系列小发射电极片，另一侧固定一个接收电极，当金属带随被测位移在测量装置中移动时，发射电极通过金属带上的矩形窗口与接收电极形成耦合电容，其电容量的变化与被测位移成正比，金属带起屏蔽作用。此结构形式测量调整方便，安装误差和运行误差较小，但制造困难。

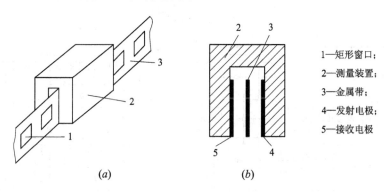

1—矩形窗口；
2—测量装置；
3—金属带；
4—发射电极；
5—接收电极

(a)　　　　　　(b)

图 4.21　直电极透射式容栅传感器的结构示意图
(a) 外形图；(b) 剖面图

3. 反射式 L 形电极

反射式 L 形电极的动栅尺与直电极反射式结构相同，定栅尺的反射电极为 L 形，如图 4.22 所示。其目的是增大反射电极的面积，增加耦合的电容量，提高传感器的灵敏度，增强抗干扰能力和提高稳定性。

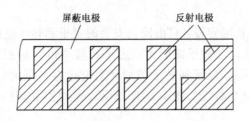

图 4.22 反射式 L 形电极

4.4.3 信号调理电路

容栅式传感器的输出信号常采用调幅式和调相式电路进行处理。调幅式分辨率可达到 0.001 mm，主要在测长仪上使用；调相式分辨率为 0.01 mm，主要在电子数显卡尺等数显量具上使用。下面以直电极反射式结构为例，讨论这两种信号的处理方式。

1. 调幅式

图 4.23 所示为调幅式原理图。图中 A、B 为动栅尺上的两组电极片，各由 4 个小极片组成，P 为定栅尺上的电极片，它们之间构成差动电容 C_A 和 C_B；S_1、S_2 为方波脉冲控制开关，由方波发生器的高低电平控制，轮流将直流参考电压 $\pm U_r$ 和测量转换电路的直流输出电压 U_o 分别接入 A、B 两组电极片。当动栅尺处于位置 a 时 $(x=0)$，A 组的小极片 3、4 和 B 组的小极片 5、6 与定栅尺的电极片 P 重合，此时 $C_A=C_B$，测量转换电路的输出电压 $U_o=0$。当动栅尺向右移动一个小极片距离 l_0 而处于位置 b 时 $(x>0)$，A 组的小极片 2、3、4 和 B 组的小极片 5 与定栅尺的电极片 P 重合，此时 $C_A>C_B$，测量转换电路的输出电压 $U_o>0$。通过开关 S_1、S_2 控制接入 A、B 两组电极片上的电压，使一个周期内电极片 P 上所产生的电荷量为零，即

$$Q_P = (U_o - U_r)C_A + (U_o + U_r)C_B = 0$$

$$U_o = \frac{C_A - C_B}{C_A + C_B}U_r \tag{4.39}$$

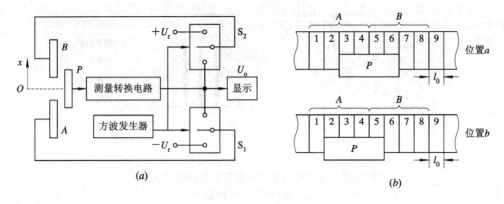

图 4.23 调幅式原理图

(a) 电路原理图；(b) 电极片位置图

输出电压 U_o 的大小与位移呈线性关系。该电路具有线性好、灵敏度高、量程大、精度高、动态特性好等特点，但电路比较复杂。

2. 调相式

图 4.24 所示为调相式原理图。图中 E、R 分别为动栅尺上的发射电极和接收电极，发射电极每 8 片为一组，分别通以 8 个幅值为 U_m、角频率为 ω、相位依次相差 $\pi/4$ 的正弦激励电压；M、S 分别为定栅尺上的反射电极和接地的屏蔽电极。当两个栅尺处于相对位置 a 时，每个发射电极片与反射电极片完全覆盖，所形成的电容量为 C_0。当两个栅尺相对移动 $x(x \leqslant l_0)$ 而处于位置 b 时，每个发射电极片与反射电极片不完全覆盖，其电容量将发生变化。设反射电极片电压为 u_M，接收电极片电压为 u_R，反射电极片和接收电极片之间的电容量为 C_{MR}，接收电极片与地之间的电容量为 C_{RG}，则有

$$C_{RG} u_R = C_{MR}(u_M - u_R) = C_0 \frac{x}{l_0}\left[U_m \sin\left(\omega t - \frac{\pi}{2}\right) - u_M\right] + C_0\left[U_m \sin\left(\omega t - \frac{\pi}{4}\right) - u_M\right]$$
$$+ C_0\left[U_m \sin(\omega t) - u_M\right] + C_0\left[U_m \sin\left(\omega t + \frac{\pi}{4}\right) - u_M\right]$$
$$+ C_0 \frac{l_0 - x}{l_0}\left[\sin\left(\omega t + \frac{\pi}{2}\right) - u_M\right]$$

由上式可得

$$u_R = \frac{C_0 C_{MR} U_m}{C_{MR} C_{RG} + 4C_0(C_{MR} + C_{RG})} \sin\left[\omega t + \arctan\left(\frac{1 - 2x/l_0}{1 + \sqrt{2}}\right)\right] = K \sin(\omega t + \theta)$$

$$(4.40)$$

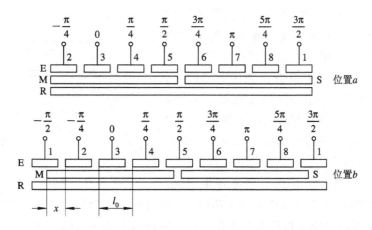

图 4.24　调相式原理图

传感器输出电压 u_R 是一个幅值为常数 K，相位 θ 与被测位移 x 近似呈线性关系的正弦波。采用相位跟踪测量法测出相位角 θ，即可得到位移 x。调相式具有很强的抗干扰能力，但原理上存在非线性误差(约为 $0.01 l_0$)。当用方波电压激励时还存在高次谐波的影响，结果导致测量精度下降。

4.5　电容式集成传感器

运用集成电路工艺把电容敏感元件与信号调理电路制作在一起，构成电容式集成传感器。其核心部件是一个对被测量敏感的电容器。

4.5.1　结构类型与工作原理

图 4.25 所示为加速度集成电容传感器的结构示意图，采用单晶硅表面加工技术和集成电路工艺技术制成。上下两层玻璃表面的金属镀层为固定极板，硅悬臂梁的自由端设置一质量块，并在其上下表面沉积金属电极，形成可动极板，从而构成差动电容器。

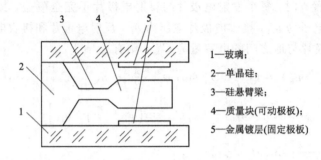

1—玻璃；
2—单晶硅；
3—硅悬臂梁；
4—质量块(可动极板)；
5—金属镀层(固定极板)

图 4.25　加速度集成电容传感器

当初始状态加速度为零时，质量块处于上下两层玻璃的中间位置。当加速度作用时，硅悬臂梁产生变形，质量块与上、下层玻璃之间产生位移，使其中一个电容器的极间距离增大，而另一个减小，构成变极距式的差动电容传感器，其电容变化量与加速度成正比。

图 4.26 所示为压力集成电容传感器的结构示意图，采用硅腐蚀技术、硅和玻璃的静电键合技术以及常规集成电路工艺技术制成。电容的一个极板在玻璃上，另一个极板在硅片的薄膜上。硅膜片是由腐蚀硅片的正面(约几微米)和反面(约 200 μm)形成的，硅片和玻璃静电键合在一起就构成了具有一定间隙的电容器。当硅膜片受到压力 p 作用时，硅膜片发生变形，使电容器两个极板间的距离发生变化，从而引起电容量变化。

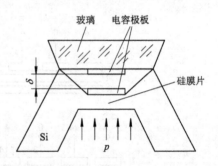

玻璃　电容极板
δ
硅膜片
Si
p

图 4.26　压力集成电容传感器

当硅膜片的变形量远小于两极板间的距离时，硅膜片所受压力与其变形量呈线性关系。

另外，也可采用薄膜淀积技术直接在硅片上制作图 4.26 中的集成电容传感器，可避免硅片各向异性腐蚀加工的复杂性，并省去硅片和玻璃之间的静电键合技术。

4.5.2　信号调理电路

图 4.27 所示为加速度集成电容传感器的开关转换电路原理图，由三个 MOS 开关、两个差动电容 C_1 和 C_2(即差动电容传感器)以及一个反相器 A 组成采样保持电路和积分电路。开关 S_1 和 S_2 由方波发生器的脉冲控制，分别将 C_1 和 C_2 接参考电压 U_r 或接地，即轮流给 C_1 和 C_2 充电，C_1 和 C_2 的电荷又转移给 C_3。S_3 为复位开关。在前半周期，开关 S_1 接 U_r，而开关 S_2 接地，则输出电压 $U_o = -C_1 U_r/C_3$。在后半周期，开关 S_1 接地，而开关 S_2 接 U_r，则输出电压 $U_o = -C_2 U_r/C_3$。输出电压为一方波，其前后半周期的幅值差为 $U_r(C_1 - C_2)/C_3$，该幅值差与电容变化量呈线性关系。

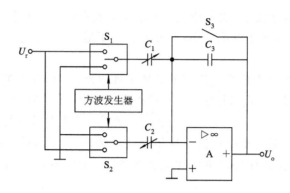

图 4.27　开关转换桥路

图 4.28 所示为压力集成电容传感器的四臂二极管桥路原理图。图中 $C_н$ 为压力敏感电容，C_0 为参考电容。交流激励电压 u 通过耦合电容 C 接入由四个二极管（$V_{D1} \sim V_{D4}$）构成的桥路。在激励电压 u 的前半周期，电荷从 B 点通过 V_{D2} 对 C_x 充电，同时也从 A 点经过 V_{D3} 对 C_0 充电。在激励电压 u 的后半周期，C_x 上的电荷经 V_{D1} 向 A 点放电，同时 C_0 上的电荷也经 V_{D4} 向 B 点放电。即在一个周期内，电荷 Q_{BA} 从 B 点经 C_x 转移到 A 点，同时电荷 Q_{AB} 从 A 点经 C_0 转移到 B 点。被测压力使 C_x 改变一个微小量，则 $C_x \neq C_0$，结果使 $Q_{BA} \neq Q_{AB}$，从而使 A 点和 B 点都有静电荷积累出现，导致两点的直流电位一个升高 $U_o/2$、另一个减小 $U_o/2$，反过来又减小了静电荷的积累，直至达到动平衡，静电荷积累结束，$Q_{BA} = Q_{AB}$。当耦合电容 C 较大时，其上的电压可以忽略，并令二极管的正向导通电压为 U_d，则

$$Q_{BA} = \left(u \mp \frac{U_o}{2} - U_d\right)C_x = Q_{AB} = \left(u \pm \frac{U_o}{2} - U_d\right)C_0$$

由此解得

$$U_o = \pm \frac{2(u - U_d)(C_x - C_0)}{C_x + C_0} \qquad (4.41)$$

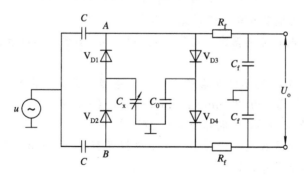

图 4.28　四臂二极管桥路

4.5.3　特点与应用

集成电容传感器的工作原理与机械敏感电容相同，只是集成电路工艺可以把间距和尺寸作得非常小，而且还可把信号调理电路和敏感电容集成在一起。它具有体积小、输出阻

抗小、可批量生产、重复性好、灵敏度高、工作温度范围宽、功耗低、寄生电容小等优点，而且非常适合于 CMOS 制造技术，因此近年来得到了很大发展。但这种传感器如果不加以屏蔽，易受电磁干扰。

加速度集成电容传感器已广泛应用于机械工具监控、工业振动监控、应急检测、汽车停车控制、汽车刹车控制、设备控制等。其量程为 ± 50 g，线性为 $\pm 0.5\%$，带宽为 1 kHz。压力集成电容传感器在 200 Pa～5.7 MPa 测量范围内，当其封装良好时，信号调理电路的分辨率为 0.0001 pF。温度系数取决于所用材料和结构，低压时压力灵敏度 $\Delta C/P_c$ 约为 8×10^{-6} pF/Pa，比压阻式压力传感器的灵敏度（$7.5 \times 10^{-8} \sim 7.5 \times 10^{-7}$ pF/Pa）高约一个数量级。

思考题与习题

4.1　根据参数的变化，电容式传感器有哪些类型？简述各种类型电容式传感器的工作原理。

4.2　电容式传感器为什么多采用差动结构，差动结构有何特点？

4.3　运算放大器电路如何解决变极距式电容传感器的非线性问题？

4.4　简述电容式传感器调频电路的工作原理及输出特性。

4.5　简述双 T 形电路的工作原理，画出差动电容相等和不相等时的各点电压波形。

4.6　简述脉冲调宽电路的工作原理和特点。

4.7　说明调幅式容栅传感器的测量原理。

4.8　什么是电容式集成传感器？它有何特点？

4.9　有一变极距式电容传感器，两极板的相互覆盖面积为 8 cm²，两极板间的初始间距为 1 mm，极板间介质为空气，试求该传感器的位移灵敏度。

4.10　变极距式差动电容传感器的初始电容量 $C_1 = C_2 = 80$ pF，初始间距 $\delta_0 = 4$ mm，若动极板相对定极板位移 $\Delta \delta = 0.8$ mm，试求其灵敏度和非线性误差。若将差动结构改为单个平板电容器，其灵敏度和非线性误差为多大？

4.11　变极距式电容传感器的初始间距 $\delta_0 = 1$ mm，若要求非线性误差为 0.1%，求允许的最大测量间距。

4.12　已知图 4.6(a) 所示的变面积式电容传感器的两极板间距离为 $\delta = 10$ mm，$\varepsilon = 50$ μF/m，两极板几何尺寸为 30 mm×20 mm×5 mm（长×宽×厚），在外力作用下动极板在初始位置向外移动 10 mm，求电容变化量 ΔC。

4.13　已知圆形电容极板直径为 50 mm，极板间距为 0.2 mm，在两极板之间放置一块厚度为 0.1 mm 的云母片，求：

（1）无云母片及有云母片两种情况下的电容值 C_1 和 C_2；

（2）当间距变化 0.025 mm 时，电容的相对变化量 $\Delta C_1/C_1$ 和 $\Delta C_2/C_2$。

4.14　如题 4.14 图所示的差动结构同心圆筒型电容传感器，其可动圆筒（内圆筒）外径为 9.8 mm，定圆筒（外圆筒）内径为 10 mm，上、下覆盖长度各为 1 mm，求：

（1）上、下电容器对应的电容值 C_1 和 C_2；

（2）当供电电源频率为 60 Hz 时，求它们的容抗值。

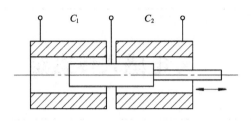

题 4.14 图

4.15 如题 4.15 图所示，在压力比指示系统中采用差动结构变极距式电容传感器，已知初始间距为 0.25 mm，极板直径为 38.2 mm，采用电桥电路作为其信号转换电路，电容传感器的两个电容分别接 $R=5.1$ kΩ 的电阻作为电桥的相邻臂，电桥的另外两桥臂为相同的固定电容 $C=0.001$ μF，电源电压有效值 $u=60$ V，频率 $f=400$ Hz，求：

(1) 电桥后接放大器的输入阻抗 $R_L \to \infty$ 时，该电容传感器的电压灵敏度；

(2) 若 $\Delta\delta=10$ μm，求电桥的输出电压有效值。

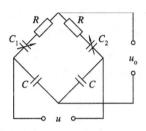

题 4.15 图

4.16 某电容测微仪，其传感器的圆形极板半径 $r=4$ mm，工作初始间距 $\delta_0=0.3$ mm，介电常数 $\varepsilon=8.85\times10^{-12}$ F/m，问：

(1) 工作时，若传感器与工件的间隙变化量 $\Delta\delta=\pm1$ μm，电容变化量为多少？

(2) 若测量电路的灵敏度 $S_1=100$ mV/pF，读数仪表的灵敏度 $S_2=5$ 格/mV，当 $\Delta\delta=\pm1$ μm 时，读数仪表示值变化多少格？

第5章 **电感式传感器**

电感式传感器是利用线圈自感或互感的变化来实现测量的一种装置，常用来测量位移、振动、压力、流量、重量、力矩、应变等多种被测量。电感式传感器的核心是可变自感或互感，在被测量转换成线圈自感或互感的变化时，一般要利用磁场作为媒介或利用铁磁体的某些现象。这类传感器的主要特征是具有线圈绕组。

电感式传感器具有结构简单可靠，输出功率大，抗干扰能力强，对工作环境要求不高，分辨率可达 0.1 μm，示值误差为示值范围的 0.1%～0.5%，稳定性好等优点。但其频率响应低，不适于快速动态测量。一般情况下，电感式传感器的分辨率和示值误差都与示值范围有关。示值范围越大，分辨率和示值精度将相应降低。

电感式传感器的种类很多，诸如利用自感原理的自感式传感器（通常称电感式传感器），利用互感原理的差动变压器式传感器和感应同步器，利用涡流效应的涡流式传感器，利用压磁效应的压磁式传感器等。

5.1 自感式传感器

5.1.1 工作原理

自感式传感器是把被测量转换成线圈的自感 L 变化，通过一定的电路转换成电压或电流输出，图 5.1 所示为自感式传感器的原理图。

尽管在铁芯与衔铁之间存在一个空气间隙 δ，但由于其值不大，所以磁路是封闭的。根据电感的定义，线圈中的自感可由下式确定

$$L = \frac{\Psi}{I} = \frac{N\phi}{I} = \frac{N^2}{R_m} \qquad (5.1)$$

式中：Ψ、N——线圈的总磁链和匝数；

　　　I——流过线圈的电流；

　　　R_m——磁路的总磁阻。

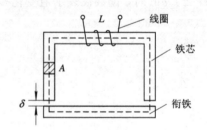

图 5.1　自感式传感器原理图

由于空气间隙 δ 较小，可认为气隙磁场是均匀的，如果忽略磁路铁损，那么总磁阻为

$$R_m = \sum_{i=1}^{n} \frac{l_i}{\mu_i A_i} + \frac{2\delta}{\mu_0 A} \qquad (5.2)$$

式中：l_i、μ_i、A_i——各段导磁体的长度、磁导率和截面积；

　　　δ、μ_0、A——空气间隙的长度、磁导率（$\mu_0 = 4\pi \times 10^{-7}$ H/m）和截面积。

将磁阻 R_m 代入式（5.1）中可得

$$L = \frac{N^2}{\sum_{i=1}^{n} \frac{l_i}{\mu_i A_i} + \frac{2\delta}{\mu_0 A}} \tag{5.3}$$

由于铁芯和衔铁通常是用高导磁材料制成的,如电工纯铁、镍铁合金或硅铁合金等,而且工作在非饱和状态下,其磁导率远大于空气间隙的磁导率,故式(5.3)可简化为

$$L \approx \frac{N^2 \mu_0 A}{2\delta} \tag{5.4}$$

由式(5.4)可知,当铁芯的结构和材料确定后,自感 L 是气隙长度 δ 和气隙磁通截面积 A 的函数,即自感 L 与气隙磁通截面积 A 成正比,与气隙长度 δ 成反比。

5.1.2　结构类型

1. 变气隙式自感传感器

如果保持气隙磁通截面积 A 不变,则自感 L 为气隙长度 δ 的单值函数,可构成变气隙式自感传感器,其特性曲线如图 5.2 所示。设初始状态气隙长度为 δ_0,则自感为

$$L_0 = \frac{N^2 \mu_0 A}{2\delta_0} \tag{5.5}$$

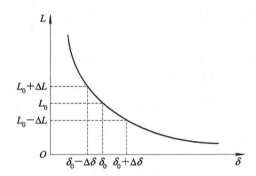

图 5.2　变气隙式自感传感器特性曲线

当衔铁向上移动 $\Delta\delta$ 时,气隙减少为 $\delta = \delta_0 - \Delta\delta$,则自感变为

$$L = \frac{N^2 \mu_0 A}{2(\delta_0 - \Delta\delta)} \tag{5.6}$$

自感变化量为

$$\Delta L = L - L_0 = \frac{N^2 \mu_0 A}{2(\delta_0 - \Delta\delta)} - \frac{N^2 \mu_0 A}{2\delta_0} = L_0 \frac{\Delta\delta}{\delta_0(1 - \Delta\delta/\delta_0)} \tag{5.7}$$

当 $\Delta\delta \ll \delta_0$ 时,将式(5.7)展开成泰勒级数形式,即

$$\Delta L = L_0 \frac{\Delta\delta}{\delta_0}\left[1 + \frac{\Delta\delta}{\delta_0} + \left(\frac{\Delta\delta}{\delta_0}\right)^2 + \left(\frac{\Delta\delta}{\delta_0}\right)^3 + \cdots\right] \tag{5.8}$$

同理,当衔铁向下移动时,气隙增大为 $\delta = \delta_0 + \Delta\delta$。自感变化量为

$$\Delta L = L_0 \frac{\Delta\delta}{\delta_0}\left[1 - \frac{\Delta\delta}{\delta_0} + \left(\frac{\Delta\delta}{\delta_0}\right)^2 - \left(\frac{\Delta\delta}{\delta_0}\right)^3 + \cdots\right] \tag{5.9}$$

若忽略式(5.8)和式(5.9)中的高次项,则 $\Delta L \approx L_0(\Delta\delta/\delta_0)$,$\Delta L$ 与 $\Delta\delta$ 成正比,因此高次项的存在是产生非线性误差的主要原因。其灵敏度 S 为

$$S = \frac{\Delta L}{\Delta \delta} \approx \frac{L_0}{\delta_0} \qquad (5.10)$$

为了改善非线性，$\Delta\delta/\delta_0$ 要很小，但 $\Delta\delta/\delta_0$ 过小，会降低传感器的灵敏度。可见变气隙式自感传感器的测量范围与灵敏度及线性度是相互矛盾的，所以要二者兼顾，统筹考虑。

由于转换原理的非线性和衔铁正、反方向移动时自感变化的不对称性，变气隙式自感传感器只有工作在很小的区域，才能得到一定的线性度。因此变气隙式自感传感器仅适用于微小位移测量，常取 $\delta_0 = 0.1 \sim 0.5$ mm，$\Delta\delta = (0.1 \sim 0.2)\delta_0$。

为了减小非线性误差，在实际测量中多采用差动式结构，如图 5.3 所示。由两个完全相同的电感线圈共用一个衔铁及相应磁路组成。衔铁与被测件相连，测量时被测件上下移动，带动衔铁以相同的位移上下移动，使两个磁回路中的磁阻发生大小相等、方向相反的变化，线圈的自感量一个增加，另一个减小，形成差动式结构。使用时，两个电感线圈接在交流电桥的相邻桥臂上，另外两个桥臂上接固定电阻 R_1 和 R_2。

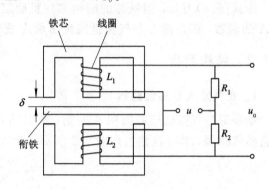

图 5.3　差动式变气隙自感传感器

当衔铁向上下移动时，两个线圈的自感变化量 ΔL_1 与 ΔL_2 大小相等、符号相反，总自感变化量 $\Delta L = L_1 - L_2 = \Delta L_1 + \Delta L_2$，即

$$\Delta L = 2L_0 \frac{\Delta\delta}{\delta_0}\left[1 + \left(\frac{\Delta\delta}{\delta_0}\right)^2 + \left(\frac{\Delta\delta}{\delta_0}\right)^4 + \cdots\right] \approx 2L_0 \frac{\Delta\delta}{\delta_0} \qquad (5.11)$$

差动式结构的灵敏度 S 为

$$S = \frac{\Delta L}{\Delta\delta} \approx 2\frac{L_0}{\delta_0} \qquad (5.12)$$

比较以上各式可得出如下结论：

(1) 差动式结构比单个线圈的灵敏度提高一倍；

(2) 差动式结构的非线性误差小，比单个线圈的线性度提高约一个数量级。

变气隙式自感传感器的灵敏度高，对电路的放大倍数要求低。但是非线性严重，为了减小非线性，量程必须限制在较小范围内，通常为气隙长度的 1/5 以下，并且这种传感器制造装配比较困难。

2. 变面积式自感传感器

变面积式自感传感器的结构如图 5.4 所示。气隙长度 δ 保持不变，铁芯与衔铁之间的相对覆盖面积（即磁通截面）随被测量的改变而改变，从而引起线圈的自感量变化。

设初始磁通截面（即铁芯截面）的面积为 $A = a \times b$（a、b 为铁芯截面的长度和宽度），当衔铁沿铁芯截面长度方向上下移动 x 时，自感量 L 为

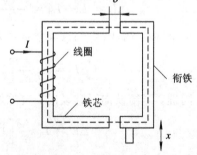

图 5.4　变面积式自感传感器

$$L = \frac{N^2 \mu_0 b}{2\delta}(a - x) \qquad (5.13)$$

灵敏度 S 为

$$S = \frac{\Delta L}{\Delta x} = -\frac{N^2 \mu_0 b}{2\delta} \qquad (5.14)$$

变面积式自感传感器在忽略气隙磁通边缘效应的条件下，灵敏度为一常数，输出呈线性关系。因此其线性范围和量程较大，制造装配比较方便，但比变气隙式的灵敏度低。

3. 螺管式自感传感器

图 5.5 所示为螺管式自感传感器的结构原理图。在线圈中放入圆柱形衔铁，当衔铁左、右移动时，自感量也将发生相应变化。

图 5.5(a) 所示为单个线圈螺管式自感传感器的结构原理图，由单个螺管线圈和一根圆柱形衔铁组成。当传感器工作时，衔铁在线圈中伸入长度的变化，会引起螺管线圈的自感量变化。若使用恒流源作为激励，则线圈的输出电压与衔铁的位移量有关。

图 5.5(b) 所示为单个螺管线圈内磁场强度 H 的分布曲线，衔铁在开始插入（$x=0$）或刚好离开线圈时的磁场强度，比衔铁插入线圈中段处的磁场强度要小得多。这说明只有在线圈中段才能获得较高的灵敏度和较好的线性特性。

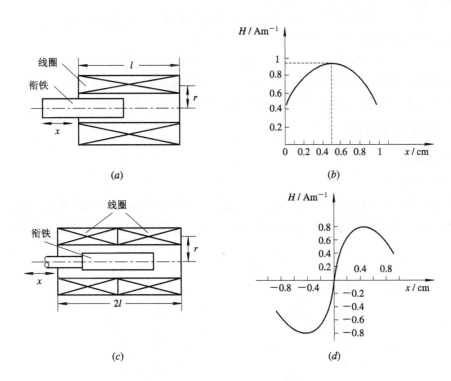

图 5.5　螺管式自感传感器

(a) 单个线圈原理图；(b) 单个线圈磁场分布曲线；

(c) 差动结构原理图；(d) 差动结构磁场分布曲线

单线圈螺管式传感器的自感变化量可近似表示为

$$\Delta L = L_0 \frac{\Delta l_c}{l_c} \frac{1}{1 + \left(\frac{l}{l_c}\right)\left(\frac{r}{r_c}\right)^2 \left(\frac{1}{\mu_r - 1}\right)} \tag{5.15}$$

式中：l_c、r_c、Δl_c——衔铁的长度、半径和位移量；

l、r——线圈的长度和半径(通常要求螺管线圈 $l \gg r$)；

μ_r——导磁体相对磁导率。

自感变化量 ΔL 与衔铁位移量 Δl_c 成正比，但由于螺管线圈内磁场分布并不均匀，所以输出与输入之间并非为线性关系。

为了提高灵敏度与线性度，多采用差动螺管式自感传感器，其结构如图 5.5(c)所示，磁场强度分布曲线如图 5.5(d)所示。设衔铁长度为 $2l_c$、半径为 r_c，线圈长度为 $2l$、半径为 r，当衔铁向左或向右移动 Δl_c 时，两个线圈的自感变化量 ΔL_1 与 ΔL_2 大小相等、符号相反，总自感变化量为

$$\Delta L = \Delta L_1 + \Delta L_2 = 2L_0 \frac{\Delta l_c}{l_c} \frac{1}{1 + \left(\frac{l}{l_c}\right)\left(\frac{r}{r_c}\right)^2 \left(\frac{1}{\mu_r - 1}\right)} \tag{5.16}$$

差动螺管式自感传感器的自感变化量 ΔL 与衔铁的位移量 Δl_c 成正比，其灵敏度比单线圈螺管式提高一倍。它具有以下特点：

(1) 线性范围和量程较大，但空气隙大、磁路磁阻大，其灵敏度较低；

(2) 磁路大部分为空气，易受外界磁场干扰；

(3) 为达到一定的自感量，线圈的匝数较多，线路分布电容大；

(4) 线圈的骨架尺寸和形状必须稳定，否则会影响其线性和稳定性；

(5) 制造装配方便，批量生产的互换性强，应用越来越多。

5.1.3 信号调理电路

1. 调幅电路

1) 变压器电桥

图 5.6(a)所示为变压器电桥原理图，Z_1 和 Z_2 为传感器两个线圈的阻抗，接在电桥的相邻两臂，另外两臂为电源变压器次级线圈的一半，电压为 $u/2$。输出空载电压为

$$u_o = \frac{u}{Z_1 + Z_2} Z_1 + \frac{u}{2} \tag{5.17}$$

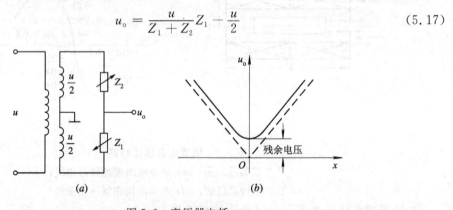

(a) (b)

图 5.6　变压器电桥

(a) 电路图；(b) 特性曲线

初始平衡状态下 $Z_1 = Z_2 = Z_0$，$u_o = 0$。当衔铁偏离中间位置时，设 $Z_1 = Z_0 \pm \Delta Z$，$Z_2 = Z_0 \mp \Delta Z$，代入式(5.17)得

$$u_o = \pm \frac{u}{2} \frac{\Delta Z}{Z_0} \tag{5.18}$$

两种情况的输出电压大小相等、方向相反，即相位相差 180°，其输出特性曲线如图 5.6(b)所示。由于变压器电桥输出为交流电压，如果用示波器观察波形，其结果相同。并且当衔铁在中间位置时输出电压 u_o 并不为零，此电压称为零点残余电压。为了消除零点残余电压的影响，并判别衔铁的移动方向，需要在后续电路中使用相敏检波电路。

2) 相敏整流电桥

图 5.7(a)所示是一种带相敏整流的电桥电路，电桥由差动式自感传感器 Z_1、Z_2 和平衡电阻 R_1、R_2($R_1 = R_2$)组成，$V_{D1} \sim V_{D4}$ 构成相敏整流器。电桥的一个对角线接交流电源 u，另一个对角线接电压表 V，当衔铁处于中间位置时，$Z_1 = Z_2 = Z_0$，输出电压 $u_o = 0$，消除了零点残余电压的影响，其输出特性曲线如图 5.7(b)所示。

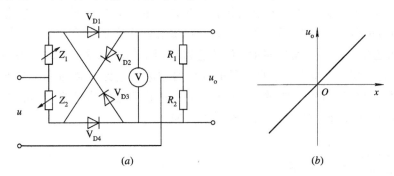

图 5.7　相敏整流电桥

(a) 电路图；(b) 特性曲线

当衔铁偏离中间位置而使 $Z_1 = Z_0 + \Delta Z$，$Z_2 = Z_0 - \Delta Z$ 时，若电源电压 u 上端为正、下端为负，V_{D1} 和 V_{D4} 导通，V_{D2} 和 V_{D3} 关断，电阻 R_2 上的压降大于 R_1 上的压降；若电源电压 u 下端为正、上端为负，V_{D1} 和 V_{D4} 关断，V_{D2} 和 V_{D3} 导通，电阻 R_1 上的压降大于 R_2 上的压降，则输出电压 u_o 下端为正、上端为负。

当衔铁偏离中间位置而使 $Z_1 = Z_0 - \Delta Z$，$Z_2 = Z_0 + \Delta Z$ 时，输出电压 u_o 与上述情况相反，即下端为负、上端为正。比较两种情况，相敏整流电桥输出电压 u_o 的大小相等、极性相反。输出电压的大小表示衔铁位移量 x 的大小，而极性则反映了衔铁移动的方向。

2. 调频电路

调频电路也是一种常用的信号调理电路，如图 5.8(a)所示。把传感器电感线圈 L 和固定电容 C 接入振荡回路中，其振荡频率 $f = \dfrac{1}{2\pi\sqrt{LC}}$，当 L 发生变化时振荡频率也随之变化，根据 f 的大小即可测出衔铁的位移量。当自感 L 发生的微小变化量为 ΔL 时，频率变化量 Δf 为

$$\Delta f = -\frac{C}{4\pi}(LC)^{-3/2}\Delta L = -\frac{f}{2L}\Delta L \tag{5.19}$$

振荡频率 f 和自感 L 的特性曲线如图 5.8(b)所示，非线性很严重，后续电路必须进行线性化处理。

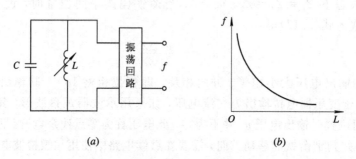

图 5.8　调频电路

(*a*) 电路图；(*b*) 特性曲线

5.1.4　自感式传感器的应用

1. 自感式压力传感器

图 5.9 所示为自感式压力传感器的结构原理图，主要由 C 形弹簧管、铁芯、衔铁和线圈等构成。当被测压力进入 C 形弹簧管 1 时，弹簧管发生变形，其自由端产生位移，带动与自由端刚性连接的衔铁 2 发生移动，使传感器线圈中的自感量一个增加另一个减小，产生大小相等、符号相反的变化量。自感量的变化通过电桥电路转化为电压输出，并经相敏检波电路处理，使输出信号与被测压力成正比，即传感器输出信号的大小取决于衔铁位移量的大小，输出信号的相位取决于衔铁移动的方向。

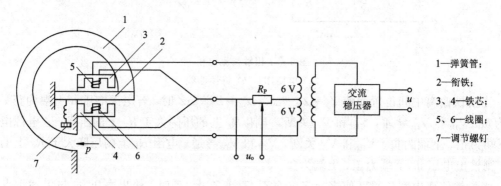

1—弹簧管；
2—衔铁；
3、4—铁芯；
5、6—线圈；
7—调节螺钉

图 5.9　BYM 型自感式压力传感器

2. 螺管式位移传感器

图 5.10 所示为螺管式位移传感器，测杆 7 可在滚动导轨 6 上作轴向移动，测杆上固定着衔铁 3。当测杆移动时，带动衔铁在电感线圈 4 中移动，线圈放在圆筒形铁芯 2 中，线圈配置成差动式结构，当衔铁由中间位置向左移动时，左线圈的自感量增加，右线圈的自感量减少。两个线圈分别用导线 1 引出，接入测量电路。另外，弹簧 5 施加测量力，密封套 8 防止尘土进入，可换测头 9 用螺纹固定在测杆上。

滚动导轨可以消除径向间隙，提高测量精度，并使灵敏度和寿命达到较高指标。这种自感式传感器多用于测量几何量，如位移、轴的振动、零件的热变形等。

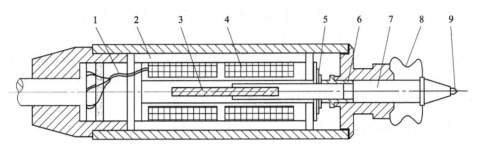

1—导线；2—铁芯；3—衔铁；4—线圈；5—弹簧；6—导轨；7—测杆；8—密封套；9—可换测头

图 5.10　螺管式位移传感器

5.2　差动变压器式传感器

　　差动变压器式传感器也称为互感式传感器，把被测位移转换为传感器线圈的互感变化。这种传感器是根据变压器的基本原理制成的，并且次级线圈绕组采用差动式结构，故称之为差动变压器式传感器，简称差动变压器。

　　差动变压器的结构多采用螺线管式，具有结构简单、灵敏度高和测量范围广等优点，广泛应用于位移及可转换为位移的参数测量。

5.2.1　工作原理

　　差动变压器的结构如图 5.11(a)所示，主要由线圈、衔铁和绝缘框架组成，绝缘框架上绕一组初级线圈和两组次级线圈，并在中间圆柱孔中放入衔铁。当初级线圈加入适当频率的激励电压 u_1 时，两个次级线圈中就会产生感应电势，感应电势的大小与线圈之间的互感 M 成正比。若两个次级线圈的感应电势分别为 e_{21} 和 e_{22}，输出接成反极性串联，如图 5.11(b)所示，则传感器总输出电压 $u_2 = e_{21} - e_{22}$。

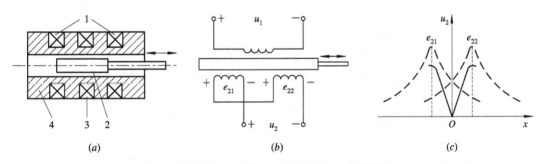

1—初级线圈；2—衔铁；3—次级线圈；4—绝缘框架

图 5.11　差动变压器原理及特性
(a) 结构图；(b) 接线图；(c) 特性曲线

　　当衔铁处于中间位置时，由于两个次级线圈完全对称，通过两个次级线圈的磁力线相等，互感 $M_1 = M_2$，感应电势 $e_{21} = e_{22}$，则总输出电压 $u_2 = e_{21} - e_{22} = 0$。

　　当衔铁向左移动时，左边次级线圈内所穿过的磁力线增加，互感 M_1 变大，感应电势

e_{21} 随衔铁偏离中间位置而逐渐增加；而右边次级线圈的互感 M_2 变小，感应电势 e_{22} 随衔铁偏离中间位置而逐渐减小，则总输出电压 $u_2 = e_{21} - e_{22} > 0$。

当铁芯向右移动时，与上述情况相反，则总输出电压 $u_2 = e_{21} - e_{22} < 0$。两种情况的输出电压大小相等、方向相反（相位差 $180°$）。大小反映衔铁的位移量大小，方向反映衔铁的运动方向，其特性曲线如图 5.11(c) 所示，为 V 形特性曲线。

5.2.2　信号调理电路

差动变压器的输出电压为交流，若用交流电压表测量，只能反映衔铁位移的大小，不能反映其移动方向。为了辨别衔铁移动方向，并消除零点残余电压，在实际测量中常采用差动整流电路和相敏检波电路。

1.　差动整流电路

差动整流电路是对差动变压器两个次级线圈的输出电压分别整流后进行输出，典型电路如图 5.12 所示。图 5.12(a) 和(b) 用于低负载阻抗的场合，分别为全波和半波电流输出。图 5.12(c) 和(d) 用于高负载阻抗的场合，分别为全波和半波电压输出。可调电阻 R_P 调整零点输出电压。

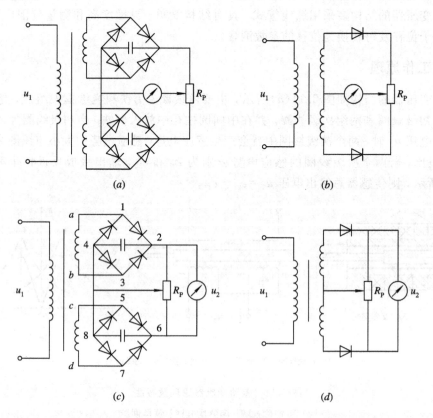

图 5.12　差动整流电路

（a) 全波电流输出；(b) 半波电流输出；(c) 全波电压输出；(d) 半波电压输出

如图 5.12(c) 所示，当某瞬间激励电压 u_1 为正半周时，上线圈 a 端为正，b 端为负；下线圈 c 端为正，d 端为负。在上线圈中电流自 a 点出发，路径为 $a→1→2→4→3→b$，流过电容的电流由 2 到 4，电容上的电压为 u_{24}。同理，在下线圈中，电流自 c 点出发，路径为 $c \rightarrow 5 \rightarrow 6 \rightarrow 8 \rightarrow 7 \rightarrow d$，流过电容的电流由 6 到 8，电容上的电压为 u_{68}。

当某瞬间激励电压 u_1 为负半周时，上线圈 a 端为负，b 端为正；下线圈 c 为负，d 端为正。同理可得，在上线圈中电流自 b 点出发，路径为 $b \rightarrow 3 \rightarrow 2 \rightarrow 4 \rightarrow 1 \rightarrow a$，流过电容的电流仍由 2 到 4，电容电压为 u_{24}；在下线圈中，电流自 d 点出发，路径为 $d \rightarrow 7 \rightarrow 6 \rightarrow 8 \rightarrow 5 \rightarrow c$，流过电容的电流仍由 6 到 8，电容电压为 u_{68}。

无论激励电压 u_1 为正半周还是负半周，通过电容的电流方向始终不变，因而总输出电压始终为 $u_2 = u_{24} - u_{68}$。当衔铁在零位时，$u_{24} = u_{68}$，$u_2 = 0$；当衔铁从零位向上移动时，$u_{24} > u_{68}$，$u_2 > 0$；当衔铁从零位向下移动时，$u_{24} < u_{68}$，$u_2 < 0$。

由以上分析可知，差动整流电路可以不考虑相位调整和零点残余电压的影响，并且具有结构简单，分布电容影响小，便于远距离传输等特点，因此应用十分广泛。

2. 相敏检波电路

相敏检波电路是利用参考信号来鉴别被测信号的极性，参考信号与传感器的激励电压由同一振荡器供电，保证两者同频同相(或反相)。当传感器信号与参考信号同相时，相敏检波电路的输出电压为正，反相时输出电压为负。相敏检波电路输出电压的大小仅与传感器信号成比例，而与参考信号无关。这种检波方法既反映被测信号的大小，又可以辨别其极性，常采用半波相敏检波和全波相敏检波电路。

图 5.13(a) 为开关式全波相敏检波电路，取 $R_2 = R_3 = R_4 = R_5 = R_6 = R_7/2$，$A_1$ 为过零比较器，参考信号 u_r 经过 A_1 后转换为方波 u，$\bar{u}$ 为 u 经过反相器后的输出。

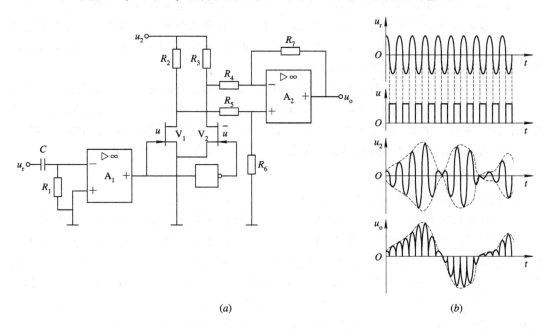

(a)　　　　　　　　　　(b)

图 5.13　开关式全波相敏检波电路
(a) 电路图；(b) 波形图

若 $u_r > 0$，则 u 为低电平，$\bar{u}$ 为高电平，V_1 截止，V_2 导通，运算放大器 A_2 的反相输入端接地，传感器信号 u_2 从 A_2 的同相输入端输入，输出电压 u_o 为

$$u_o = \frac{R_6}{R_2 + R_5 + R_6}\left(1 + \frac{R_7}{R_4}\right)u_2 = u_2 \tag{5.20}$$

若 $u_r < 0$，则 u 为高电平，$\bar{u}$ 为低电平，V_1 导通，V_2 截止，运算放大器 A_2 的同相输入端接地，传感器输出电压 u_2 从 A_2 的反相输入端输入，输出电压 u_o 为

$$u_o = -\frac{R_7}{R_3 + R_4}u_2 = -u_2 \tag{5.21}$$

由上述分析可知，相敏检波电路的输出电压 u_o 不仅反映了位移变化的大小，而且反映了位移变化的方向。输出电压 u_o 的波形如图 5.13(b) 所示。

5.2.3　零点残余电压

差动变压器的两个次级线圈是反向串联的，当衔铁处于中间位置时，输出电压应该为零，这只是理想特性。但在实际情况中，在所谓"零点"时，输出电压并不是零，而且有一个很小的电压值，这个电压值称为零点残余电压。

零点残余电压的存在会造成零位误差，使传感器输出特性在零点附近不灵敏，限制分辨率的提高。零点残余电压过大，会使线性度变坏，灵敏度下降，甚至会使测量放大器提前饱和，阻塞有用信号的通过，使测量仪器无法反映被测量的变化。若以传感器输出作为伺服系统的控制信号，零点残余电压还会使伺服电机发热，甚至产生零值误动作。因此，零点残余电压是判断差动变压器性能好坏的重要指标，必须设法减少或消除。

1. 零点残余电压产生的原因

零点残余电压由基波分量和高次谐波构成，其产生原因主要有以下几个方面：

(1) 基波分量主要是传感器两次级线圈的电气参数和几何尺寸不对称，以及构成电桥另外两臂的电器参数不一致，从而使两个次级线圈感应电势的幅值和相位不相等，即使调整衔铁位置，也不能同时使幅值和相位都相等；

(2) 高次谐波主要由导磁材料磁化曲线的非线性引起。当磁路工作在磁化曲线的非线性段时，激励电流与磁通的波形不一致，导致了波形失真；同时，由于磁滞损耗和两个线圈磁路的不对称，造成了两线圈中某些高次谐波成分，于是产生了零位电压的高次谐波；

(3) 激励电压中包含的高次谐波及外界电磁干扰，也会产生高次谐波。

2. 零点残余电压的消除

根据零点残余电压产生的原因，可以从以下几方面进行消除：

(1) 从设计工艺上保证结构对称性。首先，要保证线圈和磁路的对称性，要求提高衔铁、骨架等零件的加工精度，线圈绕制要严格一致，必要时可选配线圈。采用磁路可调式结构，保证磁路的对称性。其次，铁芯和衔铁材料要均匀，应选高导磁率、低矫顽磁力、低剩磁的导磁材料，如根据需要选用磁滞小的硅钢片、铁镍合金等材料外（根据激励电压频率选定），还要经过热处理消除残余机械应力，以提高磁性能的均匀和稳定性。另外，减小激励电压的谐波成分或利用外壳进行电磁屏蔽，也能有效地减小高次谐波；

(2) 选用合适的信号调理电路。消除零点残余电压的最有效的方法是在放大电路前加相敏检波电路，不仅使输出电压能反映衔铁移动的大小和方向，而且使零点残余电压减小到可以忽略不计的程度；

(3) 在线路补偿方面主要有：加串联电阻消除零点残余电压的基波分量；加并联电阻、

电容消除零点残余电压的高次谐波分量；加反馈支路消除基波正交分量或高次谐波分量。

5.2.4　差动变压器式传感器的应用

差动变压器式传感器可以直接用于位移测量，也可以测量与位移有关的量，如力、力矩、加速度、振动、压力、应变等。

1. 差动变压器式压力传感器

图 5.14 所示为差动变压器式压力传感器的结构原理图，主要由膜盒、随膜盒的膨胀与收缩而移动的衔铁、感应线圈等组成。初级线圈与振荡电路相连，产生交流激励电压，并在线圈周围产生磁场，在两个次级线圈中产生感应电势。

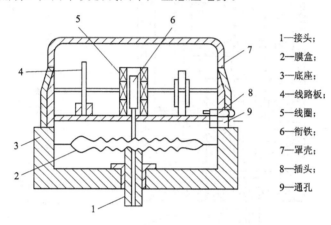

1—接头；
2—膜盒；
3—底座；
4—线路板；
5—线圈；
6—衔铁；
7—罩壳；
8—插头；
9—通孔

图 5.14　差动变压器式压力传感器

当被测压力为零时，膜盒 2 处于初始状态，衔铁处于差动变压器线圈的中间位置，两个次级线圈的感应电势大小相等、方向相反，传感器输出电压为零。当被测压力经过接头 1 传入膜盒，使膜盒产生一定的位移，位移大小与被测压力成正比，并带动衔铁 6 在线圈 5 中移动，此时两个次级线圈的感应电势一个增大另一个减小，总输出电压为两个线圈感应电势的代数和，其大小取决于衔铁的移动距离。经相敏检波等电路处理后，输出电压反映被测压力的数值。这种传感器多用来测量微小压力，测量范围为 $-4 \times 10^4 \sim 6 \times 10^4$ N/m^2，输出电压为 0～50 mV，精度为 1.5 级。

2. 差动变压器式加速度传感器

图 5.15 所示为差动变压器式加速度传感器的结构原理图，主要由悬臂梁和差动变压器构成。测量时，将悬臂梁底座及差动变压器的线圈、骨架固定，衔铁的 A 端与被测振动体相连，作为加速度测量中的惯性元件，其位移与被测加速度成正比，使加速度的测量转换为位移的测量。当被测体带动衔铁以 x 振动时，差动变压器的输出电压也按相同规律变化。通过测量输出电压的大小间接地反映出被测加速度的变化。

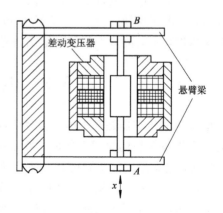

图 5.15　差动变压器式加速度传感器

3. 差动变压器式位移传感器

图5.16所示为差动变压器式位移传感器的结构原理图,可用于很多场合下的微小位移测量。测头1通过轴套2与测杆3连接,活动衔铁4固定在测杆上。线圈架5上绕有三组线圈,中间是初级线圈,两端是次级线圈,它们通过导线7与信号调理电路连接。线圈的外面有屏蔽筒8,用来防止外磁场的干扰。测杆用圆片弹簧9导向,用弹簧6获得恢复力,为了防止灰尘侵入测杆,并装有防尘罩10。

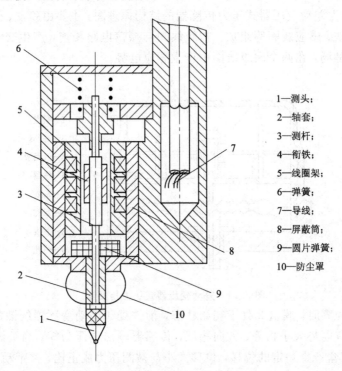

1—测头;
2—轴套;
3—测杆;
4—衔铁;
5—线圈架;
6—弹簧;
7—导线;
8—屏蔽筒;
9—圆片弹簧;
10—防尘罩

图5.16　差动变压器式位移传感器

差动变压器式位移传感器的分辨率可达$0.1\sim0.5~\mu m$。中间部分的线性比较好,非线性误差约为0.5%,灵敏度比差动自感式高。当信号调理电路输入阻抗较高时,用电压灵敏度来表示;当信号调理电路输入阻抗较低时,用电流灵敏度来表示。用400 Hz以上高频激励时,其电压灵敏度为$0.5\sim2~V/(mm\cdot V)$,电流灵敏度可达到$0.1~mA/(mm\cdot V)$。由于其灵敏度较高,测量大位移时输出信号不用放大,因此信号调理电路较为简单。

5.3　电涡流式传感器

电涡流式传感器是基于电涡流效应原理制成的,即利用金属导体中的涡流与激励磁场之间进行能量转换的原理工作的。被测对象以某种方式调制磁场,从而改变激励线圈的电感。因此,电涡流式传感器也是一种特别的电感式传感器。

在测量过程中,电涡流式传感器主动发射能量,被测对象对能量吸收或反射,不需要被测对象做功,属于主动测量,可进行动态非接触测量,特别适用于测量运动物体。电涡流式传感器具有测量范围大,灵敏度高,抗干扰能力强,不受油污等介质的影响,结构简单，安装方便等特点，已广泛应用于工业生产和科学研究的各个领域。近几年来，尤其以测量位移、振幅等参数的电涡流式传感器应用最为广泛。

5.3.1 电涡流效应

如图 5.17 所示，在一个金属导体上方放置一个扁平线圈，当线圈中通入交变电流 i_1 时，线圈的周围空间就产生了交变磁场 H_1，若将金属导体置于此磁场范围内，则金属导体中将产生感应电流 i_2。这种电流在金属导体中是闭合的，呈旋涡状，称为电涡流或涡流。电涡流也将产生交变磁场 H_2，其方向与激励磁场 H_1 方向相反，由于磁场 H_2 的反作用使导电线圈的有效阻抗发生变化，这种现象称为电涡流效应。

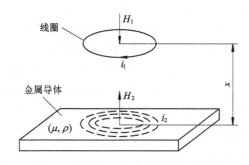

图 5.17 电涡流效应原理图

线圈阻抗的变化与金属导体的电阻率 ρ、磁导率 μ、几何形状、线圈的几何参数、激励电流以及线圈到金属导体之间的距离 x 等参数有关。假设金属导体是匀质的，则金属导体与线圈共同构成一个系统，其物理性质用磁导率 μ、电阻率 ρ、尺寸因子 r、距离 x、激励电流强度 I 和角频率 ω 等参数来描述，线圈阻抗 Z 为

$$Z = F(x, I, r, \rho, \mu, \omega) \tag{5.22}$$

如果控制式(5.22)中的某些参数恒定不变，只改变其中的一个参数，就构成了阻抗的单值函数，由此就可以通过阻抗的大小来测量被测参数。通常固定 I，r，ρ，μ，ω 不变，使阻抗 Z 成为距离 x 的单值函数，从而实现位移等参数的测量。

对磁场而言，其变化频率越高，涡流的趋肤效应越显著，涡流穿透深度愈小。穿透深度 h 与线圈的激励频率 f、金属导体材料的导电性质有关，即

$$h = \sqrt{\frac{\rho}{\pi \mu f}} \tag{5.23}$$

由式(5.23)可以看出，当激励频率 f 一定时，金属导体材料的电阻率 ρ 越大、磁导率 μ 越小，穿透能力越强；当金属导体材料一定时，激励频率越低，穿透能力也越强。例如对于钢导体，当 $f = 50\ \text{Hz}$ 时，$h = 1 \sim 2\ \text{mm}$；当 $f = 5\ \text{kHz}$ 时，$h = 0.1 \sim 0.2\ \text{mm}$。因此，根据激励电流频率的高低，电涡流传感器又分为高频反射式和低频透射式两类。

1. 高频反射式电涡流传感器

高频反射式电涡流传感器的结构比较简单，主要由一个安装在框架上的线圈构成，称为电涡流探头。线圈绕成扁平圆形，可以粘贴于框架上，也可在框架上开一条槽沟，将导线绕在槽内，形成一个线圈。线圈的导线一般采用高强度漆包铜线，若要求高一些可用银或银合金线，若工作在较高温度下则用高温漆包线。图 5.18 所示为 CZF1 型涡流式传感器

的结构简图，它就是将导线绕在聚四氟乙烯框架槽沟内，形成线圈的结构方式。

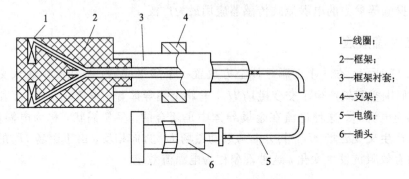

1—线圈；
2—框架；
3—框架衬套；
4—支架；
5—电缆；
6—插头

图 5.18　CZF1 型涡流式传感器的结构简图

高频电流施加在电感线圈上，线圈产生的高频磁场作用于被测金属导体表面，由于趋肤效应，高频磁场不能穿透有一定厚度的金属导体，只能作用在表面的薄层，形成电涡流。电涡流产生的电磁场又反作用于线圈，从而改变了线圈的电感。电感量主要由线圈与金属导体的距离决定，通过测量电感量的变化就可确定电涡流传感器探头与金属板之间距离。

2. 低频透射式电涡流传感器

低频透射式电涡流传感器采用低频激励，贯穿深度较大，适用于测量金属材料的厚度，其工作原理如图 5.19 所示。图中的发射线圈 L_1 和接收线圈 L_2 是两个绕在胶木棒上的线圈，分别位于被测物体的上、下方。振荡器产生的低频电压 u 加到 L_1 的两端，线圈中流过一个同频率的交流电流，并在其周围产生一个交变磁场。

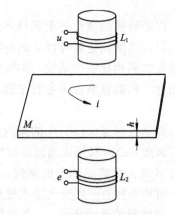

如果两个线圈之间不存在金属板 M，L_1 的磁场直接贯穿 L_2，L_2 的两端就会产生感应电势 e。感应电势 e 的大小与激励电压 u 的幅值、频率以及 L_1 和 L_2 匝数、结构和两者间的相对位置有关。如果这些参数都是确定不变的，那么感应电势就是一个确定值。

如果在 L_1 和 L_2 之间放置一块金属板，则 L_1 产生的磁力线穿透金属板 M（M 可看成是一匝短路线圈），并在金属板中产生涡流 i。涡流损耗了部分磁场

图 5.19　低频透射式电涡流传感器原理图

能量，使到达 L_2 的磁场变弱，从而使感应电势 e 下降。被测金属板 M 的厚度 h 越大，涡流损耗也越大，感应电势 e 就越小。感应电势的大小间接反映了被测金属板的厚度 h。

5.3.2　信号调理电路

根据电涡流传感器的基本原理，可将传感器与被测物体之间的距离转换为线圈的阻抗（或电感量）。为了对传感器输出阻抗进行转换和处理，常采用电桥电路和谐振电路。

1. 电桥电路

电桥电路是一种常用的简单电路。通常把线圈的阻抗作为电桥的一个桥臂，或用两个

相同的电涡流线圈组成差动形式。初始状态电桥平衡，测量时由于线圈阻抗发生变化，使电桥失去平衡，用电桥输出电压的大小来反映被测量的变化。

2. 谐振电路

谐振电路是将固定电容与传感器线圈并联，构成并联谐振回路。无被测金属导体时，传感器调谐到某一谐振频率 f_0。当被测金属导体接近（或远离）传感器线圈时，回路将失谐。若载波频率一定，则传感器线圈的电感量 L 发生变化，从而使 LC 回路的等效阻抗发生变化，利用测量阻抗来确定被测量的大小。谐振电路通常有两种方式，即定频测距式（也称为恒定频率调幅式）和调频测距式（也称为调频调幅式）。

图 5.20(a)所示为定频测距式电路原理图。图中传感器线圈 L 和固定电容器 C 是谐振回路的基本元件，稳频稳幅正弦波振荡器的输出信号经由电阻 R 加到谐振回路上。传感器线圈 L 感应的高频电磁场作用于金属板表面，由于表面的涡流反射作用，使 L 的电感量发生变化，并使回路失谐，从而改变了检波电压的大小。

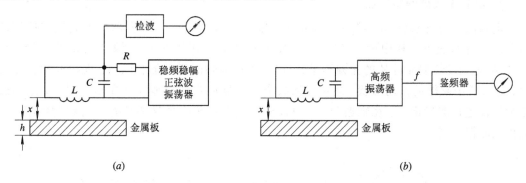

图 5.20 谐振电路原理图
(a) 定频测距电路；(b) 调频测距电路

当没有被测金属导体时，回路谐振频率为 f_0，此时等效阻抗最大，对应检波电压最大。当被测金属导体接近传感器线圈时，使电感量变小，回路失谐，检波电压变小。检波电压和电感量随距离 x 增加（或减少）而增加（或减少），通过测量检波电压就可确定 x 的大小。

图 5.20(b)所示为调频测距式电路原理图。调频电路是把传感器线圈接在振荡器中，传感器作为其中的电感，当传感器线圈与被测物体之间的距离 x 发生变化时，引起传感器线圈的电感量 L 发生变化，从而使振荡器的频率改变。频率的测量可以直接用频率计，也可以通过鉴频器将频率变化转换成电压后再测量。

使用调频测距电路时，不能忽视传感器电缆的分布电容影响，它将使振荡器的振荡频率发生变化，测量精度降低。为此可把固定电容 C 和线圈 L 都装在传感器内，这时电缆的分布电容并联在大电容上，对振荡频率的影响大大减小了。另外，传感器尽量靠近测量电路，使电缆的分布电容影响更小。

5.3.3 电涡流式传感器的应用

1. 电涡流式位移传感器

电涡流式传感器可用来测量各种形式的位移量，测量范围大约为 0～5 mm，分辨率可达测量范围的 0.1%，图 5.21 所示为电涡流式位移传感器的测量原理图。其中图 5.21(a)

为汽轮机主轴的轴向位移测量，图 5.21(*b*)为先导阀的位移测量，图 5.21(*c*)为金属试件的热膨胀系数测量。

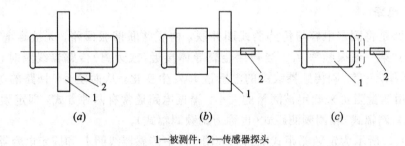

1—被测件；2—传感器探头

图 5.21　电涡流式位移传感器的测量原理图
(*a*) 轴向位移测量；(*b*) 先导阀位移测量；(*c*) 热膨胀系数测量

2. 电涡流式振幅传感器

　　电涡流式传感器可以无接触地测量各种振动的幅值，图 5.22 所示为电涡流式振幅传感器的测量原理图。其中图 5.22(*a*)为汽轮机和空气压缩机的主轴径向振动测量，图 5.22(*b*)为发动机涡轮叶片的振幅测量，图 5.22(*c*)为轴的振动形状测量。在研究轴的振动时，通常要了解轴的振动形状，测量时用数个传感器探头并排地安置在轴的附近，用多通道测量仪进行测量记录。在轴振动时，可以获得轴在各传感器探头位置上的瞬时振幅，并画出轴的振形图。

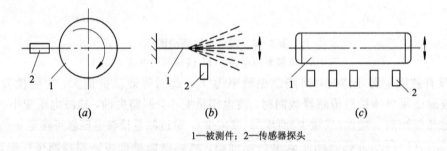

1—被测件；2—传感器探头

图 5.22　电涡流式振幅传感器的测量原理图
(*a*) 主轴径向振动测量；(*b*) 涡轮叶片振幅测量；(*c*) 振动形状测量

3. 电涡流式厚度传感器

　　电涡流式传感器可以无接触地测量金属板厚度和非金属板的镀层厚度，图 5.23(*a*)所示为电涡流式厚度传感器的测量原理图。当金属板的厚度发生变化时，传感器探头与金属板之间的距离发生改变，从而引起输出电压变化。由于在工作过程中金属板上下波动，影响测量精度，所以常采用比较法测量，如图 5.23(*b*)所示。在被测金属板上、下方各装一个传感器探头，其间距为 D，它们与金属板上、下表面的间距为 x_1 和 x_2，金属板厚 $h = D - (x_1 + x_2)$。两个传感器探头测得 x_1 和 x_2，通过信号调理电路转换成电压后相加，相加所得的电压值与传感器探头之间距离 D 对应的设定电压值相减，就得到与金属板厚对应的电压值。

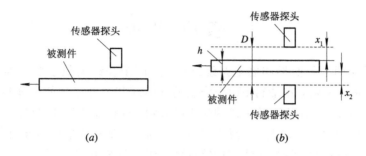

图 5.23　电涡流式厚度传感器的测量原理图
（a）用一个传感器探头测量；（b）用两个传感器探头测量

4. 电涡流式转速传感器

由于电涡流式传感器具有动态非接触测量的特点，所以可以很方便地测量转速，图 5.24 所示为电涡流式转速传感器的测量原理图。其中图 5.24(a) 是在一个旋转体上开一条或数条槽，图 5.24(b) 是做成齿状。在旋转体旁边安装一个传感器探头，当旋转体转动时，传感器探头将输出周期性变化的电压，此电压经放大整形后用频率计指示出频率值。此频率值 f 与槽（齿）数 Z 及被测转速 n 的关系式为

$$n = \frac{60f}{Z} \ (\text{r/min}) \tag{5.24}$$

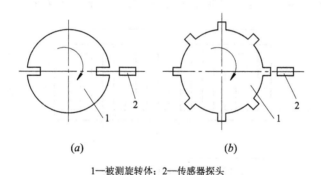

1—被测旋转体；2—传感器探头

图 5.24　电涡流式转速传感器的测量原理图
（a）旋转体上开槽；（b）旋转体做成齿状

5. 涡流探伤

电涡流式传感器可以用于焊接部位的探伤，还可以检查金属材料的表面裂纹、砂眼、气泡、热处理裂痕等。测量时，被测物体与传感器线圈之间作平行相对运动，距离保持不变，在测量线圈上就会产生调制频率信号，此频率取决于相对运动的速度和导体中物理性质的变化速度。如有裂纹、缺陷出现时，传感器线圈的阻抗发生变化，于是传感器的信号产生突变，由此可以确定裂纹、缺陷的部位，达到探伤的目的。

另外，电涡流式传感器还可以探测地下埋设的管道或金属体，包括探测带金属零件的地雷等。探雷时，在正常情况下，探雷传感器的耳机中没有声音，当探测到金属物体时，耳机中便会传出声音报警。

5.4 感应同步器

感应同步器由两个平面形印刷电路绕组构成，两个绕组类似于变压器的初、次级线圈，故又称为平面变压器，它是利用两个绕组的互感随其位置变化的原理制成的。感应同步器一般由 1～10 kHz、几伏至几十伏的交流电激励，具有精度和分辨率高、工作可靠、使用寿命长、抗干扰能力强等特点，广泛用于数控机床、三坐标测量仪等高精度测量装置中，以及导弹制导、射击控制、雷达天线定位等高精度跟踪系统中。

5.4.1 结构类型与工作原理

1. 结构

感应同步器按其用途可分为直线感应同步器和圆感应同步器两大类，前者用于直线位移的测量，后者用于角位移的测量。

1) 直线感应同步器

直线感应同步器由定尺和滑尺组成，如图 5.25 所示。定尺和滑尺上均有印刷电路绕组，定尺为一组均匀分布的单相连续绕组，滑尺为两组节距相等、空间相差 90°交替排列的分段绕组，S 为正弦绕组，C 为余弦绕组。使用时定尺安装在不动部件上，滑尺安装在运动部件上，两尺平面绕组相对放置，并留有微小间隙(0.25 mm 左右)，滑尺相对定尺移动。

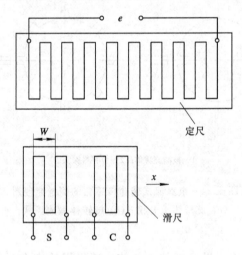

图 5.25 直线感应同步器的结构

定尺绕组表面喷涂一层耐腐蚀的绝缘清漆层，以保护尺面。滑尺绕组表面粘结绝缘层的铝箔。将滑尺用螺钉安装在机械设备上时，铝箔自然接地，起静电屏蔽作用，防止静电干扰。铝箔应足够薄，以免产生较大涡流，不仅损耗功率，而且影响电磁耦合，造成去磁现象，常选用带塑料的铝箔(铝金纸)，总厚度约为 0.04 mm 左右。

2) 圆感应同步器

圆感应同步器又称旋转式感应同步器，它由定子和转子构成，如图 5.26 所示。在转子上分布着单相连续绕组，绕组的导电片沿圆周的径向分布；在定子上分布着两相扇形的分段绕组。定子和转子的截面构造与直线感应同步器相同，为防止静电感应，在转子绕组的表面也粘结绝缘层的铝箔，定子和转子之间也留有微小间隙。转子作为激励绕组，加上交流激励电压；定子的正弦、余弦绕组作为输出绕组。定子和转子可以直接安装在机械设备上，也可以将它们组装在一起，通过联轴器与机械运动轴联接起来。

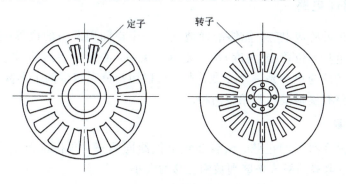

图 5.26　圆感应同步器的结构

圆感应同步器的直径有 302 mm、178 mm、76 mm、50 mm 四种，其径向导体数（也称极数）有 360 极、720 极、1080 极和 512 极等几种。在极数相同的情况下，圆感应同步器的直径做得越大，越容易做得准确，精度也就越高。

2. 工作原理

以直线型感应同步器为例。当滑尺的两个绕组（激励绕组）各供给一个交流激励电压时，则定尺上的绕组由于电磁感应现象而产生与激励电压同频率的感应电势。感应电势与位置的关系如图 5.27 所示。当滑尺上的正弦绕组 S 通入激励电压并和定尺上的绕组相差 $W/4$ 时（A 点），耦合磁通最小，感应电势也最小；当滑尺继续移动，感应电势逐渐增加，移动到 B 点时感应电势最大，继续移动到 C 点感应电势逐渐减小到零；移动到 D 点时，可得到与 B 点极性相反的最大感应电势。滑尺相对于定尺移动一个节距（E 点），感应电势与初始状态完全相同，这样感应电势随滑尺相对定尺的移动而周期性变化，变化规律如曲线 1 所示。

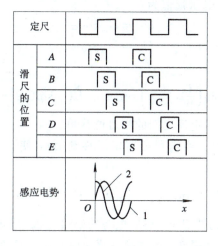

图 5.27　感应电势与两绕组相对应位置的关系

同理，若余弦绕组 C 中通入激励电压，则感应电势随滑尺位置的变化规律如曲线 2 所示。由上述分析可知，当结构一定、激励电压一定时，感应电势的大小取决于滑尺和定尺之间的相对位置，因而可通过测量感应电势的变化来测量位移。

5.4.2 信号调理电路

定尺绕组输出的感应电势，能够准确地反映一个空间周期内的位移（或角度）的变化。为了使输出感应电势与位移（或角度）呈一定函数关系，必须对输出的感应电势进行处理。感应同步器输出的感应电势是一个交变信号，可以用幅值和相位两个参数来描述。因此感应电势的测量电路有鉴幅型和鉴相型两种。

1. 鉴幅型电路

鉴幅型电路是在滑尺的正弦、余弦绕组上供给同频率、同相位但不同幅值的激励电压，通过输出感应电势的幅值来鉴别被测位移的大小。

设滑尺上正弦、余弦绕组的激励电压分别为

$$u_s = -U_s \cos\omega t \tag{5.25}$$

$$u_c = U_c \cos\omega t \tag{5.26}$$

两个激励绕组分别在定尺绕组上产生的感应电势为

$$e_s = KU_s \sin\omega t \sin\frac{2\pi}{W}x \tag{5.27}$$

$$e_c = -KU_c \sin\omega t \cos\frac{2\pi}{W}x \tag{5.28}$$

式中：K——比例常数；

W——绕组节距（见图 5.25）；

x——滑尺与定尺的相对位移。

定尺绕组上的总感应电势为

$$e = e_s + e_c = K\sin\omega t \left(U_s \sin\frac{2\pi}{W}x - U_c \cos\frac{2\pi}{W}x\right) \tag{5.29}$$

采用函数变压器使激励电压幅值为

$$U_s = U_m \cos\varphi \tag{5.30}$$

$$U_c = U_m \sin\varphi \tag{5.31}$$

则式（5.29）变为

$$e = KU_m \sin\left(\frac{2\pi}{W}x - \varphi\right)\sin\omega t = KU_m \sin(\varphi_x - \varphi)\ \sin\omega t \tag{5.32}$$

式中：$\varphi_x = 2\pi x/W$——滑尺与定尺之间的相对位移角。

设初始状态 $\varphi_x = \varphi$，$e = 0$。当滑尺相对定尺移动 Δx，使 φ_x 变化为 $\Delta\varphi_x$，则式（5.32）变为

$$e = KU_m \sin(\Delta\varphi_x)\ \sin\omega t \approx KU_m \left(\frac{2\pi}{W}\Delta x\right)\sin\omega t \tag{5.33}$$

由此可见，在 Δx 较小的情况下，感应电势的幅值与 Δx 成正比。当 x 变化一个节距 W 时，感应电势的幅值变化一个周期。通过检测感应电势的幅值变化，即可测得滑尺与定尺之间的相对位移 x。

2. 鉴相型电路

鉴相型电路是在滑尺的正弦、余弦绕组上供给频率相同、幅值相同、相位差为 $90°$ 的交流激励电压，通过检测感应电势的相位来鉴别被测位移量的大小。

设滑尺上正弦、余弦绕组的激励电压分别为

$$u_s = U_m \sin \omega t \tag{5.34}$$

$$u_c = -U_m \cos \omega t \tag{5.35}$$

两个激励绕组分别在定尺绕组上产生的感应电势分别为

$$e_s = KU_m \cos \omega t \sin \frac{2\pi}{W} x \tag{5.36}$$

$$e_c = KU_m \sin \omega t \cos \frac{2\pi}{W} x \tag{5.37}$$

定尺上的总感应电势

$$e = e_s + e_c = KU_m \sin\left(\omega t + \frac{2\pi}{W} x\right) = KU_m \sin(\omega t + \varphi_x) \tag{5.38}$$

式(5.38)表示了感应电势的相位角 φ_x 随 x 的变化规律，当 x 变化一个节距 W 时，感应电势的相位角 φ_x 变化一个周期，通过鉴别感应电势的相位角 φ_x，与激励电压 u_s 比较，即可以测出定尺与滑尺之间的相对位移 x。

5.4.3 感应同步器的应用

感应同步器的应用非常广泛，主要用于测量线位移、角位移以及与此相关的物理量，如转速、振动等。直线感应同步器已经广泛用于大型精密坐标镗床、坐标铣床及其他数控机床的定位、数控和数显；圆感应同步器则常用于军事上的雷达天线定位跟踪等，同时在精密机床或测量仪器设备的分度装置上也有较多的应用。

以数控机床为例，其数字控制系统按控制刀具相对于工件移动的轨迹不同，可分为点位控制系统和位置随动系统。

1. 点位控制系统

点位控制系统主要是控制刀具或工作台从某一加工点到另一加工点之间的准确定位，而对点与点之间所经过的轨迹不加控制。利用感应同步器作点位控制的检测反馈元件，可以直接测出机床的移动量以修正定位误差，提高定位精度。

图 5.28 所示为感应同步器在点位控制系统中的应用。系统的工作过程为：工作前通过输入装置(如可编程控制器)，先给计数器预置工作台某一相应位置的指令脉冲数。脉冲发生器按机床移动速度要求不断发出脉冲。当计数器内有数时，门电路打开，步进电机按脉冲发生器发出的驱动脉冲控制工作台作步进运动，并带动感应同步器的滑尺移动，滑尺每移动一定距离(如 0.01 mm)，感应同步器检测装置发出一个脉冲，这个脉冲进入计数器，说明工作台已移动了 0.01 mm，计数器中的数就减 1。当机床运动到达预定位置时，感应同步器检测装置发出的脉冲数正好等于预置的指令脉冲数，计数器出现全"0"状态，门电路关闭，步进电机停转，工作台停止运动，实现准确的定位。

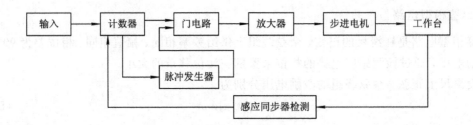

图 5.28　点位控制系统

2. 位置随动系统

位置随动系统(或称连续控制系统)不仅要求在加工过程中实现点到点的准确定位,而且要保证运动过程中逐点的定位精度,即对运动轨迹上的各点都要求精确地跟踪指令。

图 5.29 所示是一种采用直流力矩电机为执行元件、鉴幅型工作方式的感应同步器为检测反馈元件的位置随动系统。设开始时 $\varphi = \varphi_1$,系统处于平衡状态。当计数器送来指令脉冲时,经数/模转换电路,使激励电压的相位角 φ_1 改变,即 $\varphi \neq \varphi_1$,破坏了原有的平衡,定尺输出的感应电势经放大、整流后驱动直流力矩电机,使工作台按预定方位运动,并带动滑尺向 $\varphi = \varphi_1$ 的方向运动,直到 φ 重新等于 φ_1 为止,从而实现了位置随动。

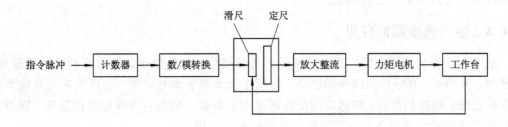

图 5.29　位置随动系统

思考题与习题

5.1　为什么螺管式自感传感器比变气隙式自感传感器的测量范围大?

5.2　为什么互感式传感器要采用差动变压器式结构?

5.3　试比较自感式传感器与差动变压器式传感器的异同。

5.4　分析开关式全波相敏检波电路的工作过程,它是如何鉴别被测信号的极性的?

5.5　零点残余电压产生的原因是什么?如何消除?

5.6　为什么说电涡流式传感器也属于电感传感器?

5.7　被测材料的磁导率不同,对电涡流式传感器检测有哪种影响?试说明理由。

5.8　感应同步器按其用途可分为哪两类?各用在何种场合?试举例说明。

5.9　感应同步器输出的感应电势如何进行处理?简述各种处理方式的原理。

5.10　有一只差动螺管式自感传感器如题 5.10 图(a)所示。传感器线圈损耗电阻 $R_1 = R_2 = 40\ \Omega$,电感 $L_1 = L_2 = 30\ \mathrm{mH}$,用两个电阻组成差动全桥,如题 5.10 图(b)所示。求:

（1）匹配电阻 R_3 和 R_4 的电阻值；

（2）当 $\Delta Z=10\ \Omega$，电源电压有效值 $u=4\ V$，频率 $f=400\ Hz$ 时，电桥输出电压的有效值。

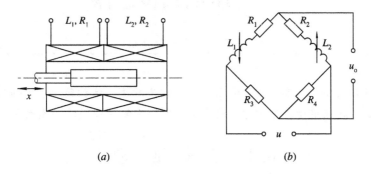

(a)　　　　　　　　　　　(b)

题 5.10 图

5.11　题 5.11 图所示为差动电感式传感器的相敏整流电路。L_1 和 L_2 为差动电感式传感器，$V_{D1}\sim V_{D4}$ 为检波二极管（设正向电阻为零，反向电阻为无穷大），C 为滤波电容，输出端电阻 $R_1=R_2=R$，激励电源 u 为正弦波，求：

（1）分析电路的工作原理（即指出铁芯移动方向与输出电压 u_o 极性的关系）；

（2）分别画出铁芯向上、向下移动时流经电阻 R_1 和 R_2 的电流及输出电压 u_o 的波形图。

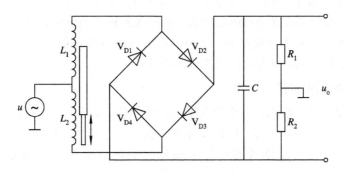

题 5.11 图

5.12　利用电涡流传感器测量板材厚度，已知激励电源频率 $f=1\ MHz$，被测材料磁导率 $\mu=4\pi\times10^{-7}\ H/m$，电阻率 $\rho=29\times10^{-9}\ \Omega\cdot m$，被测板材厚度为 $(1+0.2)\ mm$，问：

（1）采用高频反射式电涡流传感器测量时，涡流穿透深度 h 为多少？

（2）能否用低频透射式电涡流传感器测量？若可以，请画出检测示意图。

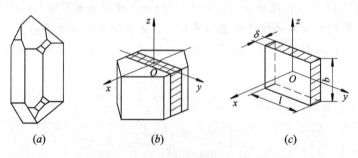

第6章　压电式传感器

压电式传感器具有工作频带宽、灵敏度高、信噪比高、结构简单、工作可靠、体积小、重量轻等特点，广泛应用于工程力学、电声学、生物医学等领域的动态测量。

6.1　工 作 原 理

压电式传感器的工作原理基于某些物质具有的压电效应，压电效应是可逆的，因此压电传感器是典型的"双向传感器"。

6.1.1　压电效应

某些电介质在沿一定方向上施加外力而发生变形时，其内部会产生极化现象，同时在其两个表面上产生符号相反的电荷；当外力去掉后，电荷也随之消失，恢复到不带电状态，这种现象称为正压电效应。相反，在电介质的极化方向上施加电场时，电介质也会发生变形，电场去掉后，电介质的变形也随之消失，这种现象称为逆压电效应（或电致伸缩效应）。具有压电效应的电介质称为压电材料，常用的压电材料有石英晶体、压电陶瓷等。压电材料不同，其晶体结构不同，压电效应的机理亦不相同。

1. 石英晶体的压电效应

石英晶体是单晶体，理想几何形状为正六面体晶柱，如图 6.1(a) 所示。在晶体学中可用三条互相垂直的晶轴表示，其中纵轴 z 称为光轴，经过正六面体棱线且垂直于光轴的 x 轴称为电轴，垂直于正六面体棱面且与 x 轴和 z 轴同时垂直的 y 轴称为机械轴，如图 6.1(b) 所示。沿电轴 x 方向施加力而产生电荷的压电效应称为"纵向压电效应"，沿机械轴 y 方向施加力而产生电荷的压电效应称为"横向压电效应"，沿 z 轴方向受力时不会产生压电效应。

图 6.1　石英晶体
（a）石英晶体的外形；（b）坐标轴；（c）压电晶片

在晶体上沿 y 轴线切下一片平行六面体称为压电晶体切片，如图 6.1(c) 所示。若压电晶片受到 x 轴方向的压力 F_x 作用时，晶片的厚度方向将产生变形，并发生极化现象。在弹性范围内，垂直 x 轴平面产生的电荷 Q 与作用力 F_x 成正比，而与晶片尺寸无关，即

$$Q = d_{11}F_x \tag{6.1}$$

式中：d_{11}——纵向压电常数。

若压电晶片受到 y 轴方向的压力 F_y 作用时，仍在垂直 x 轴平面产生电荷，但电荷的极性与 F_x 作用时相反，大小与晶片尺寸有关，即

$$Q = d_{12}\frac{l}{\delta}F_y = -d_{11}\frac{l}{\delta}F_y \tag{6.2}$$

式中：l、δ——压电晶片的长度和厚度；

$d_{12} = -d_{11}$——横向压电常数。

石英晶体的化学分子式为 SiO_2，每一个晶格单元中有二个硅离子和六个氧离子，硅离子和氧离子交替排列，在垂直 z 轴平面上的投影为正六边形，如图 6.2(a) 所示，图中"⊕"代表硅离子，"⊖"代表氧离子。若沿 x 轴方向受到压力 F_x 作用时，硅离子 1 挤入氧离子 2 和 6 之间，而氧离子 4 挤入硅离子 3 和 5 之间，结果使上表面呈现负电荷，下表面呈现正电荷，如图 6.2(b) 所示。若沿 y 轴方向受到压力 F_y 作用时，硅离子 1 和氧离子 4 向外挤，则上表面呈现正电荷，下表面呈现负电荷，如图 6.2(c) 所示。

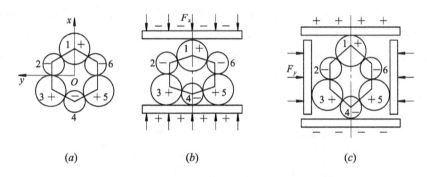

图 6.2 石英晶体的压电效应
(a) 无外力作用；(b) 沿 x 轴方向受到压力 F_x 作用；(c) 沿 y 轴方向受到压力 F_y 作用

2. 压电陶瓷的压电效应

压电陶瓷是人工制造的多晶体压电材料，在未进行极化处理时，不具有压电效应。经过极化处理后，其压电效应非常明显，具有很高的压电常数，为石英晶体的几百倍。

压电陶瓷具有与铁磁材料磁畴结构类似的电畴结构，如图 6.3 所示。电畴实质上是自发形成的小区域，每个小区域有一定的极化方向，从而存在着一定的电场，但由于电畴分布任意排列，因此在没有外加电场的情况下，极化作用被相互低消，故压电陶瓷不会产生压电效应，如图 6.3(a) 所示。

为了使压电陶瓷具有压电效应，就必须在一定温度下对其进行极化处理。所谓极化处理，就是给压电陶瓷施加外电场，使电畴规则排列，从而具有压电性能。外加电场的方向即为压电陶瓷的极化方向，如图 6.3(b) 所示。经过极化处理的压电陶瓷，当外加电场去掉后，电畴极化方向基本保持原极化方向，压电陶瓷的极化强度不恢复为零，而是存在着很

强的剩余极化强度，仍具有压电性能，如图 6.3(c)所示。

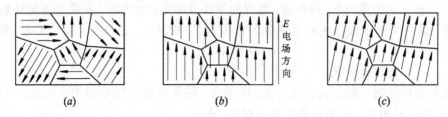

图 6.3 钛酸钡（BaTiO₃）的压电效应

(a)未极化；(b)极化；(c)极化后

6.1.2 压电常数

单位应力所产生的电荷密度称为压电常数。压电材料施加应力时，在相应的表面上产生电荷，其电荷密度与施加的应力成正比，即

$$q = d_{ij}\sigma \tag{6.3}$$

式中：q——电荷密度，即单位面积的电荷；

σ——应力，即单位面积的作用力；

d_{ij}——压电常数。

压电常数 d_{ij} 有两个下标，下标 $i=1,2,3$ 表示在垂直 x、y、z 轴平面上产生电荷。下标 $j=1,2,3,4,5,6$，其中 $j=1,2,3$ 表示沿 x、y、z 轴方向承受正应力，$j=4,5,6$ 表示在垂直 x、y、z 轴平面承受剪切应力，压电材料坐标系如图 6.4 所示。如 d_{11} 表示沿 x 轴方向受力，在垂直 x 轴平面上产生电荷。

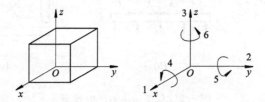

图 6.4 压电材料坐标系

压电材料在受力状态下产生的电荷密度由下列方程组表示

$$\begin{cases} q_x = d_{11}\sigma_x + d_{12}\sigma_y + d_{13}\sigma_z + d_{14}\tau_x + d_{15}\tau_y + d_{16}\tau_z \\ q_y = d_{21}\sigma_x + d_{22}\sigma_y + d_{23}\sigma_z + d_{24}\tau_x + d_{25}\tau_y + d_{26}\tau_z \\ q_z = d_{31}\sigma_x + d_{32}\sigma_y + d_{33}\sigma_z + d_{34}\tau_x + d_{35}\tau_y + d_{36}\tau_z \end{cases} \tag{6.4}$$

式中：q_x、q_y、q_z——在垂直 x、y、z 轴平面上产生的电荷密度；

σ_x、σ_y、σ_z——沿 x、y、z 轴方向承受的正应力；

τ_x、τ_y、τ_z——垂直 x、y、z 轴平面承受的剪切应力。

压电常数用矩阵表示为

$$\boldsymbol{D} = \begin{bmatrix} d_{11} & d_{12} & d_{13} & d_{14} & d_{15} & d_{16} \\ d_{21} & d_{22} & d_{23} & d_{24} & d_{25} & d_{26} \\ d_{31} & d_{32} & d_{33} & d_{34} & d_{35} & d_{36} \end{bmatrix} \tag{6.5}$$

对于石英晶体，压电常数矩阵为

$$D = \begin{bmatrix} d_{11} & d_{12} & 0 & d_{14} & 0 & 0 \\ 0 & 0 & 0 & 0 & d_{25} & d_{26} \\ 0 & 0 & 0 & 0 & 0 & 0 \end{bmatrix} \qquad (6.6)$$

式(6.6)中矩阵的第三行和第三列元素全部为零，说明石英晶体沿 z 轴方向施加作用力时，不会产生压电效应；压电常数 d_{11}、d_{12} 表示沿 x 轴和 y 轴方向施加正应力时，都将在垂直 x 轴的平面上产生电荷；压电常数 d_{14}、d_{25}、d_{26} 表示沿垂直 x、y、z 轴平面施加剪切应力时，将在垂直 x 轴和垂直 y 轴的平面上产生电荷。且有 $d_{12} = -d_{11}$，$d_{25} = -d_{14}$，$d_{26} = -2d_{11}$，独立的压电常数只有 d_{11} 和 d_{14}，即

$$d_{11} = 2.31 \times 10^{-12} (\text{C/N})$$

$$d_{14} = 0.73 \times 10^{-12} (\text{C/N})$$

对于钛酸钡压电陶瓷，压电常数矩阵为

$$D = \begin{bmatrix} 0 & 0 & 0 & 0 & d_{15} & 0 \\ 0 & 0 & 0 & d_{24} & 0 & 0 \\ d_{31} & d_{32} & d_{33} & 0 & 0 & 0 \end{bmatrix} \qquad (6.7)$$

式(6.7)中独立的压电常数有三个，即

$$d_{33} = 190 \times 10^{-12} (\text{C/N})$$

$$d_{31} = d_{32} = -0.42d_{33} = -78 \times 10^{-12} (\text{C/N})$$

$$d_{15} = d_{24} = 250 \times 10^{-12} (\text{C/N})$$

6.2 压 电 材 料

压电材料的种类很多，从取材方面有天然和人工合成的、有无机的和有机的。从晶体结构方面有单晶和多晶的。在压电式传感器中，普遍应用的压电晶体主要有石英(SiO_2)、铌酸锂($LiNbO_3$)等，压电陶瓷有钛酸钡($BaTiO_3$)、铌镁酸铅(PMN)和锆钛酸铅(PZT)系列。

近年来，一些新型压电材料也不断出现，如压电半导体、高分子压电薄膜等，已表现出良好的应用前景。

6.2.1 压电晶体

1. 石英晶体

石英晶体(SiO_2)有天然和人造的两种，由于天然石英晶体资源很少，并且大多存在一定缺陷，所以目前广泛应用成本较低的人造石英晶体。人造石英晶体的物理及化学性质几乎与天然石英晶体相同，在几百摄氏度的温度范围内，压电常数不随温度而变化。石英晶体的居里点为573℃，即温度达到573℃时将完全丧失压电性能。此外，石英晶体还具有动态特性好、固有频率高、机械强度高、机械性能稳定、无热释电效应等特点，但其灵敏度很低，介电常数较小，主要用于标准传感器、高精度传感器或使用温度较高的传感器中。

2. 水溶性压电晶体

水溶性压电晶体有酒石酸钾钠（$NaKC_4H_4O_6 4H_2O$）、硫酸锂（$Li_2SO_4H_2O$）、磷酸二氢钾（KH_2PO_4）等，具有较高的灵敏度和介电常数，但易于受潮，机械强度也较低，只适用于室温和湿度低的环境中。

3. 铌酸锂晶体

铌酸锂（$LiNbO_3$）是一种透明的单晶体，熔点为1250℃，居里点高达1200℃，具有良好的压电性能和时间稳定性，在耐高温传感器中广泛应用。

6.2.2　压电陶瓷

压电陶瓷是一种应用最普遍的压电材料，具有灵敏度高、介电常数大、烧制方便、耐湿、耐高温、易于成型等特点，发展极为迅速，应用日渐广泛。从日常生活用的压电式电子打火机到宇宙飞船、导弹系统中的振动测量传感器，都用到压电陶瓷材料。

1. 钛酸钡压电陶瓷

钛酸钡（$BaTiO_3$）压电陶瓷是由碳酸钡（$BaCO_3$）和二氧化钛（TiO_2）在高温下混合烧结而成，具有较高的灵敏度和介电常数，但其居里点较低（120℃）、机械强度和稳定性都较差。

2. 锆钛酸铅系列压电陶瓷（PZT）

PZT是由钛酸铅（$PbTiO_3$）和锆酸铅（$PbZrO_3$）组成的固溶体$pb(Zr,Ti)O_3$，具有较高的灵敏度和介电常数，居里点在300℃以上，且性能稳定。在PZT中再添加一种或两种如铌（Nb）、锑（Sb）、锡（Sn）、锰（Mn）等微量元素，可获得不同性能的PZT压电陶瓷，因此PZT是目前应用最广泛的压电陶瓷。

3. 铌酸盐系列压电陶瓷

铌酸盐系列压电陶瓷是由铁电体铌酸钾（$KNbO_3$）和铌酸铅（$PbNb_2O_3$）组成的。铌酸钾居里点为435℃，铌酸铅居里点高达570℃，但介电常数较低，常用于水声传感器中。

4. 铌镁酸铅压电陶瓷（PMN）

PMN是由铌镁酸铅（$Pb(Mg_{1/3}Nb_{2/3})O_3$）、钛酸铅（$PbTiO_3$）和锆酸铅（$PbZrO_3$）组成的三元系陶瓷，具有较高的压电常数和居里点（260℃），能承受$7×10^7Pa$的压力，适合于高温下的力传感器。

6.2.3　新型压电材料

1. 压电半导体

压电半导体材料既有半导体特性，又有压电性能，如硫化锌（ZnS）、硫化镉（CdS）、氧化锌（ZnO）、碲化镉（CaTe）、碲化锌（ZnTe）、砷化镓（GaAs）等。因此，压电半导体材料既可利用压电性能研制传感器，又可利用半导体特性制成电子器件，也可将两者结合起来，研制集转换元件和电子电路于一体的新型集成压电传感器测试系统。

2. 高分子压电薄膜

某些合成高分子聚合物薄膜经延展拉伸和电场极化后，具有一定的压电性能，这类薄膜称为高分子压电薄膜，如聚二氟乙烯 PVF_2、聚氟乙烯 PVF、聚氯乙烯 PVC、聚甲基-L 谷氨酸脂 PMG 等。这类压电薄膜的灵敏度和机械强度很高、柔软、耐冲击、不易破碎、易于加工成大面积的压电元件和阵列元件。

如果将压电陶瓷粉末加入高分子化合物中，可以制成高分子－压电陶瓷薄膜，它既保持了高分子压电薄膜的柔软性，又具有较高的压电系数，是一种很有发展前途的压电材料。

6.3　等效电路与信号调理电路

6.3.1　等效电路

在压电元件的两个工作面上进行金属蒸镀，形成金属膜，构成两个电极。当压电元件受到外力作用时，在两个极板上聚集数量相等、极性相反的电荷，从而形成电场。因此压电式传感器可以看作是一个电荷发生器，或一个电容器。若压电元件的面积为 $A = l \times b$，厚度为 δ，介电常数为 ε，则其电容量 C_a 为

$$C_a = \frac{\varepsilon A}{\delta} = \frac{\varepsilon_0 \varepsilon_r A}{\delta} \qquad (6.8)$$

两极板间电压 u_a 为

$$u_a = \frac{Q}{C_a} \qquad (6.9)$$

压电式传感器既可以等效成一个电荷源与电容并联电路，也可以等效成一个电压源与电容串联电路，如图 6.5 所示。图中 R_a 为传感器的泄漏电阻，其阻值在 10^{12} Ω 以上。

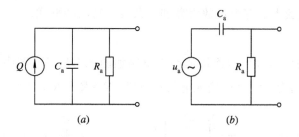

图 6.5　压电式传感器的等效电路

(a) 电荷源与电容并联；(b) 电压源与电容串联

由压电式传感器的等效电路可知，只有在外接电路负载电阻为无穷大，且内部无漏电时，受力后压电元件产生的电荷才能长期保持下来。如果负载电阻不是无穷大，则电路就会按指数规律放电，这对静态标定及低频准静态测量极为不利，必然带来测量误差。事实上，压电式传感器内部不可能没有泄漏，负载电阻也不可能无穷大，只有外力以较高频率不断地作用，传感器的电荷才能得以补充，因此压电式传感器不适宜静态测量。

压电式传感器的灵敏度有两种表示方式。单位外力作用下产生的电压称为电压灵敏

度，用 $S_u = u_a/F$ 表示；单位外力作用下产生的电荷称为电荷灵敏度，用 $S_q = Q/F$ 表示。它们之间的关系为

$$S_u = \frac{S_q}{C_a} \tag{6.10}$$

压电式传感器在实际使用中，常采用两片或多片压电片粘结在一起以提高灵敏度，如图 6.6 所示。图 6.6(a) 为并联接法，两压电片的负电荷集中在中间极板，正电荷在两侧极板，输出电荷量增大，电容量也增大，从而使时间常数增大，适用于电荷输出和缓变信号测量。图 6.6(b) 为串联接法，正电荷集中在上极板，负电荷集中在下极板，输出电压增大，电容量减小，时间常数减小，适用于电压输出和瞬变信号测量。

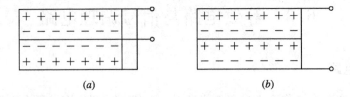

图 6.6 两片压电片并联和串联接法
(a) 并联接法；(b) 串联接法

压电式传感器在装配过程中，必须使压电元件承受一定的预应力，这是由于压电片在加工制作时很难保证接触面的绝对平坦。如果没有足够的压力，就不能保证接触面完全均匀接触，但预应力不能太大，否则将影响传感器的灵敏度。

6.3.2 信号调理电路

压电式传感器的输出阻抗相当高，输出信号也非常微弱，为保证一定测量精度，必须接入一个高输入阻抗的前置放大器。其作用为：一是把传感器的高输出阻抗变换为低输出阻抗；二是放大传感器输出的微弱信号。压电式传感器的输出可以是电压信号，也可以是电荷信号，因此前置放大器有电压放大器和电荷放大器两种形式。

1. 电压放大器

压电式传感器与电压放大器连接的等效电路如图 6.7 所示。图中 C_c 为连接电缆的分布电容，R_i 和 C_i 分别为放大器的输入电阻和电容，$R = R_a /\!/ R_i$，$C = C_c + C_i$。如果压电元件

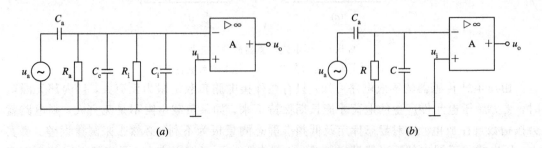

图 6.7 压电式传感器与电压放大器连接的等效电路
(a) 基本等效电路；(b) 简化等效电路

沿 x 轴方向受到正弦力 $F = F_m \sin \omega t$ 的作用,则在垂直 x 轴表面所产生的电荷 Q 与电压 u_a 均按正弦规律变化,即

$$u_a = \frac{Q}{C_a} = \frac{d_{11}}{C_a} F_m \sin \omega t = U_m \sin \omega t \tag{6.11}$$

式中:U_m——压电元件输出电压的幅值,$U_m = d_{11} F_m / C_a$。

电压放大器输入端电压 u_i(传感器输出电压)为

$$u_i = u_a \frac{R /\!/ Z_C}{Z_{Ca} + R /\!/ Z_C} = d_{11} F \frac{j\omega R}{1 + j\omega R(C_a + C)} \tag{6.12}$$

由式(6.12)可得 u_i 的幅值 U_{im} 及 u_i 与被测作用力 F 之间的相位差 φ 分别为

$$\begin{cases} U_{im}(\omega) = \dfrac{d_{11} F_m \omega R}{\sqrt{1 + \omega^2 R^2 (C_a + C)^2}} \\[3mm] \varphi(\omega) = \dfrac{\pi}{2} - \arctan \omega R(C_a + C) \end{cases} \tag{6.13}$$

设测量回路的时间常数 $\tau = R(C_a + C) = R(C_a + C_c + C_i)$,当 $\omega \to \infty$,即 $\omega\tau \gg 1$ 时,则

$$U_{im}(\infty) = \frac{d_{11} F_m}{C_a + C_c + C_i} \tag{6.14}$$

式(6.14)表明,当 $\omega\tau \gg 1$ 时,传感器输出电压 U_{im} 与作用力的角频率 ω 无关,一般取 $\omega\tau \geqslant 3$ 就可近似看作 U_{im} 与 ω 无关。即测量回路时间常数 τ 一定时,压电式传感器高频响应很好。

当 $\omega\tau < 3$,即被测作用力变化缓慢,测量回路时间常数也不大时,会造成传感器的灵敏度降低。下限截止频率 ω_L 与时间常数 τ 应满足

$$\omega_L \tau \geqslant 1 \tag{6.15}$$

为了扩展传感器的低频响应范围,就必须提高测量回路的时间常数 τ。

压电式传感器接入电压放大器后的电压灵敏度 S 定义为

$$S = \frac{U_{im}}{F_m} = \frac{d_{11} \omega R}{\sqrt{1 + (\omega\tau)^2}} \tag{6.16}$$

当 $\omega\tau \gg 1$ 时,电压灵敏度 S 近似为

$$S \approx \frac{d_{11}}{C_a + C_c + C_i} \tag{6.17}$$

显然,增大测量回路的电容来提高时间常数 τ,会影响电压灵敏度 S,通常用增加电阻 R 来提高时间常数,为此应选择输入电阻很高的电压放大器。

另外,当传感器与电压放大器之间的电缆长度改变时,电缆分布电容 C_c 将发生改变,电压灵敏度 S 也随之改变,因此使用时必须规定电缆的型号和长度。若要更换电缆,必须重新标定和计算灵敏度,否则将会引入测量误差。

例 6.1　某压电式传感器测量信号的最低频率 $f = 1$ Hz,要求在 1 Hz 时其幅值误差不超过 5%。已知电压放大器输入回路总电容 $C = 500$ pF,求该放大器输入回路的总电阻 R。

解　由式(6.13)和式(6.14)可得,传感器的实际输出电压幅值 $U_{im}(\omega)$ 与理想输出电压幅值 $U_{im}(\infty)$ 之比为

$$K = \frac{\omega\tau}{\sqrt{1+(\omega\tau)^2}} = 1-5\%$$

解得 $\omega\tau=3.04$。将 $\omega=2\pi f$ 及 $\tau=RC$ 代入上式可得 $R=968$ MΩ。

2. 电荷放大器

为改善压电式传感器的低频特性，常采用电荷放大器。电荷放大器实际上是一个具有深度负反馈的高增益运算放大器，压电式传感器与电荷放大器连接的等效电路如图 6.8(a) 所示。图中 C_f 为反馈电容，用来改变放大器的输入阻抗；R_f 为反馈电阻，为放大器提供直流负反馈，以减小零点漂移，使工作点稳定。

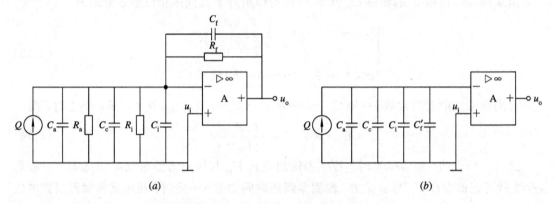

图 6.8　压电式传感器与电荷放大器连接的等效电路
(a) 基本等效电路；(b) 简化等效电路

理想情况下，传感器的泄漏电阻 R_a 和放大器的输入电阻 R_i、反馈电阻 R_f 都很大，可认为开路。反馈电容 C_f 折合到放大器输入端的等效电容 $C_f'=(1+A)C_f$，C_f' 与 C_a、C_c、C_i 并联，简化等效电路如图 6.8(b) 所示。此时电荷放大器的输出电压 u_o 为

$$u_o = -Au_i = -\frac{AQ}{C_a+C_c+C_i+(1+A)C_f} \tag{6.18}$$

通常 $A=10^4\sim10^8$，则 $(1+A)C_f \gg C_a+C_c+C_i$，式(6.18)可简化为

$$u_o = -\frac{Q}{C_f} \tag{6.19}$$

式(6.19)表明，电荷放大器输出电压 u_o 与传感器产生的电荷量 Q 成正比，并与电缆分布电容 C_c 无关。通常取 $(1+A)C_f > 10(C_a+C_c+C_i)$，即可认为 u_o 与 C_c 无关。这对小信号、远距离测量非常有利，因此电荷放大器应用相当广泛。

压电式传感器配接电荷放大器时，低频响应比电压放大器要好得多。但与电压放大器相比，其价格较高，电路也较复杂，调整也较困难。

例 6.2　已知 $C_a=100$ pF，$C_f=10$ pF，$C_i=0$，$R_a=R_i=R_f=\infty$。若考虑 C_c 的影响，当 $A=10^4$ 时要求输出信号衰减小于 1%，求使用 90 pF/m 电缆时的最大允许长度为多少？

解　由电荷放大器输出电压表达式(6.18)和(6.19)可得，实际输出与理想输出的比值为

$$K = \frac{AC_f}{C_a+C_c+(1+A)C_f} = 1-1\%$$

将 C_a、C_f 和 A 代入上式解得 C_c＝900 pF，电缆最大允许长度 l＝900/90＝10 m。

6.4　压电式传感器的应用

6.4.1　压电式力传感器

压电式力传感器可测量动态或静态力，其测量范围为 $10^2 \sim 10^5$ N。图 6.9 为一种用于机床动态切削力测量的单向压电式力传感器。压电元件采用垂直 x 轴切片的石英晶体，通过纵向压电常数 d_{11} 实现力—电转换。被测力通过传力盖板作用在压电元件上，由于纵向压电效应使压电元件在 x 轴方向上产生电荷，负电荷由中间电极输出，正电荷直接与基座连接。单向力传感器具有固有频率高(约 50～60 kHz)、体积小、重量轻(仅 10 g)、分辨力高(约 10^{-3} N)等特点，最大可测 5×10^3 N 的动态力。

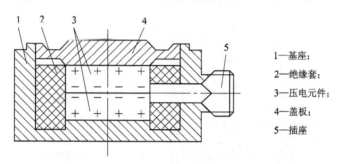

1—基座；
2—绝缘套；
3—压电元件；
4—盖板；
5—插座

图 6.9　单向压电式力传感器

压电式力传感器安装在试件与激振器之间，在试件上的适当部位装多只压电式加速度传感器。将压电式力传感器测得的力信号和压电式加速度传感器测得的加速度信号经多路电荷放大器后送入数据处理设备，即可求得被测试件的机械阻抗。该试验方法可进行大型结构模态分析，如图 6.10 所示。

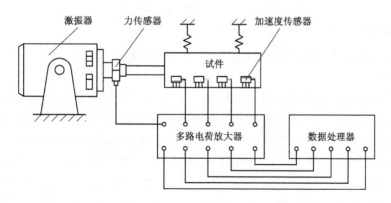

图 6.10　压电式力传感器测量激振力示意图

6.4.2　压电式加速度传感器

压电式加速度传感器主要用于振动冲击测量，高频、中频振动的量值传递基准。它具有量程大、频带宽、安装简单、适用于各种恶劣环境、体积小、重量轻等特点，广泛应用于振动冲击测试、信号分析、故障诊断、振动校准等。

1. 工作原理

图 6.11 所示为压电式加速度传感器的结构原理图。压电元件由两块压电片（石英晶片或压电陶瓷片）组成，在压电片的两个表面上镀银并焊接输出引线，或在两块压电片之间夹金属薄片，输出引线焊接在金属薄片上，输出端的另一根引线直接与传感器基座相连。在压电元件上，以一定的预紧力安装一惯性质量块，整个组件装在一个厚基座的金属壳体中。

测量时，通过基座底部的螺孔将传感器与试件刚性地固定在一起，传感器感受与试件相同频率的振动。由于压紧在质量块上的弹簧刚度很大，质量块的质量相对较小，可认为质量块的惯性很小，所以质量块也感受与试件相同的振动。质量块以正比于加速度的交变力作用在压电元件上，压电元件的两个表面就有交变电荷产生，传感器的输出电荷（或电压）与作用力成正比，即与试件的加速度成正比。

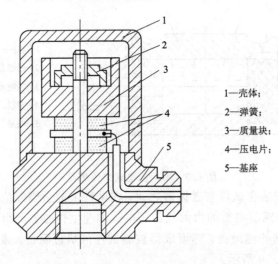

1—壳体；
2—弹簧；
3—质量块；
4—压电片；
5—基座

图 6.11 压电式加速度传感器

2. 结构形式

压电式传感器的结构形式主要有压缩型、剪切型和组合型三种。

1）压缩型

压缩型压电式加速度传感器的结构如图 6.12 所示。图 6.12(a) 为正装中心压缩式，质量块和压电片通过中心螺栓固紧在基座上形成独立的体系，与易受非振动环境干扰的壳体分开，壳体仅起防护和屏蔽作用。这种结构可以克服外界温度和噪声的干扰，具有灵敏度高、性能稳定、频率响应好、工作可靠等特点，但基座刚度不够大时，基座的机械变形和热应变对传感器输出仍有影响。图 6.12(b) 为改进型的隔离基座压缩式，图 6.12(c) 为改进型的倒装中心压缩式，这两种结构都可以避免基座变形影响。图 6.12(d) 为双筒双屏蔽的新颖结构，除了外壳起屏蔽作用外，预载套筒也起内屏蔽作用。预载套筒横向刚度大，大大提高了传感器的综合刚度和横向抗干扰能力。这种结构在基座上设有应力槽，可起到隔离基座机械变形和热应变干扰的作用，但设计工艺比较复杂。

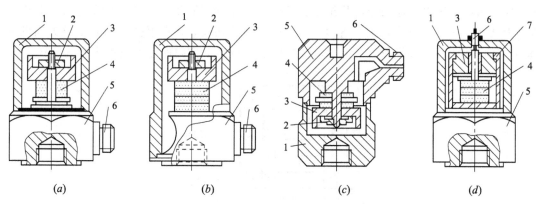

1—壳体；2—顶紧螺母；3—质量块；4—压电片；5—基座；6—引线接头；7—预载套筒

图 6.12　压缩型压电式加速度传感器

（a）正装中心结构；（b）隔离基座结构；（c）倒装中心结构；（d）双筒双屏蔽结构

2）剪切型

剪切型压电式加速度传感器，是利用压电片受剪切应力而产生压电效应的原理制成的，这类传感器的压电片多采用压电陶瓷。按压电片的结构形式不同，又可分为柱形剪切型、三角剪切型、H 剪切型等，其结构如图 6.13 所示。图 6.13（a）为柱形剪切型，压电片和质量块均为圆柱形，其结构简单、灵敏度高，但由于压电片与中心圆柱以及惯性质量块之间要用环氧树脂胶粘结，并要求一次装配成功，具有一定装配难度。图 6.13（b）为三角剪切型，三块压电片和质量块呈三角形分布，由预紧环固紧在三角芯柱上，克服了胶粘结的难度，但零件加工精度要求高，装配也较困难。图 6.13（c）为 H 剪切型，左、右压电片通过横螺栓固紧在芯柱上，装配比较方便，并具有静态特性好、信噪比高、频率范围大等特点。

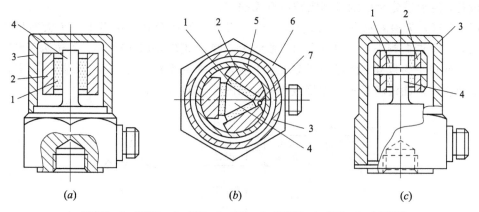

1—压电片；2—质量块；3—外壳；4—芯柱；5—预紧环；6—底座；7—电极引线

图 6.13　剪切型压电式加速度传感器

（a）柱形剪切型；（b）三角剪切型；（c）H 剪切型

3）组合型

利用集成工艺技术，将压电式传感器与电子线路完全集成组合在一起，构成组合型压电式加速度传感器。图 6.14 所示为多晶片三向加速度传感器的结构图，由三组具有 x、y、

z 三向互相正交压电效应的压电片组成。三组压电片分别感受三个方向的加速度,其中一组为压缩型,感受 z 轴方向的加速度;另外两组为剪切型,分别感受 x 轴和 y 轴方向的加速度。压电片由预紧筒固紧,三组压电片分别输出与三个方向加速度成正比的电信号。

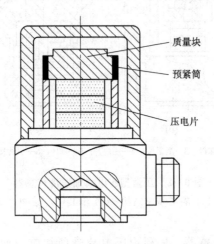

质量块

预紧筒

压电片

图 6.14　三向加速度传感器

3. 应用举例

桥墩水下和地表以下部位的缺陷是很难直接发现的,用压电式加速度传感器检测桥墩的振动,再进行频谱分析,则可准确地判断桥墩的内部缺陷。

图 6.15 所示为用压电式加速度传感器探测桥墩水下部位裂纹的示意图。通过放电炮的方式使水箱振动(激振器),桥墩将承受垂直方向的激励,用压电式加速度传感器测量桥墩的响应,将信号经电荷放大器进行放大后送入数据记录仪,再将记录下的信号输入频谱分析设备,经频谱分析后就可判定桥墩有无缺陷。

图 6.15(a)为探测示意图。没有缺陷的桥墩为一坚固整体,相当于一个大质量块,激励后只有一个谐振频率点,加速度响应曲线为单峰,如图 6.15(b)所示。若桥墩有缺陷,其力学系统变得更为复杂,相当于两个或数个质量—弹簧系统,具有多个谐振频率点,激励后的加速度响应曲线将显示出双峰或多峰,如图 6.15(c)所示。

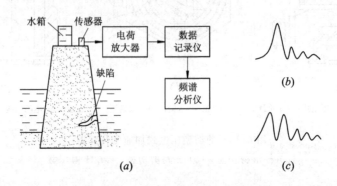

图 6.15　探测桥墩水下部位裂纹示意图

6.4.3　压电式超声波传感器

压电式超声波传感器(或称超声波探头)是利用压电元件的逆压电效应,将高频交变电场转换成高频机械振动而产生超声波(发射探头),再利用正压电效应将超声振动波转换成电信号(接收探头)。发射探头和接收探头的结构基本相同,有时可用一个探头完成两种任务。

压电式超声波探头的结构如图 6.16 所示,主要由压电元件、吸收块(阻尼块)、保护膜和引出线等组成。压电元件采用厚度为 h 的圆板形,两工作面镀银层作为导电极板,下极板接地,上极板接引出线,其超声波频率与压电元件的厚度成反比。吸收块用来降低压电元件的机械品质,吸收声能量。保护膜可避免探头与被测件直接接触而损坏压电元件。

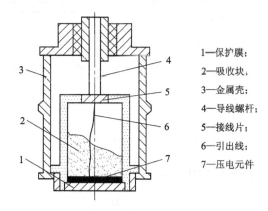

1—保护膜;
2—吸收块;
3—金属壳;
4—导线螺杆;
5—接线片;
6—引出线;
7—压电元件

图 6.16　压电式超声波传感器结构

1. 压电式超声波测厚传感器

图 6.17 所示为压电式超声波测厚传感器的原理框图,超声波探头与被测试件表面接触。主控制器产生一定频率的脉冲信号控制发射电路,经电流放大后激励压电探头,产生超声波脉冲。超声波脉冲传到被测试件表面被反射回来,由同一探头接收,经接收放大器放大并加到示波器垂直偏转板上,标记发生器输出时间标记脉冲信号也加到该垂直偏转板上,而扫描电路输出扫描电压则加到示波器水平偏转板上。在示波器上可直接读出发射与接收超声波脉冲之间的时间间隔 t,由此计算出被测试件的厚度,即

$$h = \frac{1}{2}ct \tag{6.20}$$

式中: c——超声波在试件中的传播速度。

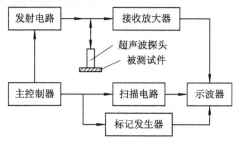

图 6.17　压电式超声波传感器测厚的原理框图

2. 压电式超声波流量计

压电式超声波流量计测量流量时，对被测流体不产生附加阻力，测量结果不受流体物理和化学性质的影响，可用于自来水、工业用水以及下水道、农业浇灌、河流等流量的测量。其原理是利用超声波在静止和流动流体中传播速度不同，从而形成传播时间的变化，由此可求出流体的流速，再根据管道的截面积即可得到流体的流量。

图 6.18 为压电式超声波流量计的原理图。在流体中设置两个间距为 L 的超声波传感器 B_1 和 B_2，它们既可以发射超声波也可以接收超声波，分别装在上游和下游。设流体静止时超声波传播的速度为 c，流体的流速为 v，顺流方向的传播时间为 t_1，逆流方向的传播时间为 t_2，则

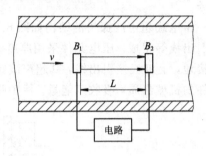

图 6.18　压电式超声波流量计原理图

$$t_1 = \frac{L}{c + v}$$

$$t_2 = \frac{L}{c - v}$$

时间差 Δt 为

$$\Delta t = t_2 - t_1 = \frac{2Lv}{c^2 - v^2} \tag{6.21}$$

由于 $v \ll c$，由式(6.21)可求得流体的流速，即

$$v = \frac{c^2}{2L} \Delta t \tag{6.22}$$

由压电式超声波传感器、微处理器和数字显示等部分组成的智能超声波流量计可实现计算机联网。其特点如下：

(1) 实现非接触测量，测量仪器安装在管道外侧，测量时不影响流体的流动参数和状态，流动液体的温度、压力、腐蚀等对仪器均无损害，在生产线上可进行实时测量(检修)；

(2) 测量管道直径范围大(0.25~2 m)，管壁厚度不受限制，可测量钢管、铸铁管、铜管、铝管、水泥管、塑料及玻璃管等多种管道内的流体流量；

(3) 既可用于水、汽油、食用油以及化工液体等多种介质流量的测量，又可用于高温、高压流体的测量，还可对高粘度、慢流动介质的流量进行速度标定，更能对均匀多相流体介质实现精确测量。显示器能显示瞬时流量、平均流量、累计流量以及瞬时流速等参数。

6.5　声表面波(SAW)传感器

声表面波(Surface Acoustic Wave，SAW)是英国物理学家瑞利(Rayleigh)在 1885 年研究地震波过程中发现的一种集中于地表面传播的声波。1965 年美国的 White 和 Voltmov 又发现了能在压电晶体材料表面上激励声表面波。后来人们观察到外界因素(如温度、压力、加速度、磁场、电压等)对 SAW 传播参数的影响，制作了声表面波传感器，它具有测量精度高、灵敏度高、重复性好、一致性好、便于智能化等特点。

6.5.1　SAW 传感器的结构类型与工作原理

SAW 传感器是一种将声表面波技术、电子技术以及薄膜技术集合而成的新型传感器，能将各种物理量，如温度、压力、流量、磁场强度、加速度等转换为声表面波振荡器振荡频率的变化。

SAW 传感器的敏感元件为 SAW 振荡器基片，通常由压电晶体、压电陶瓷或压电薄膜制成。当受到多种物理、化学或机械微扰动时，其振荡频率会发生变化，通过正确的理论计算及合理的机构设计可以仅对某一被测量敏感，并转换为对应的频率量。其结构是用蒸发或溅射等方法在压电基片表面沉积一层金属膜，再用光刻方法形成叉指状薄膜换能器，它是发射和接收 SAW 的装置。沿压电基片传播的声表面波由发射叉指换能器激励，当基片或基片上覆盖的特殊材质薄膜受被测参数调制时，其声表面波的频率将改变，并由接收叉指换能器拾取，从而构成频率输出传感器，频率范围为几百兆赫兹左右。

SAW 传感器的核心是 SAW 振荡器，有延迟线(DL)型和谐振(R)型两种。

图 6.19 所示为延迟线型 SAW 振荡器，压电基片上设置两个叉指换能器，即发射叉指换能器 T_1 和接收叉指换能器 T_2，用来完成声—电转换并产生时间延迟。当 T_1 加以交变电信号时，相当于在压电衬底材料上加交变电场，材料表面就会产生与所加电场强度成正比例的机械变形，即产生 SAW。SAW 经媒质延迟被 T_2 接收，T_2 再将 SAW 转换成电信号，经放大器放大后正反馈到 T_1，从而构成振荡回路。当放大器的增益能补偿谐振器及其连接

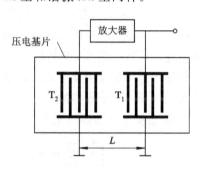

图 6.19　延迟线型 SAW 振荡器

导线的损耗，同时又能满足一定的相位条件时，振荡器就可以起振并能维持振荡。其振荡条件为

$$\frac{2\pi f L}{v} + \varphi = 2n\pi \tag{6.23}$$

式中：f——振荡频率；

L——声表面波传播路程，即 T_1 与 T_2 的中心距离；

v——声表面波的速度；

φ——放大器及电缆回路产生的相位移；

n——正整数，通常取 $30\sim1000$。

对于起振后的声表面波振荡器，当压电基片材料由于外力、温度或加速度等物理量变化而发生变形时，在其上传播的 SAW 的速度就会改变，从而导致振荡器频率发生变化，由频率变化量来度量被测物理量的大小。

图 6.20 所示为谐振型 SAW 振荡器，由发射、接收叉指换能器和一对反射栅阵列组成。T_1 激发 SAW，T_2 接收 SAW，反射栅构成谐振腔。当 SAW 在压电基片上传播时，反射栅将产生相干反射，适当设计反射栅的长度和位置，即选择谐振腔长度，在谐振腔内可形成驻波，能量将被封闭在腔体内。若以某种方式从腔体内取出能量，就可得到单一频率的谐振波。

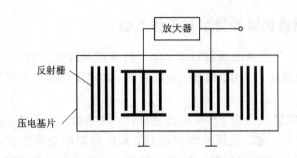

图 6.20 谐振型 SAW 振荡器

6.5.2 SAW 传感器的应用

SAW 传感器的种类很多，主要有 SAW 气体、SAW 温度、SAW 湿度传感器等。

1. SAW 气体传感器

图 6.21 所示为 SAW 气体传感器的结构原理图，选择性气体敏感膜覆盖在 SAW 的传播路径上，当敏感膜吸附气体分子时，会引起敏感膜密度、弹性参数、导电率、介电常数等发生变化，从而引起 SAW 传播速度和延迟时间变化，结果导致振荡器频率发生变化，通过检测输出频率的变化量，就可以感知气体的浓度。敏感膜材料的种类很多，可根据感测气体进行选择，如半导体酞菁（phthalocyaninc）敏感膜用于测量 NO_2 气体浓度，三氧化钨（WO_3）敏感膜用于测量硫化氢（H_2S）气体浓度等。

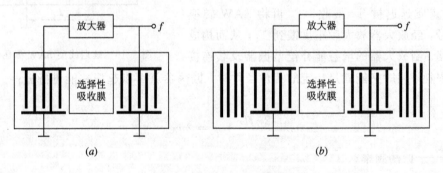

图 6.21 SAW 气体传感器

(a) 延迟线型；(b) 谐振器型

若将多种 SAW 传感器集成在同一芯片上构成传感器阵列，则有利于提高传感器的可靠性和多功能性，可快速定量分析有毒、有害、易燃、易爆等混合气体。如目前开发的毒品检测系统，通过等温毛细管柱气体色层分离和 SAW 气体传感器的敏感头取样，以及综合色层分离的选择性和 SAW 气体传感器的敏感性，能在 10～15 s 内检测出低浓度的违禁品，如三硝基甲苯、可卡因、海洛因和大麻等毒品，也可用于检测大气中 CO_2 的浓度以及化工过程控制、汽车尾气排放等。

2. SAW 压力传感器

图 6.22 所示为 SAW 压力传感器的结构示意图，在压电基片上沉积一层薄膜敏感区（膜片），其上面的叉指换能器与放大器构成 SAW 振荡器。为了提高测量精度，补偿温度对压电基片的影响，在膜片的中间和边缘各刻制一个叉指换能器。当膜片受到压力 **p** 作用

时，膜片各点的应力将发生变化，应力分布与图 3.19 所示的平膜片相同，中间的叉指换能器受到拉应力作用，边缘的叉指换能器受到压应力作用，从而导致 SAW 的传播速度 v 变化，结果使 SAW 振荡器的频率 f 变化，再由混频器输出差频信号。由于两个叉指换能器对温度的影响相同，但作用相反，因此温度影响被消除，传感器的分辨率可达 0.001%。

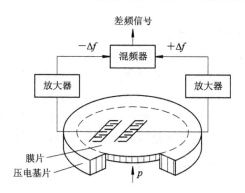

图 6.22　SAW 压力传感器

3. SAW 温度传感器

SAW 温度传感器是利用振荡器频率与温度呈线性关系的原理而设计的。当环境温度变化时，改变了 SAW 的传播速度，从而引起振荡器频率发生变化，由频率变化量来检测温度的变化。SAW 谐振型温度传感器的测温范围为 $-50 \sim 250\ ℃$，精度大于 $0.01\ ℃$，可测量出 $10^{-4} \sim 10^{-6}\ ℃$ 的微小温度变化量，常用于气象测温、粮仓多点测温、火灾报警等。

4. SAW 湿度传感器

SAW 湿度传感器是利用敏感膜感湿性与频率之间存在定量关系的原理设计的。在延迟线型 SAW 振荡器的两个叉指换能器之间涂敷钠盐或磺化聚苯乙烯，当这种吸湿聚合物涂层受潮湿后，SAW 的传播速度将发生变化，从而引起振荡器频率发生变化。在 $20 \sim 70\%\ RH$ 湿度范围内，SAW 延迟线型湿度传感器的频率与湿度呈线性关系，因此可通过频率变化量来检测湿度的大小。这种传感器广泛用于气象预报、粮食储存、医药卫生和国防建设等领域。

思考题与习题

6.1　什么是正压电效应和逆压电效应？石英晶体和压电陶瓷的正压电效应有何不同？

6.2　纵向压电效应和横向压电效应的区别是什么？试结合压电晶体加以说明。

6.3　电荷放大器和电压放大器各有何特点？它们分别适用于什么场合？

6.4　在使用压电元件时，常采用多片压电片串联或并联的形式。试述在不同接法下输出电压、电荷、电容的关系，它们分别适用于何种应用场合？

6.5　简述压电式超声波流量计的工作原理，并推导出流量的数学表达式。

6.6　简述 SAW 压力传感器的工作原理，并说明如何消除温度对压电基片的影响。

6.7　压电元件采用垂直 x 轴切片的石英晶体，压电常数 $d_{11} = 2.31 \times 10^{-12}\ C/N$，相对介电常数 $\varepsilon_r = 4.5$，截面积 $A = 5\ cm^2$，厚度 $h = 0.5\ cm$。当沿 x 轴方向受压力 $F_x = 9.8\ N$

时，求压电元件两极片间输出电压。

6.8 已知电压放大器输入回路的总电阻 $R = 1\ \text{M}\Omega$，总电容 $C = 100\ \text{pF}$，用压电式加速度传感器测量 1 Hz 的振动信号时，其幅值误差为多大？

6.9 压电式传感器的固有电容 $C_a = 1000\ \text{pF}$，电荷灵敏度 $S_q = 30\ \text{pC/N}$，电荷放大器的反馈电容 $C_f = 3000\ \text{pF}$。求：

(1) 压电式传感器的电压灵敏度；

(2) 测量作用力 $F = 100\ \text{N}$ 时，电荷放大器的输出电压。

6.10 压电式加速度传感器电荷灵敏度 $S_q = 100\ \text{pC/g}$，电荷放大器反馈电容 $C_f = 1000\ \text{pF}$。当被测加速度 $a = 0.5\ \text{g}$ 时，求电荷放大器的输出电压（g 为重力加速度）。

6.11 压电式传感器与电压放大器连接的专用电缆长度为 1.2 m，电缆电容 $C_c = 100\ \text{pF}$，传感器固有电容 $C_a = 1000\ \text{pF}$，放大器输入电容 $C_i = 0$，出厂标定电压灵敏度 $S = 100\ \text{V/g}$。若使用中改用另一根长 2.9 m 电缆，其电容量为 $C_c' = 300\ \text{pF}$，问电压灵敏度 S 将如何改变？

6.12 如图 6.10(a) 所示压电式传感器测量电路。其中传感器的固有电容 $C_a = 1000\ \text{pF}$，固有电阻 $R_a = 10^{14}\ \Omega$；电缆电容 $C_c = 300\ \text{pF}$；放大器输入电容 $C_i = 0$，反馈电容 $C_f = 100\ \text{pF}$，反馈电阻 $R_f = 1\ \text{M}\Omega$。

(1) 推导输出电压 u_o 表达式；

(2) 当 $A = 10^4$ 时，求测量误差；

(3) 求下限截止频率。

<table>
<tr><td>第
7
章</td><td>磁电式传感器</td></tr>
</table>

　　磁电式传感器是将磁信号转换成电信号或电参量的装置。利用磁场作为媒介可以检测很多物理量，如位移、振动、力、转速、加速度、流量、电流、电功率等。它不仅可实现非接触测量，并且不从磁场中获取能量。常用的磁电式传感器有磁电感应式传感器、磁栅式传感器、霍尔式传感器及各种磁敏元件等。

7.1　磁电感应式传感器

　　磁电感应式传感器简称感应式传感器，利用电磁感应原理将运动速度转换成感应电势输出。这种传感器也属于"双向传感器"，反向使用时可构成力（力矩）发生器或电磁激振器等，所以也称为电动式传感器。磁电感应式传感器的测量电路简单，性能稳定，输出阻抗小，具有一定的频率响应范围（10～1000 Hz）。根据电磁感应原理，该传感器只适用于动态测量，广泛用来测量振动、转速、扭矩等。

7.1.1　工作原理及结构类型

　　根据法拉第电磁感应定律可知，当匝数为 N 的线圈在磁场中运动而切割磁力线，或者通过闭合线圈的磁通 ϕ 发生变化时，线圈中将产生感应电势 e，即

$$e = -N\frac{\mathrm{d}\phi}{\mathrm{d}t} \tag{7.1}$$

　　感应电势的大小取决于线圈匝数 N 和通过线圈的磁通变化率。磁通变化率与磁场强度、磁路磁阻、线圈与磁场相对运动的速度有关，改变其中一个因素都会改变线圈中的感应电势。按照结构不同，磁电感应式传感器可分为恒磁通式和变磁通式两种形式。

1. 恒磁通式

　　恒磁通式的结构如图 7.1 所示，由永久磁铁、线圈、弹簧和骨架等组成。磁路系统产生恒定的直流磁场，磁路中的工作气隙固定不变，气隙中的磁通也恒定不变，感应电势是由于线圈相对于永久磁铁运动时切割磁力线而产生的。运动部件可以是线圈也可以是磁铁，因此结构上又分为动圈式和动磁式两种。

　　图 7.1(a) 为动圈式，永久磁铁与传感器壳体固定，线圈相对于传感器壳体运动。图 7.1(b) 为动磁式，线圈组件与传感器壳体固定，永久磁铁相对于传感器壳体运动。

　　动圈式和动磁式的工作原理完全相同。当传感器随被振动体一起振动时，运动部件的质量相对较大，惯性很大，来不及随振动体一起振动。当振动频率远高于传感器固有频率时，由于弹簧较软，振动能量几乎都被弹簧吸收，线圈与永久磁铁之间的相对运动速度接近于振动体的振动速度。设工作气隙中的磁感应强度为 B，每匝线圈的平均长度为 l，线圈

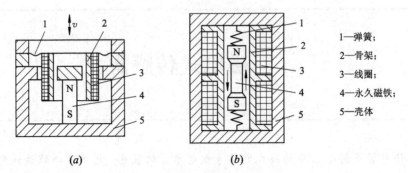

图 7.1　恒磁通式磁电感应传感器的结构

(a) 动圈式；(b) 动磁式

1—弹簧；
2—骨架；
3—线圈；
4—永久磁铁；
5—壳体

处于工作气隙磁场中的匝数为 N（工作匝数），线圈和永久磁铁之间的相对运动速度为 v，则线圈中产生的感应电势 e 为

$$e = -NBlv \tag{7.2}$$

传感器的结构尺寸确定后，式(7.2)中的 B、l 及 N 均为常数，感应电势 e 正比于线圈与磁场的相对运动速度 v，由此可用来测量直线速度，其灵敏度为

$$S = \frac{e}{v} = -NBl \tag{7.3}$$

显然，增大 B、l 与 N 可以提高传感器的灵敏度，但要注意在选择这些参数时，应综合考虑传感器的材料、重量、体积、内阻、工作频率等因素。

若在测量电路中加上积分或微分电路，也可测量位移或加速度。

2. 变磁通式

变磁通式的线圈和永久磁铁都是静止的，感应电势由变化的磁通产生，如图 7.2 所示。要求被测物体或与被测物体联接部分用导磁材料制成，当它运动时磁路的磁阻变化，使穿过线圈的磁通量变化，从而在线圈中产生感应电势，所以这种传感器也称变磁阻式。根据磁路的不同，又分开磁路和闭磁路两种。

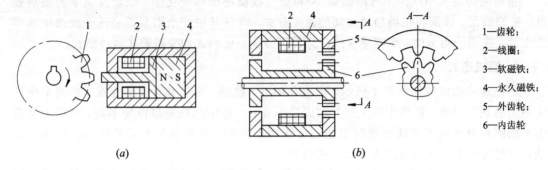

图 7.2　变磁通式磁电感应传感器的结构

(a) 开磁路式；(b) 闭磁路式

1—齿轮；
2—线圈；
3—软磁铁；
4—永久磁铁；
5—外齿轮；
6—内齿轮

图 7.2(a)是一种开磁路变磁通式转速传感器，齿轮安装在被测旋转轴上并与其一起转动。齿轮旋转时，它与软磁铁的间隙随之变化，从而导致气隙磁阻和穿过气隙的磁通发生变化，结果在线圈中产生感应电势。感应电势的频率 f 取决于齿轮的齿数 z 和转速 n（单位为 r/min），其关系为

$$n = \frac{60f}{z} \tag{7.4}$$

用频率计测得 f，由已知的 z 即可求得转速 n。

　　开磁路变磁通式转速传感器的结构简单、工作可靠、价格便宜，但输出信号较小，且被测轴振动较大时传感器输出波形失真较大。

　　图 7.2(b)是一种闭磁路变磁通式转速传感器，内外齿轮的齿数相同。当传感器刚性联接到被测轴上并与被测轴一起转动时，外齿轮不动，内齿轮转动。由于内外齿轮相对运动使磁路气隙发生变化，从而在线圈中产生交变的感应电势。

　　变磁通式传感器对环境条件的要求不高，但输出电势取决于切割磁力线的速度，转速太低时，输出感应电势很小，将导致无法测量。所以这种传感器有一个下限工作频率，开磁路式一般为 50 Hz，闭磁路式可降低到 30 Hz 左右。

7.1.2　动态特性

　　磁电感应式传感器只适用于动态测量，其动态特性是衡量传感器的主要性能指标。然而，从理论上推导其动态特性将非常烦琐，考虑到它是双向的机—电型传感器，可借助双向传感器理论分析其动态特性，详细推导可参考有关文献。这里以最常用的动圈式磁电感应速度传感器为例，直接给出传递函数，分析其频率响应特性。

　　图 7.3 所示为动圈式磁电感应速度传感器的示意图。测量时，将传感器的壳体与被测物体以足够大的刚度联接在一起。传感器输入量为速度 v，输出量为感应电势 e。设负载呈现电阻特性，且 R_L 远大于线圈阻抗；运动线圈的固有角频率为 ω_n，质量为 m；电磁阻尼系数为 c，则传递函数为

$$H(\mathrm{j}\omega) = \frac{e}{v} = \frac{-NBl}{1 - \left(\dfrac{\omega_n}{\omega}\right)^2 + \dfrac{c + (NBl)^2/R_L}{\mathrm{j}\omega\,m}} \tag{7.5}$$

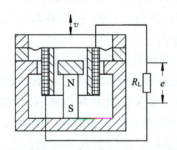

图 7.3　动圈式磁电感应速度传感器

　　动圈式磁电感应速度传感器的幅频特性曲线如图 7.4 所示。振动频率很低时，式(7.5)分母中的第二项占主导地位，此低频段的灵敏度随 ω^2 而增大。振动频率高于固有频率的低频段时，式(7.5)分母中的第三项起主要作用，灵敏度随 ω 按比例增大。振动频率远高于固有频率时，灵敏度接近一常数，在此频段内传感器输出电势与振动速度成正比，是一个理想的速度传感器。这一频段即为传感器的工作频段，或称频响范围。振动频率更高时，由于线圈阻抗增大，灵敏度将随频率的增加而下降。

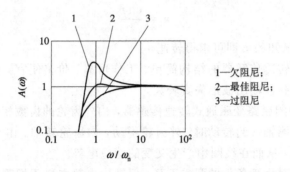

图 7.4　动圈式磁电感应速度传感器的幅频特性

7.1.3　误差及其补偿

传感器在使用时需要外接测量电路，若测量电路的内阻为 R_L，传感器线圈等效电阻为 R，则输出电流 $i=e/(R+R_L)$，由式(7.2)得传感器的电流灵敏度 S_i 为

$$S_i = \frac{i}{v} = -\frac{NBl}{R+R_L} \tag{7.6}$$

当传感器的工作环境温度发生变化或受到外界磁场干扰、机械振动与冲击时，都将引起 R、B、l 发生变化，从而使电流灵敏度发生变化，由此产生的相对误差 γ 为

$$\gamma = \frac{\Delta S_i}{S_i} = \frac{\Delta R}{R+R_L} - \frac{\Delta B}{B} - \frac{\Delta l}{l} \tag{7.7}$$

1. 永久磁铁稳定性分析

永久磁铁磁感应强度的稳定性直接影响工作气隙中磁感应强度 B 的稳定性。下面分析影响永久磁铁磁性能的因素和相应的处理措施。

(1) 时间因素的影响：试验表明，永久磁铁的磁性能一般随时间而变化。其主要原因是永久磁铁材料在淬火和铸造后存在内应力，但随着时间的推移，内应力逐渐消失。一般应在充磁前进行退火处理，消除内应力。

(2) 外界磁场的影响：永久磁铁受到外界交流磁场或反向直流磁场作用时，使工作点不稳定，从而使 B 发生变化。为此，除采取屏蔽措施外，还应进行交流稳磁处理。

(3) 温度的影响：温度升高，永久磁铁的剩余磁感应强度减小，且一般不能恢复到原位置，恢复程度主要与材料冶金结构的稳定性有关。铝镍钴永磁合金在冶金结构上有较高的温度稳定性，在 500℃ 以下工作时，磁性能几乎不变。永久磁铁的温度稳定性与工作点的位置也有明显关系，工作点选择在最大磁能积附近时，剩余磁感应强度的温度系数较小，且一般为负值。为提高温度稳定性，一般要进行 3~5 次温度稳定性循环处理。

(4) 振动与冲击的影响：永久磁铁受到机械振动或冲击作用后，内应力增加，部分磁分子排列发生变化，导致磁性能变坏。于是，将充磁后的永久磁铁按一定技术要求，先经受约千次的振动和冲击试验，振动和冲击值取实际工作中可能遇到的最大值。

2. 温度误差分析

温度变化不仅使磁感应强度 B 发生变化，还将使线圈导线的长度 l 和电阻 R 发生改变，B、l、R 三项随温度变化的方向也不相同，B 随温度的增加而减小，l 与 R 随温度的增加而增加。由于铜导线具有很大的电阻温度系数,电阻 R 随温度的改变对传感器灵敏度的影响最大。当 $R_i \gg R$ 时,则要考虑温度对 B 和 l 的影响。

要减小温度的影响,必须进行温度补偿,一般采用热磁分流器。热磁分流器是由很大负温度系数的特殊磁性材料(一种未经充磁的永磁材料,称为热磁合金)制成的。利用热磁合金制成的磁分路片接在永久磁铁磁系统的两个极靴上,使工作气隙中总磁通分出一部分通过磁分路片,形成热磁分路。环境温度较低时,热磁分路中的磁通占总磁通的比例较大,B 相对较小。环境温度升高时,热磁分路中的磁通所占比例迅速下降,B 迅速增加,使输出增加,从而抵消因 R 增加造成的输出减小,使传感器灵敏度保持为常数。

3. 非线性误差分析

磁电感应式传感器产生非线性的主要原因是线圈的磁场效应,即工作线圈中感应电流产生的交变磁场对工作磁场的影响。线圈相对于永久磁铁的运动速度 v 越大,产生的感应电势和感应电流越大,对工作磁场的影响也越大,使传感器灵敏度的变化也越大。传感器灵敏度随着 v 的大小和方向而改变,灵敏度越高,线圈中感应电流越大,非线性越严重。

为了减小这种附加磁场的干扰,可在传感器中加入补偿线圈,如图 7.5 所示。补偿线圈匝数较小,与工作线圈串联但绕向相反,或让补偿线圈中通以放大后的电流。适当选择补偿线圈参数,使其产生的交变磁通与工作线圈所产生的交变磁通互相抵消以实现补偿。

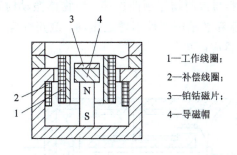

1—工作线圈;
2—补偿线圈;
3—铂钴磁片;
4—导磁帽

图 7.5　非线性误差的补偿

气隙磁场不均匀也是产生非线性误差的原因。如图 7.5 所示,在导磁帽上用机械方法强行固定一个与主磁钢充磁方向相反的铂钴磁片,把主磁钢的磁力线压到工作气隙中。这样既可减少轴向漏磁,提高磁钢的利用系数,又可使磁场的均匀性增加,减小非线性误差。

另外,传感器采用电磁阻尼器时,也将使非线性增大。精度要求较高时,最好不用电磁阻尼器,并尽量减小工作线圈中的电流。

7.1.4　信号调理电路

磁电感应式传感器输出为感应电势,且具有较高的灵敏度,因而对测量电路一般无特殊要求。但磁电感应式传感器是速度传感器,即输出感应电势与振动速度(或转速)成正比,若要获取振动位移或振动加速度,应配接适当的积分电路或微分电路。

图 7.6 所示为磁电感应式传感器的测量电路框图。为便于各级阻抗匹配,常将积分电路和微分电路置于两级放大器中间。选择开关 S 接位置"1"时,传感器输出信号直接经主放大器放大后显示或记录,得到振动速度信号。S 接位置"2"时,经过积分电路处理,得到振动位移信号。S 接位置"3"时,经过微分电路处理,得到振动加速度信号。

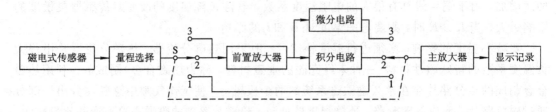

图 7.6 磁电感应式传感器测量电路框图

7.1.5 磁电感应式传感器的应用

磁电感应式传感器性能稳定，输出阻抗小，且具有一定的频率响应范围（10～1000 Hz），广泛用来测量振动速度、转速、扭矩等。

1. 磁电式速度传感器

图 7.7 所示为 CD-1 型振动速度传感器的结构原理图。它是一种恒磁通动圈式磁电传感器，永久磁铁通过铝支架和圆筒形导磁材料制成的外壳固定在一起，形成磁路系统，外壳还起屏蔽作用。磁路中有两个环形气隙，左气隙中放置工作线圈，右气隙中放置铜制圆环形阻尼器。工作线圈和圆环形阻尼器用芯轴连在一起构成可动部分，并通过圆形弹簧片与外壳连接。工作时传感器与被测物体刚性连接，当物体振动时，传感器外壳和永久磁铁随之振动，而线圈、阻尼器和芯轴因惯性不随之振动，磁路气隙中的工作线圈切割磁力线而产生正比于振动速度的感应电势。

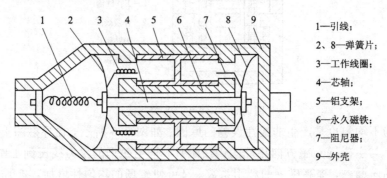

1—引线；

2、8—弹簧片；

3—工作线圈；

4—芯轴；

5—铝支架；

6—永久磁铁；

7—阻尼器；

9—外壳

图 7.7 CD-1 型振动速度传感器

该传感器的主要技术指标：灵敏度为 600 mV/(cm · s^{-1})，最大测量位移为 ±1 mm，最大测量加速度为 50 m/s^2，频率范围为 10～500 Hz，线性度为 5%，固有频率为 12 Hz，线圈内阻为 1.9 kΩ。

2. 磁电式扭矩传感器

图 7.8 所示为磁电感应式扭矩传感器的结构示意图，转子和线圈固定在传感器轴上，定子（永久磁铁）固定在传感器外壳上，转子、定子上有一一对应的齿和槽。

测量扭矩时，将两个传感器的转轴（包括转子和线圈）分别固定在被测轴的两端，外壳固定不动。安装时，一个传感器的定子齿与转子齿相对，另一个传感器的定子槽与转子齿相对。当被测轴无外加扭矩时，扭转角为零，此时若转轴以一定的角速度转动，则在两个传感器中产生相位差为 180°、波形近似为正弦波的两个感应电势。当被测轴感受扭矩时，

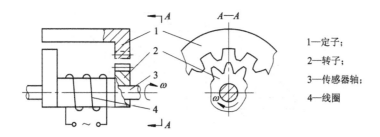

图 7.8　磁电感应式扭矩传感器

轴的两端将产生扭转角 φ，在弹性范围内扭转角与扭矩成正比。两个感应电势将因扭转角而产生附加相位差 φ_0。设定子(或转子)的齿数为 z，则扭转角 φ 和两个感应电势附加相位差 φ_0 的关系为

$$\varphi_0 = z\varphi \tag{7.8}$$

3. 磁电式流量计

基于磁电感应原理的流量计如图 7.9 所示。在绝缘导管上、下方放置永久磁铁，只要被测流体是导电的，当其在导管中流动时，水平方向的两个电极就产生感应电势。感应电势与流体平均流速成正比，也与单位时间内通过导管横截面的流体体积(即流量)成正比。感应电势经放大后输出，由此可测出导管内流体的流量。

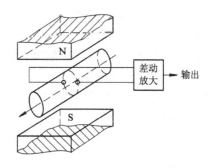

图 7.9　磁电感应式流量计

这种流量计要求流体必须是导电的，但它无机械可动部分，电极不妨碍流体的流动，不受流体粘度的影响，受流速分布的影响也较小，具有很宽的测量范围($0.005\sim190\ 000\ \mathrm{m^3/h}$)和较高的测量精度(可达 0.5)。

7.2　霍尔式传感器

霍尔式传感器是目前国内外应用最广的一种磁电式传感器，利用霍尔效应实现磁电转换，可以检测如微位移、转速、流量、角度等物理量，也可以用于制作高斯计、电流表、功率计、乘法器、接近开关和无刷直流电机等。霍尔式传感器具有尺寸小、外围电路简单、动态特性好、频带宽、寿命长等特点。

7.2.1　霍尔效应与霍尔元件

1. 霍尔效应

如图 7.10 所示，将 N 型或 P 型半导体薄片置于磁感应强度为 B 的磁场中，在相对两端面 a、b 通入控制电流 I，电流与磁场互相垂直，则半导体另两端面 c、d 会产生电动势，这种现象称为霍尔效应。所产生的电动势叫做霍尔电势，所用的半导体薄片称为霍尔元件。

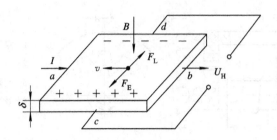

图 7.10　霍尔效应原理图

若采用 N 型半导体薄片，则载流子(电子)将沿着与电流 I 相反的方向运动。由物理学可知，在磁场中运动的载流子会受到磁场力(洛伦兹力)F_L 作用，其方向如图 7.10 所示，大小为

$$F_L = qvB \tag{7.9}$$

式中：q——电子电荷量($q = 1.6 \times 10^{-19}$ C)；

v——电子运动速度。

由于磁场力 F_L 的作用，载流子的运动轨迹发生偏转，c、d 两端分别产生电荷积聚，从而形成了电场。电场对电子的作用力(电场力)F_E 与磁场力 F_L 的方向相反，当 I、B 一定，且 $F_E = F_L$ 时，电荷的积累便达到动态平衡，c、d 端就形成一个稳定的电场，称为霍尔电场。相应的霍尔电势为

$$U_H = \frac{1}{nq\delta}BI = K_H \frac{1}{\delta}BI = S_H BI \tag{7.10}$$

式中：n——N 型半导体材料的电子浓度(单位体积中的电子数)；

K_H——霍尔常数，$K_H = 1/nq$；

S_H——霍尔元件的灵敏度，$S_H = K_H/\delta = 1/nq\delta$。

由式(7.10)可以看出，霍尔电势 U_H 的大小正比于磁感应强度 B 和控制电流 I。当 B 或 I 改变方向时，U_H 的极性也相应改变；当 B 和 I 同时改变方向时，U_H 的极性不变。减小霍尔元件的厚度 δ，可以提高灵敏度。

若采用 P 型半导体薄片，设其空穴浓度为 p，则霍尔常数 $K_H = 1/pq$，可见 K_H 是由霍尔元件材料性质决定的一个常数。由于电子迁移率一般大于空穴迁移率，所以霍尔元件常采用 N 型半导体薄片。

2. 霍尔元件

霍尔元件的材料有 N 型锗、锑化铟、砷化铟、砷化镓及磷砷化铟等。锑化铟元件产生的霍尔电势较大，但受温度影响也较大；砷化铟元件及锗元件的霍尔电势相对锑化铟较小，但温度系数小，线性好；砷化镓元件的温度特性好，但价格较贵；磷砷化铟元件的温度特性最好，其霍尔常数受温度影响很小。

霍尔元件的构造很简单，由霍尔片、引线和壳体组成，其外形结构如图 7.11(a)所示。霍尔元件常做成矩形薄片，在其中两个端面焊上两根控制电流引线，称为控制电极，在另两个端面焊上两根霍尔电势输出引线，称为霍尔电极，外面用陶瓷或环氧树脂封装。在电路中，霍尔元件一般用两种符号表示，如图 7.11(b)所示。

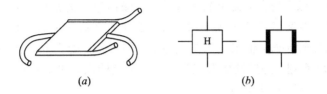

图 7.11　霍尔元件

（a）外形结构；（b）元件符号

国产霍尔元件的型号用 H 表示，H 后面的字母代表元件材料，数字代表产品序号。例如，型号为 HZ - 1，表示材料是锗；型号为 HT - 1，表示材料是锑化铟。

7.2.2　信号调理电路

1. 基本测量电路

图 7.12 所示为霍尔元件的基本测量电路。控制电流 I 由电源 E 提供，电位器 R_P 用于调节控制电流的大小，霍尔元件的输出接负载电阻 R_L，R_L 为放大器或测量仪表的输入电阻。由式(7.10)可知，若被测物理量是磁感应强度 B、控制电流 I 或者两者乘积 BI 的函数，通过测量霍尔电势就可获知被测量的大小。

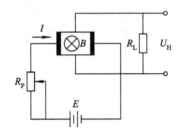

图 7.12　霍尔元件的基本测量电路

2. 霍尔集成电路

霍尔元件输出的霍尔电势一般为毫伏数量级，在实际使用时必须进行放大，并将霍尔元件、放大器、温度补偿电路及稳压电源等集成在一块芯片上的构成霍尔集成电路。霍尔集成电路具有可靠性高、寿命长、功耗低及负载能力强等特点，其外形结构与霍尔元件完全不同，引出线形式由电路功能决定，根据内部测量电路和霍尔元件工作条件不同，可分为线性和开关型两种。

线性霍尔集成电路的特点是输出电压与外加磁感应强度 B 呈线性关系，广泛应用于位置、力、重量、厚度、速度、磁场、电场等的测量与控制。线性霍尔集成电路有单端输出和双端输出（差动输出）两种形式，外形结构有三端 T 型（如 UGN - 3501T）和八脚双列直插型（如 UGN - 3501M）两种，其电路结构如图 7.13 所示。

开关型霍尔集成电路的特点是输出电压为高低电平两种状态，可做成无触点、无抖动、高可靠、长寿命的接近开关或按键开关，广泛用于计数装置以及汽车点火等系统中。开关型霍尔集成电路也有单端输出和双端输出两种形式，其电路结构如图 7.14 所示。当外加磁感应强度 B 小于霍尔元件磁场的工作点 B_T（0.03～0.48 T）时，差动放大器的输出电压不足以开启施密特触发电路,输出晶体管截止,输出电压为高电平,霍尔元件处于关闭状态。当外加磁感应强度 B 等于或大于 B_T 时,差动放大器的输出电压增大,启动施密特触发电路使输出晶体管导通,输出电压为低电平,霍尔元件处于开启状态。常用型号有 CS系列和 UGN – 3000 系列,外形结构有三端 T 型(单端输出,如 CS839、CS6839)和四端 T型(双端输出,如 CS837、CS6837)。

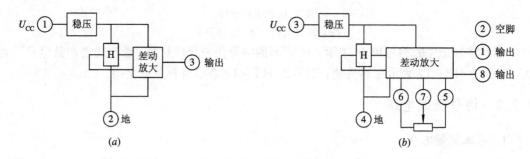

图 7.13　线性霍尔集成电路的结构框图
(a)单端输出型;(b)双端输出型

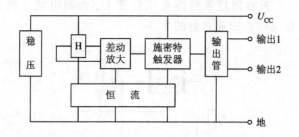

图 7.14　开关型霍尔集成电路的结构框图

7.2.3　误差及其补偿

霍尔元件在实际使用中,其输出的霍尔电势存在着各种误差,产生误差的主要原因是温度和不等位电势的影响,所以必须进行温度补偿和不等位电势补偿,才能保证测量精度。

1. 温度补偿

霍尔元件是采用半导体材料制成的,许多参数都具有较大的温度系数,如载流子浓度、迁移率、电阻率等都将随温度变化而发生变化,从而使霍尔电势产生温度误差。

温度误差可通过外接温度补偿电阻(热电阻或热敏电阻)来进行温度补偿。温度补偿电阻与霍尔元件的连接电路如图 7.15 所示。图中 R_L 为温度补偿电阻,使用时 R_T 应尽量靠近霍尔元件,使温度补偿电阻和霍尔元件具有相同的温度变化。

温度变化会引起霍尔元件输入电阻变化,采用恒压源供电时,控制电流将发生变化而带来误差。为了减小输入电阻随温度变化而引起的误差,常采用恒流源供电,在输入回路并联温度补偿电阻 R_T,如图 7.15(a)所示。设霍尔元件灵敏度 S_H 的温度系数为 α,输入电阻 R_i 的温度系数为 β,温度补偿电阻 R_T 的温度系数为 λ,且当温度为 T_0 时,霍尔元件灵敏度为 S_{H0},输入电阻为 R_{i0},温度补偿电阻为 R_{T0},由分流原理得霍尔元件的控制电流为

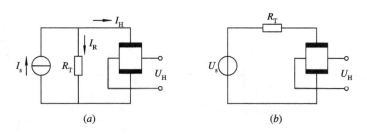

图 7.15　温度补偿电阻与霍尔元件的连接电路

(a) 恒流源供电；(b) 恒压源供电

$$I_{H0} = \frac{R_{T0} I_s}{R_{T0} + R_{i0}} \tag{7.11}$$

温度升高 ΔT 后，电路中各电阻值将发生变化，此时霍尔元件的控制电流为

$$I_H - \frac{R_T I_s}{R_T + R_i} = \frac{R_{T0}(1 + \lambda \Delta T) I_s}{R_{T0}(1 + \lambda \Delta T) + R_{i0}(1 + \beta \Delta T)} \tag{7.12}$$

为了使霍尔电势在温度升高前后保持不变，即 $U_{H0} = U_H$，应满足

$$S_{H0} I_{H0} B = S_H I_H B = S_{H0}(1 + \alpha \Delta T) I_H B \tag{7.13}$$

将式(7.11)和式(7.12)代入式(7.13)，经整理并略去 $\alpha\lambda(\Delta T)^2$ 高次项得

$$R_{T0} = \frac{\beta - \lambda - \alpha}{\alpha} R_{i0} \tag{7.14}$$

当霍尔元件选定后，α、β 与 R_{i0} 均可在产品说明书中查到，由式(7.14)即可求出温度补偿电阻 R_{T0} 及温度系数 λ。为了满足 R_{T0} 与 λ 两个条件，温度补偿电阻应选用不同温度系数的热敏电阻，采用串联或并联方式组合而成。

实际上温度补偿电阻 R_T 也随温度变化而发生变化，为此，应选用温度系数 λ 很小的热电阻(如锰铜电阻)，使式(7.14)中 $\lambda \approx 0$，由此求得热电阻 R_{T0} 为

$$R_{T0} \approx \frac{\beta - \alpha}{\alpha} R_{i0} \tag{7.15}$$

若采用恒压源供电，如图 7.15(b) 所示，在输入回路串联温度系数很小的热电阻来补偿温度误差，其分析过程和结果与采用恒流源供电相同。

2. 不等位电势补偿

在额定控制电流作用下，不加外磁场时霍尔电极间的空载霍尔电势称为不等位电势，它主要是由于两个霍尔电极不在同一等位面上所致。另外，霍尔元件几何形状不对称、材料电阻率不均匀、电极与霍尔元件接触不良等，也会产生不等位电势。由于不等位电势与霍尔电势具有相同的数量级，要消除其影响非常困难，所以必须采取补偿措施。

分析不等位电势时，可把霍尔元件等效为一个电桥，不等位电势相当于电桥的不平衡输出，因此能使电桥达到平衡的方法都可用来补偿不等位电势。图 7.16 给出了几种补偿电路，电极间分布电阻用 R_1、R_2、R_3 和 R_4 表示，若 $R_1 = R_2 = R_3 = R_4$，则不等位电势为零。若存在不等位电势时，四个电阻不相等，即电桥不平衡，则可在阻值较大的桥臂上并联一个电阻，或在相邻桥臂上同时并联电阻，仔细调节并联电阻的阻值，就可补偿霍尔元件的不等位电势。图 7.16(a)、(b)、(c)用于直流供电，而图 7.16(d)用于交流供电。

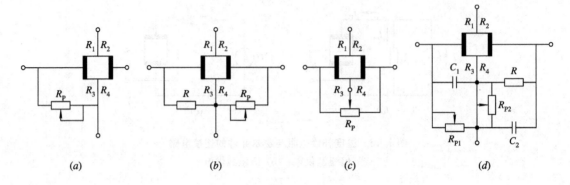

图 7.16　不等位电势的补偿电路

7.2.4　霍尔式传感器的应用

霍尔式传感器广泛应用于工业测量、自动控制等领域，有三种应用方式：

（1）当控制电流不变时，传感器输出正比于磁感应强度。因此，凡能转换成磁感应强度变化的物理量均可测量，如位移、加速度、角度和转速等，也可直接测量磁场。

（2）当磁感应强度不变时，传感器输出正比于控制电流，可用来测量电流以及可转换为按电流变化的物理量。

（3）当控制电流与磁感应强度都为变量时，传感器输出与两者乘积成正比，可用来测量能转换为乘法运算的物理量，如功率等。

1. 霍尔式位移传感器

图 7.17(a)所示为霍尔式位移传感器的结构原理图。在两块极性相反、磁场强度相同的永久磁铁中放置一块霍尔元件，当控制电流恒定不变时，磁感应强度 B 在一定范围内沿 x 方向的变化率（梯度）为一常数，其特性曲线如图 7.17(b)所示。当霍尔元件在两块永久磁铁的中间位置时($x=0$)，磁感应强度 $B=0$，霍尔电势 $U_H=0$。当霍尔元件沿 x 方向移动时，霍尔电势 $U_H\neq0$，在一定范围内霍尔电势 U_H 与位移量 x 成正比，即

$$U_H = S_H BI = Sx \tag{7.16}$$

式中：S——霍尔式位移传感器的灵敏度。

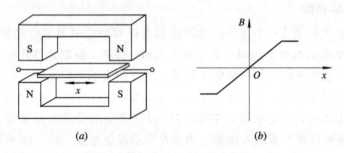

图 7.17　霍尔式位移传感器
（a) 结构原理图；（b) 特性曲线

由式(7.16)可知，霍尔电势 U_H 的大小反映霍尔元件的位移量 x，极性反映霍尔元件的移动方向。实验证明：磁场梯度越大，霍尔元件的灵敏度越高；磁场梯度越均匀，则线性度

就越好。霍尔式位移传感器一般用于测量 1～2 mm 的小位移，分辨率可达到 1 μm。

2. 霍尔式压力传感器

图 7.18 所示为霍尔压力传感器的结构原理图。弹簧管的自由端固定霍尔元件，其作用是感受被测压力并把压力转换成位移。霍尔元件放置在由永久磁铁产生的恒定梯度磁场中，弹簧管在压力作用下将产生位移并带动霍尔元件在磁场中移动，由霍尔元件输出的霍尔电势 U_H 即可获知被测压力 p 的大小。

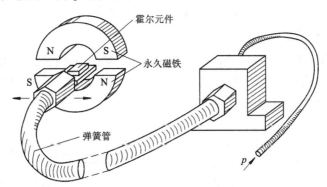

图 7.18　霍尔式压力传感器

3. 霍尔式加速度传感器

图 7.19(a) 所示为霍尔式加速度传感器的结构原理图。永久磁铁固定在与被测对象刚性连接的壳体上，当被测对象在垂直方向上加速运动时，质量块在惯性力的作用下使霍尔元件产生相对位移，从而引起霍尔电势变化，其特性曲线如图 7.19(b) 所示。加速度在 $\pm 14 \times 10^{-3}$ g(g 为重力加速度)范围内，输出霍尔电势与加速度之间具有良好的线性关系。

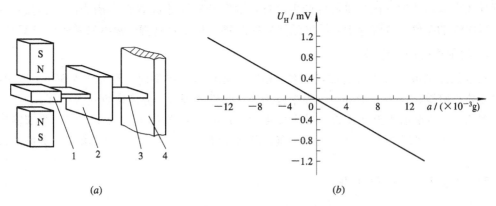

1—霍尔元件；2—质量块；3—片簧；4—壳体

图 7.19　霍尔式加速度传感器

(a) 结构原理图；(b) 特性曲线

4. 霍尔式振动传感器

图 7.20 所示为霍尔式振动传感器的结构原理图。霍尔元件固定在非磁性材料制成的平板上，平板固定在测杆上，测杆通过测头与被测对象接触，并随其作机械振动。霍尔元件在磁场中按被测振动频率往复运动，输出霍尔电势反映了被测振动的频率和幅值。

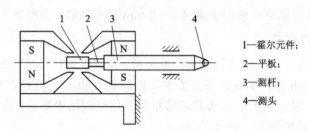

图 7.20　霍尔式振动传感器

1—霍尔元件；
2—平板；
3—测杆；
4—测头

5. 霍尔式转速传感器

图 7.21 所示为霍尔式转速传感器的结构原理图。被测轴旋转时，磁路的磁阻发生周期性变化，使霍尔元件输出信号的频率与转速成正比，测量其频率即可获得被测转速。该转速传感器可用于出租车计价器等装置。

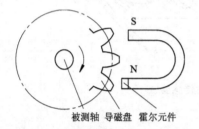

图 7.21　霍尔式转速传感器

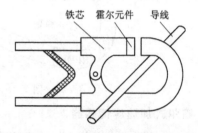

图 7.22　霍尔式电流传感器

6. 霍尔式电流传感器

图 7.22 所示为霍尔式电流传感器的结构原理图，测量装置不用串联到被测回路中。当被测导线中有电流时，在导线周围产生磁场，钳形导磁铁芯起着集中磁力线的作用，变成一个暂时性的磁铁。电流越大，霍尔元件处的磁感应强度就越强，输出的霍尔电势就越大。

7. 霍尔式磁场传感器

霍尔元件的最早应用就是磁场测量。用霍尔元件测量磁场时，测头结构简单、体积小，能检测狭小缝隙磁场及其分布，且频率范围宽，测磁范围大，分辨率可达 10^{11} T。

例 7.1　某霍尔压力计弹簧管最大位移为 ± 1.5 mm，控制电流为 10 mA，要求输出电势为 ± 20 mV，选用 HZ - 3 霍尔元件，其灵敏度为 1.2 mV/(mA · T)，求线性磁场的最小梯度。

解　根据 $U_H = S_H B I$ 可得

$$B = \frac{U_H}{S_H I} = \pm \frac{20}{1.2 \times 10} = \pm 1.67 \text{（T）}$$

在位移变化 $x = \pm 1.5$ mm 时，要求磁场变化 $B = \pm 1.67$ T，所以磁场梯度 K_B 至少为

$$K_B = \frac{\Delta B}{\Delta x} = \frac{1.67}{1.5} = 1.11 \text{（T/mm）}$$

7.3　磁栅式传感器

磁栅式传感器主要由磁栅和磁头组成。磁栅是利用磁带录音的原理，将周期变化的电

信号(正弦波或矩形波)转换成磁信号,磁头再把磁栅上的磁信号读出来,即可把磁头与磁栅之间的相对位置或相对运动速度转换成电信号。

7.3.1 磁栅与磁头

磁栅传感器的类型主要取决于磁栅,磁栅可分为长磁栅和圆磁栅两大类。磁栅传感器的工作原理则主要取决于磁头,磁头有动态磁头和静态磁头之分。

1. 磁栅

磁栅的基本结构如图 7.23 所示,基体是用非导磁材料做成的,上面镀一层均匀的磁性薄膜。要求磁栅基体有良好的加工性能和电镀性能,其线膨胀系数应与被测物体接近。磁性薄膜材料则要求剩余磁感应强度大、矫顽磁力高、性能稳定、电镀均匀,常用材料为镍钴磷合金。录磁后磁信号排列如图 7.23 所示,要求录磁信号的幅度和节距均匀。

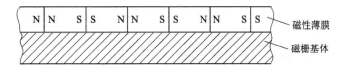

图 7.23 磁栅的结构

磁栅分长磁栅和圆磁栅两大类。前者用于直线位移或速度测量,磁信号节距一般为 0.05 mm 或 0.02 mm。后者用于角位移或转速测量,磁信号角节距为几分至几十分。

长磁栅又分为尺型、同轴型和带型三种。尺型磁栅的外形如图 7.24(a)所示,工作时磁头架沿磁尺的基准面运动,不与磁尺接触,主要用于精度要求较高的场合。

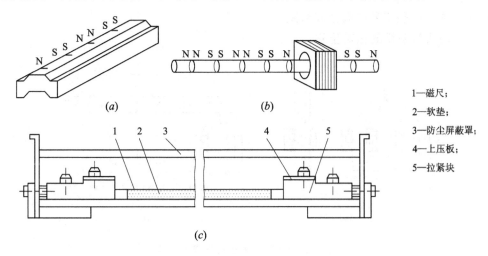

1—磁尺;

2—软垫;

3—防尘屏蔽罩;

4—上压板;

5—拉紧块

图 7.24 长磁栅

(a) 尺型;(b) 同轴型;(c) 带型

同轴型磁栅如图 7.24(b)所示,磁头套在磁棒上工作,两者之间有微小的间隙。由于磁棒的工作区被磁头围住,对周围磁场起到很好的屏蔽作用,所以这类磁栅抗干扰能力强,结构特别小巧,可用于结构紧凑的场合或小型测量装置中。

当量程较大或安装面不好安排时,可采用带型磁栅,如图 7.24(c)所示。磁头在接触状态下读取信号,能在振动环境中正常工作。为了防止磁尺磨损,可在磁尺表面涂上几微米厚的保护层,调节张紧预变形量可在一定程度上补偿带状磁尺的累积误差与温度误差。

圆磁栅如图 7.25 所示。磁盘圆柱面上的磁信号由磁头读取,磁头与磁盘之间应有微小间隙以免磨损。

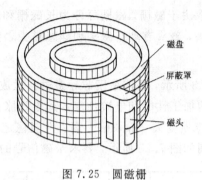

图 7.25 圆磁栅

2. 磁头

按读取信号的方式,磁头有动态磁头与静态磁头两种。

1) 动态磁头

动态磁头为非调制式磁头,又称速度响应式磁头,其结构如图 7.26(a) 所示。它只有一组线圈,铁芯由铁镍合金片叠成,前端夹着铜片,后端磨光靠紧。当磁头以速度 v 相对于磁栅运动时,由于电磁感应将在磁头中产生磁通 ϕ,其表达式为

$$\phi = \phi_m \sin \frac{2\pi x}{W} \tag{7.17}$$

式中:ϕ_m、W——磁信号的幅值和节距;

x——磁头与磁栅的相对位移。

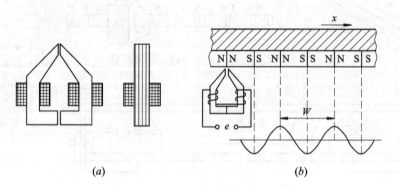

(a) (b)

图 7.26 动态磁头结构与读出信号

(a) 磁头结构;(b) 读出信号

磁头线圈上产生的感应电势 e 为

$$e = -N \frac{d\phi}{dt} = -Nv \frac{d\phi}{dx} = -\frac{2\pi \phi_m Nv}{W} \cos \frac{2\pi x}{W} \tag{7.18}$$

由式 7.18 可知,感应电势 e 与磁头相对磁栅的运动速度 v 成正比,当相对运动速度为零时无感应电势输出,因此动态磁头只适用于运动速度的测量,不适于位移测量。图7.26(b) 所示为动态磁头读取信号的示意图,读出信号按正弦规律变化,分别在 N 和 S 处

输出正的和负的最大值。

2) 静态磁头

静态磁头为调制式磁头，又称磁通响应式磁头，在磁头与磁栅之间无相对运动的情况下也有感应电势输出。图 7.27 所示为静态磁头的信号读出原理。磁栅漏磁通 ϕ_0 的一部分 ϕ_2 通过磁头铁芯，另一部分 ϕ_3 通过气隙。设铁芯磁阻为 R_{m2}，气隙磁阻为 R_{m3}，则

$$\phi_2 = \frac{\phi_0 R_{m3}}{R_{m2} + R_{m3}} \tag{7.19}$$

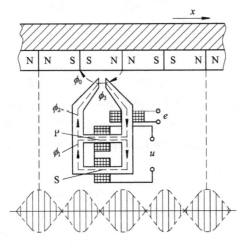

图 7.27 静态磁头读出原理

一般情况下可认为 R_{m3} 不变，R_{m2} 与激磁线圈所产生的磁通 ϕ_1 有关。P、S 两段铁芯的横截面积很小，很容易饱和，当铁芯饱和时，R_{m2} 很大，ϕ_2 不能通过。在激磁电压 u 的一个变化周期内，铁芯饱和两次，R_{m2} 变化两个周期，ϕ_2 也变化两个周期。可近似认为

$$\phi_2 = \phi_0 (a_0 + a_2 \sin 2\omega t) \tag{7.20}$$

式中：a_0、a_2——与磁头结构参数有关的常数；

ω——激磁电压的角频率。

当磁头与磁栅之间不发生相对运动时，ϕ_0 为一常量，则输出线圈产生的感应电势 e 为

$$e = -N_2 \frac{d\phi_2}{dt} = -2N_2 \phi_0 a_2 \omega \cos 2\omega t \tag{7.21}$$

式中：N_2——输出线圈的匝数。

漏磁通 ϕ_0 的表达式类似于式(7.16)，则

$$e = -2N_2 a_2 \omega \phi_m \sin \frac{2\pi x}{W} \cos 2\omega t \tag{7.22}$$

由此可见，静态磁头是利用磁阻的变化来产生感应电势的，感应电势的频率是激磁电压频率的两倍，幅值与磁头相对磁栅的位移 x 成正弦(或余弦)关系，可用于位移测量。

7.3.2 信号调理电路

1. 动态磁头信号调理电路

磁栅相对磁头运动时，动态磁头输出的感应电势正比于相对运动速度或角速度，整流滤波后可得到相对运动速度或角速度的大小。若要检测相对运动的方向，则必须在相距

$\left(n\pm\dfrac{1}{4}\right)W$ 处安装两个磁头，输出两个相位相差 $90°$ 的正交信号，超前还是滞后取决于运动方向，处理后即可实现辨向。图 7.28 所示为两个动态磁头构成的速度测量系统框图。

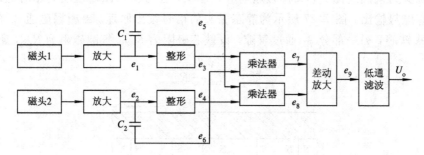

图 7.28 动态磁头速度测量系统框图

当磁头固定磁栅向左运动时，磁头 1 输出信号 e_1 比磁头 2 输出信号 e_2 超前 $90°$ 相角，各信号波形如图 7.29(a) 所示。而当磁栅向右运动时，磁头 1 比磁头 2 的输出信号滞后 $90°$ 相角，各信号波形如图 7.29(b) 所示。测量系统输出电压 U_0 的符号反映相对运动的方向，U_0 的大小反映相对运动速度的大小。

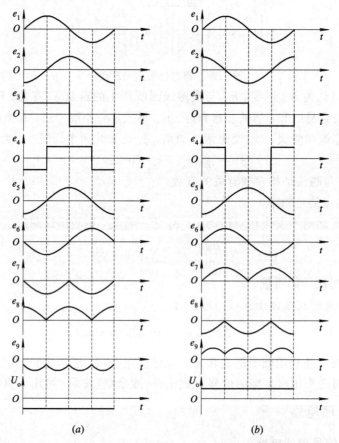

(a) (b)

图 7.29 动态磁头速度测量系统波形图
(a) 磁栅向左运动；(b) 磁栅向右运动

2. 静态磁头信号调理电路

静态磁头用来测量直线位移或角位移。为了实现辨向，也必须在相距 $\left(n\pm\dfrac{1}{4}\right)W$ 处安装两个磁头。由于静态磁头是调制式磁头，输出感应电势为交变信号，可用幅值和相位两个参数来描述，所以采用鉴幅和鉴相电路对输出信号进行处理。采用鉴幅电路时，两个磁头的激磁电压同相；采用鉴相电路时，激磁电压相位相差 45°。

1) 鉴幅电路

由式(7.22)可知，两个磁头相距 $\left(n\pm\dfrac{1}{4}\right)W$ 安装时输出感应电势分别为

$$\begin{cases} e_1 = U_m \sin\left(\dfrac{2\pi x}{W}\right)\cos 2\omega t \\ e_2 = \pm U_m \cos\left(\dfrac{2\pi x}{W}\right)\cos 2\omega t \end{cases} \tag{7.23}$$

式中：U_m——静态磁头读出信号的幅值，$U_m = -2N_2 a_2 \omega \phi_m$。

经检波器去掉高频载波后可得

$$\begin{cases} e_1' = U_m \sin\left(\dfrac{2\pi x}{W}\right) \\ e_2' = \pm U_m \cos\left(\dfrac{2\pi x}{W}\right) \end{cases} \tag{7.24}$$

两路相位差 90°的信号送至相关电路进行辨向后即可测得位移。

图 7.30 所示为采用鉴幅电路进行位移测量的系统框图。当位移 x 增加时，磁头 1 输出 e_1 比磁头 2 输出 e_2 滞后 90°相角，各信号波形如图 7.31(a)所示。当 x 减小时，e_1 比 e_2 超前 90°相角，各信号波形如图 7.31(b)所示。x 增加时，触发器状态为 1，可逆计数器进行加计数。x 减小时，触发器状态为 0，可逆计数器进行减计数。x 每改变 1 个磁信号节距 W 就会有 1 个计数脉冲，根据计数器的读数即可获知 x 的大小。

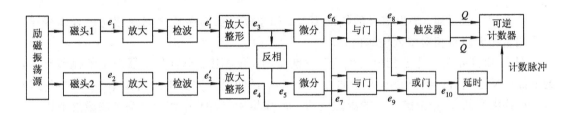

图 7.30 鉴幅电路位移测量系统框图

2) 鉴相电路

将某一磁头的激磁电压移相 45°（也可将某个磁头的输出移相 90°），则两个磁头输出为

$$\begin{cases} e_1 = U_m \sin\left(\dfrac{2\pi x}{W}\right)\cos 2\omega t \\ e_2 = \pm U_m \cos\left(\dfrac{2\pi x}{W}\right)\cos 2(\omega t - 45°) \end{cases} \tag{7.25}$$

将 e_1 减去 e_2 后可得

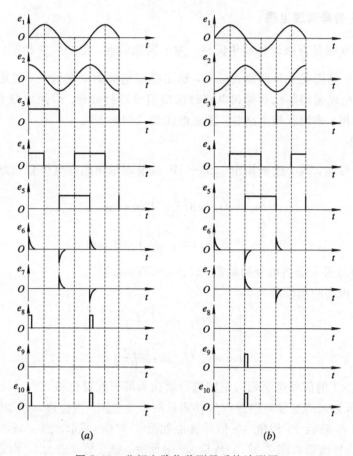

图 7.31　鉴幅电路位移测量系统波形图

(a) x 增加；(b) x 减小

$$e = U_{\mathrm{m}} \sin\left(2\omega t \pm \frac{2\pi x}{W}\right) \tag{7.26}$$

由式(7.26)可知，输出信号的幅值不变、相位随磁头与磁栅之间的相对位置而变化，可采用鉴相电路将相对位置检测出来。

图 7.32 所示为采用鉴相电路进行位移测量的系统框图。脉冲发生器产生角频率为 $N\omega$ 的方波，N 分频后得到角频率为 ω 的方波 u_1，u_1 经低通滤波器得到角频率为 ω 的正弦波 u_2，u_2 放大后的 u_3 作为磁头 1 的激磁电压，u_3 移相 45°后的 u_4 作为磁头 2 的激磁电压。

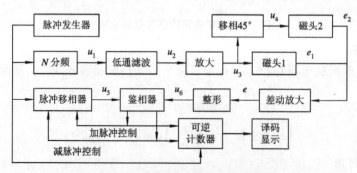

图 7.32　鉴相电路位移测量系统框图

脉冲移相器为 D/A 转换器，主要功能是把数字量（加减脉冲数）转换为模拟量（相位变化）。它由分频器（分频数为 $N/2$）和加减脉冲机构组成，产生的方波 u_5 与 u_6 的角频率相同。

鉴相器的主要作用是比较 u_5 和 u_6 的相位。当 $x=0$ 时，u_5 和 u_6 同相，计数器计数为零。当 x 增加时，u_6 的相位滞后于 u_5，加脉冲控制信号就会有输出，而减脉冲控制信号无输出。脉冲移相器在加脉冲控制信号作用下多进几个脉冲，使 u_5 相位滞后，直到与 u_6 同相。与此同时，可逆计数器在加脉冲控制信号作用下计数增加。反之，当 x 减小时，u_6 的相位超前于 u_5，加脉冲控制信号无输出，而减脉冲控制信号有输出。脉冲移相器在减脉冲控制信号作用下少进几个脉冲，使 u_5 相位超前，直到与 u_6 同相，可逆计数器的计数则减少。

当 u_5 和 u_6 同相时，加、减脉冲控制信号均无输出，可逆计数器停止计数。这是一个动态过程，只要 u_5 和 u_6 的相位出现差别，就调整 u_5 的相位，使它们同相。可逆计数器的计数则反映了位移 x 的大小，对其译码后可显示位移量。

位移量每变化一个磁信号节距 W，u_6 的相位角就变化 $360°$，u_5 的相位也要跟踪变化 $360°$。脉冲移相器把 $360°$ 进行 n 等分（$n=N/2$），每进一个脉冲相当于相位变化 $360°/n$，并代表 W/n 的位移量，从而实现了位移的 n 细分。

7.3.3 磁栅式传感器的应用

磁栅式传感器广泛应用于冶金、机械、石化、运输、水利等行业。由磁栅式传感器所构成的通用位移传感器、液位计、闸门开度仪、油缸行程检测仪等在恶劣工业环境中广泛运用，其无接触位移测量方式适用于极宽的量程范围，能与多类自动控制系统接口。

静磁栅绝对编码器借用"游标卡尺差分刻度测微"原理，依靠霍尔线阵列群动效应解析数字化绝对位移编码，准确可靠。由磁钢组成的磁栅编码阵列和霍尔开关元件组成的霍尔编码阵列协调工作。磁栅编码阵列和霍尔编码阵列形成该传感器的两个必不可少的单元，其中磁栅编码阵列单元称为"静磁栅源"，霍尔编码阵列单元称为"静磁栅尺"，当"静磁栅源"保持一定间隙沿"静磁栅尺"轴线表面移动时，由"静磁栅尺"实时解析出毫米级示值误差的位移量数字信号。该机理类似"游标卡尺"，游标卡尺 1 mm 的刻度可以辨别出0.02 mm，其分辨率提高了 50 倍。磁栅编码阵列间距和霍尔编码阵列间距不同，类似游标卡尺上下差分滑尺的刻度不同，再经过一套反复推演的算法，使得静磁栅绝对编码器的分辨率可达 0.25 mm 或者更小。

霍尔编码阵列元件只有开和关两种状态。由于物理位置不同，每个霍尔开关元件含有不同的位置信息，通过计算机高速扫描辨识，实现"空间直线位置绝对编码"，无论量程多大，只要保证安装精度，就能获得非常小的示值误差。另外，霍尔编码阵列元件基本不受外界温度、湿度、杂散磁场、电磁干扰等因素影响，具有很强的防震、防撞击、防水、抗污染、抗干扰、抗恶劣环境的能力。

7.4 磁敏传感器

7.4.1 磁敏电阻

磁敏电阻是利用某些材料的磁阻效应制成的磁敏元件，它与电阻器相同，是纯电阻性的两端元件，结构简单，连接方便，但电阻值随磁场而发生变化。

1. 磁阻效应

将通以电流的半导体薄片置于与电流相垂直的磁场中，除产生霍尔效应外，由于运动的载流子受到磁场力的作用会发生偏转，使载流子所经过的路程增加，迁移率减小，电阻率增加，这种现象称为磁阻效应。利用磁阻效应制成的元件称为磁敏电阻（或磁阻元件）。选择合适的磁敏电阻形状，可以使霍尔效应减弱或消除，而磁阻效应增强。

2. 磁敏电阻的结构

当图 7.10 中的半导体薄片 a、b 两端面的长度 l 小于 c、d 两端面的长度 b 时，霍尔电场难以建立，可获得较显著的磁阻效应。为了增加电阻值，通常将多个 $l < b$ 的磁敏电阻串联或制成栅格状。图 7.33(a) 所示是在高电子迁移率材料 InSb（锑化铟）半导体薄片上，通过光刻方法将其分割成多个平行等间距的铟金属短路条（栅格），相当于多个 $l \ll b$ 的磁敏电阻串联。当输入端输入电流 I，在垂直方向外加磁感应强度 B 时，由于磁感应强度 B 的作用会使电流方向发生倾斜而导致电阻值增大，其电阻值 R 与磁感应强度 B 的变化曲线如图 7.33(b) 所示。在磁感应强度 B 小于 0.1 T 时，电阻值 R 与 B^2 成正比；当磁感应强度 B 大于 0.1 T 时，电阻值 R 与 B 成正比。国际上的通用标准是将磁感应强度 $B = 0.3$ T 时的电阻值 R_B 与磁感应强度 $B = 0$（无磁场）时的电阻值 R_0 的比值称为磁敏电阻的灵敏度，我国有的厂家也用在一定磁感应强度下的电阻变化率来表示。

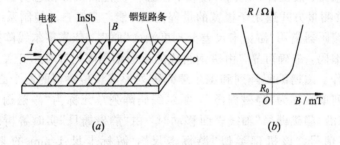

图 7.33 InSb 磁敏电阻
(a) 基本结构；(b) 特性曲线

图 7.34 所示为采用 InSb – NiSb（锑化铟–锑化镍）共晶材料制作的磁敏电阻。这种共晶材料的特点是在 InSb 晶体中掺杂 NiSb，在结晶过程中会析出沿着一定方向排列的 NiSb 针状晶体。针状晶体的直径为 1 μm，长度为 100 μm 左右，导电性能良好。由于针状晶体平行整齐、有规则的排列，可看作多个金属短路条，起到短路霍尔电势的作用。

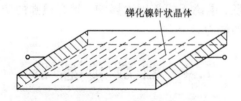

图 7.34 InSb – NiSb 共晶磁敏电阻

7.4.2　磁敏二极管和磁敏三极管

霍尔元件和磁敏电阻均是用 N 型半导体材料制成的体型元件，而磁敏二极管和磁敏三极管是 PN 结型的磁电转换器件。

1. 磁敏二极管

图 7.35 所示为磁敏二极管的示意图，其结构为 PIN 型。两端用合金法制成高掺杂的 P^+ 区和 N^+ 区，在 P^+ 区和 N^+ 区之间有一个较长的高纯度锗本征区（I 区），本征区 I 的一面磨成光滑的复合表面，另一面用扩散杂质或打毛的方法制成表面粗糙的高复合区（r 区），使电子-空穴对在粗糙表面快速复合而消失。

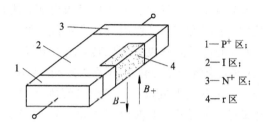

1—P^+ 区；
2—I 区；
3—N^+ 区；
4—r 区

图 7.35　磁敏二极管结构

磁敏二极管不受外界磁场作用时，如图 7.36（a）所示。在正向偏压作用下，P^+ 区向 I 区注入大量空穴，N^+ 区向 I 区注入大量电子。但只有少量电子和空穴在 I 区复合掉，大部分的电子和空穴通过 I 区分别到达 P^+ 区和 N^+ 区，从而产生电流。

当磁敏二极管受到正向磁感应强度 B_+ 作用时，如图 7.36（b）所示，电子和空穴受到洛仑兹力作用向 r 区偏移，由于 r 区对电子和空穴复合速度很快，进入 r 区的电子和空穴很快就被复合掉，因此电流迅速减小。当磁敏二极管受到反向磁感应强度 B_- 作用时，如图 7.36（c）所示，电子和空穴受到洛仑兹力的作用偏离 r 区，于是电子和空穴复合率明显减小，电流明显增大。由此可见，磁敏二极管不仅能实现磁电转换，而且根据输出电流增量的方向，也能判断磁场的方向。

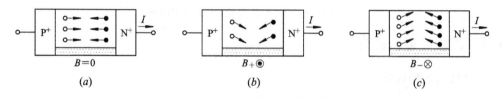

图 7.36　磁敏二极管工作原理
（a）无磁场；（b）正向磁场；（c）反向磁场

2. 磁敏三极管

磁敏三极管是在磁敏二极管的基础上研制的，有 NPN 和 PNP 两种结构。

图 7.37 所示为 NPN 型磁敏三极管的结构示意图，在高阻值本征半导体上用合金法或扩散法形成发射极 e、基极 b 和集电极 c。基区结构类似磁敏二极管，也有较长的本征 I 区和高复合率的 r 区，发射区和集电区分别设置在它的上、下表面。

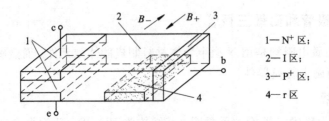

1—N^+ 区；
2—I 区；
3—P^+ 区；
4—r 区

图 7.37　磁敏三极管结构

磁敏三极管不受外磁场作用时的情形如图 7.38(a) 所示。在正向偏压作用下，由于 I 区长度大于载流子的有效扩散长度，所以从发射区注入到 I 区的电子，除少量输入到集电区形成集电极电流外，大部分与 I 区的空穴复合形成基极电流，此时电流放大倍数 $\beta_0 < 1$。

当磁敏三极管受到反向磁感应强度 B_- 作用时，其情形如图 7.38(b) 所示。由于洛仑兹力的作用，发射区注入到 I 区的电子向基极一侧偏转，使集电极电流减小，基极电流增大。另一方面，电子在通过 I 区时，受洛仑兹力作用向高复合 r 区偏转，使部分电子在高复合区被复合掉而不能到达基极，又使基极电流减小。基极电流既有增大又有减小的趋势，平衡后基本不变，但集电极电流却明显减小，此时电流放大倍数 $\beta < \beta_0$。反之，当磁敏三极管受到正向磁感应强度 B_+ 作用时，其情形如图 7.38(c) 所示，电流放大倍数 $\beta > \beta_0$。由此可知，磁敏三极管在正、反向磁场作用下电流放大倍数发生变化，不仅实现了磁电转换，也能判断磁场的方向。

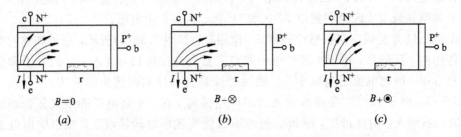

图 7.38　磁敏三极管工作原理
(a) 无磁场；(b) 反向磁场；(c) 正向磁场

7.4.3　磁敏传感器的应用

1. 磁敏电阻的应用

利用磁敏电阻阻值可变的特点，磁敏电阻可在无触点开关、转速计、磁通计、编码器、计数器、图形识别、电流计、电子水表、可变电阻、流量计等多方面得到应用。

(1) 在各种位移量测控、无触点开关和计数器等应用中，使用分立型 InSb 磁敏电阻较为方便，可根据具体情况灵活设计；

(2) 应用于票证检伪、自动检测等技术中的微小磁信号检测。例如录音机和录像机用的磁带，位移测控磁尺，为防伪而在纸币、票据、信用卡上用的磁性油墨印刷的磁性体等；利用三端差分型 InSb 磁敏电阻为核心部件制作的磁头在检测微弱磁信号方面又称为图形识别传感器；

（3）利用 InSb 磁敏电阻和永久磁铁不接触的磁敏感特性制造的具有输出无动噪声、转矩小、分辨力强、可靠性高、体积小和重量轻的角度传感器；

（4）此外还可以利用磁敏电阻制成 InSb 磁敏旋转传感器、InSb 磁敏编码器和直线位移传感器等。

图 7.39 为两端型 InSb 磁敏电阻的无触点开关电路。将 InSb 磁敏电阻接到晶体管 V 的基极上，当永久磁铁远离 InSb 磁敏电阻时，InSb 磁敏电阻处在无磁场状态，电阻值 R_0 较小，此时晶体管 V 截止，继电器 K 断电，处于开状态。而当永久磁铁接近 InSb 磁敏电阻（间隙为 0.1 mm）时，InSb 磁敏电阻变为 $R_B(>3R_0)$，此时晶体管 V 导通，继电器 K 通电，处于关状态。此电路也可作为计数装置使用，当

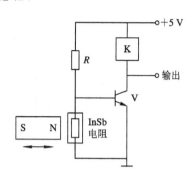

图 7.39　InSb 电阻无触点开关

磁性体接近 InSb 磁敏电阻时，电路便可产生脉冲信号，输出端接到计数器上，将脉冲信号数目转换成数字记录下来实现计数。

2. 磁敏二极管和磁敏三极管的应用

磁敏二极管和磁敏三极管都能检测磁场的大小和方向，具有灵敏度高、体积小、测量电路简单等特点，在磁场、转速、探伤等方面得到了广泛应用。

（1）磁场测量，适用于 10^{-6} T 以下的弱磁场测量；

（2）电流测量，适用于大电流不断线检测和保护；

（3）制作无触点接近开关和电位器，如计算机无触点电键、机床接近开关等；

（4）漏磁探伤及位移、转速、流量、压力、速度等工业过程与自动控制中参数的测量。

图 7.40 所示为磁敏二极管（或磁敏三极管）漏磁探伤仪的原理图。若待测件无损伤，则铁芯和待测件构成闭合磁路，此时无泄漏磁通，磁敏二极管无信号输出。当待测件有裂缝且旋转到铁芯内时，裂缝处的泄漏磁通作用于磁敏二极管，磁敏二极管将泄漏磁通转换成电压并放大后输出，根据显示仪表的示值确定被测件的缺陷。

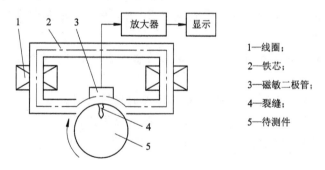

1—线圈；

2—铁芯；

3—磁敏二极管；

4—裂缝；

5—待测件

图 7.40　磁敏二极管漏磁探伤仪原理图

图 7.41 所示是利用磁敏三极管制成的无触点电位器的原理图。将磁敏三极管置于磁感应强度为 0.1 T 的磁场中，改变磁敏三极管的基极电流，使晶体管 V 输出电压在 $0.7 \sim 1.5$ V 内连续变化，由此等效一个无触点电位器，可用于变化频繁、调节迅速、噪声要求低的场合。

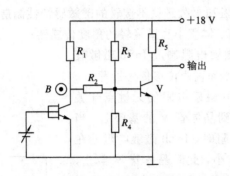

图 7.41　磁敏三极管无触点电位器原理图

思考题与习题

7.1　简述磁电感应式传感器的工作原理和结构类型。

7.2　说明磁电感应式传感器产生误差的原因。何谓线圈磁场效应？如何补偿？

7.3　举例说明磁电感应式传感器非线性误差的补偿方法。

7.4　为什么磁电感应式传感器在工作频率较高时，其灵敏度将随频率增加而下降？

7.5　用磁电感应式传感器测量振动位移或加速度时，应配接何种测量电路？为什么？

7.6　某磁电感应式速度传感器的总刚度为 3200 N/m，测得其固有频率为 20 Hz。若欲使固有频率减小为 10 Hz，则刚度应为多大？

7.7　现有金属铜、半导体 N 型硅和 P 型硅以及磁性金属材料波莫合金，问哪些材料适合作霍尔元件？哪些材料适合作磁敏电阻？为什么？

7.8　已知霍尔元件厚度 $\delta = 1.0$ mm，沿长度方向通以电流 $I = 1.0$ mA，在垂直方向加均匀磁场 $B = 0.3$ T，灵敏度 $S_H = 22$ V/(A·T)，试求输出霍尔电势及载流子浓度。

7.9　霍尔元件灵敏度 $S_H = 40$ V/(A·T)，控制电流 $I = 3.0$ mA，将其置于 $B = 1 \times 10^{-4} \sim 5 \times 10^{-4}$ T 的线性变化磁场中，其输出霍尔电势的范围有多大？

7.10　试分析霍尔元件输出接有负载电阻 R_L 时，利用恒压源和输入回路串联电阻 R_T 进行温度补偿的条件。

7.11　速度响应式磁头和磁通响应式磁头的结构有何不同？为什么速度响应式磁头不适用于位移测量？

7.12　何谓霍尔效应？列举 1～2 个霍尔元件的应用实例。

7.13　何谓磁阻效应？列举 1～2 个磁敏电阻的应用实例。

7.14　磁敏二极管、磁敏三极管与磁敏电阻有何不同？分别列举 1～2 个应用实例。

第8章

热电式传感器

　　温度与现代化生产及人们的生活密切相关。热电式传感器是将温度变化转换为电阻或电势变化的装置，因此又称为温度传感器。

　　根据传感器与被测介质的接触方式，热电式传感器可分为接触式和非接触式两大类。接触式传感器与被测介质接触，使二者进行充分的热交换而达到测温的目的，这类传感器主要有热电偶、热电阻、PN 结温度传感器等。非接触式传感器无需与被测介质接触，而是利用被测介质的热辐射实现温度测量，如红外测温传感器，主要用来测量运动状态物体的温度(如火车滚动轴承、旋转水泥窑的温度等)以及热容量小的物体温度(如集成电路中的温度分布等)。

　　本章主要介绍常见的热电偶、热电阻、PN 结温度传感器和集成温度传感器。其中，热电偶、PN 结温度传感器是将温度的变化转换为电势的变化；而热电阻传感器是将温度的变化转换为电阻的变化。

8.1　热电偶传感器

　　热电偶是利用热电效应进行工作的测温元件，在工业生产中应用最为广泛，具有测温范围广、测量精度高、热惯性小、结构简单、使用方便等特点。

8.1.1　热电效应

　　热电偶是由两种不同导体(或半导体)材料 A 与 B 串联组成的闭合回路，如图 8.1(a)所示。若两个结点处于不同的温度 T 和 T_0，且 $T>T_0$，则回路中就会产生热电势 $E_{AB}(T, T_0)$，这种现象称为热电效应。其中 A、B 称为热电极，温度为 T 的结点称为热端或工作

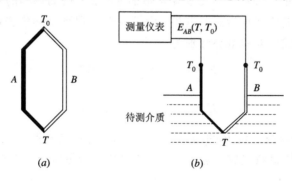

图 8.1　热电偶及其测温原理图

(a) 热电偶示意图；(b) 热电偶测温原理图

端，温度为 T_0 的结点称为冷端或参考端。热电极与测量仪表相连，如图 8.1(b)所示，根据热电势 $E_{AB}(T, T_0)$ 及冷端温度 T_0 就可得到待测介质的温度 T。

热电偶产生的热电势 $E_{AB}(T, T_0)$ 是由两种导体材料的接触电势（又称珀尔帖电势）和单一导体材料的温差电势（又称汤姆逊电势）组成，如图 8.2 所示。热电势的大小与两种导体材料的性质和结点温度有关，而与导体材料 A、B 的中间温度无关。

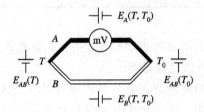

图 8.2 热电偶产生的热电势

1. 接触电势

由于不同导体材料 A 和 B 内的自由电子密度不同，所以当它们相互接触时，在接触处将发生电子扩散，由此形成的电位差称为接触电势。设 A、B 中自由电子密度分别为 N_A 和 N_B，且 $N_A > N_B$，则单位时间内由 A 扩散至 B 的电子数要比从 B 扩散至 A 的多。于是导体材料 A 失去电子带正电，导体材料 B 得到电子带负电，在结点处形成的接触电势分别为

$$E_{AB}(T) = \frac{kT}{q} \ln \frac{N_A}{N_B} \tag{8.1}$$

$$E_{AB}(T_0) = \frac{kT_0}{q} \ln \frac{N_A}{N_B} \tag{8.2}$$

式中：k——波尔兹曼常数（$k = 1.38 \times 10^{-23}$ J/K）；

T、T_0——热端与冷端的绝对温度，单位为 K；

N_A、N_B——导体材料 A 和 B 的自由电子密度。

2. 温差电势

对于单一导体材料，若两端温度不同，其两端的电子能量也不同，高温端电子能量大，自由电子从高温端扩散的速率比从低温端扩散的速率快，则高温端的自由电子就会向低温端扩散，由此形成的电位差称为温差电势。设 $T > T_0$，则高温端失去电子带正电，低温端得到电子带负电，形成的温差电势分别为

$$E_A(T, T_0) = \int_{T_0}^{T} \sigma_A \, dT \tag{8.3}$$

$$E_B(T, T_0) = \int_{T_0}^{T} \sigma_B \, dT \tag{8.4}$$

式中：σ_A、σ_B——导体材料 A、B 的汤姆逊系数，与导体材料和两端温度有关。

由 A、B 两种导体材料组成的热电偶，其热电势为接触电势和温差电势的代数和，即

$$E_{AB}(T, T_0) = E_{AB}(T) - E_{AB}(T_0) + E_B(T, T_0) - E_A(T, T_0)$$

$$= \frac{k}{q}(T - T_0) \ln \frac{N_A}{N_B} - \int_{T_0}^{T} (\sigma_A - \sigma_B) \, dT \tag{8.5}$$

由式(8.5)可知，若热电偶回路中的两种导体材料相同，尽管两结点处的温度 T、T_0 不同，则不会产生热电势。若两结点处的温度相同，尽管导体材料 A、B 不同，则热电偶回路中也不会产生热电势。若导体材料 A、B 选定，且冷端温度 $T_0 = 0℃$，则热电势 $E_{AB}(T, T_0)$ 为热端 T 的单值函数，用测量仪表测出热电势的大小，就可确定被测温度 T 的高低。

8.1.2　热电偶的基本定律

1. 匀质导体定律

两种匀质导体材料组成的热电偶，其热电势与热电极的长度、截面积以及沿热电极长度方向的温度分布无关，仅与热电极材料的性质和热端、冷端的温度有关。如果热电极的材质不均匀，则当处于不均匀的温度场中测温时会产生测量误差。

该定律表明，热电极材质的均匀性是衡量热电偶质量的重要技术指标。

2. 中间导体定律

如图 8.3 所示，在热电偶的冷端接入与热电极 A、B 不同的另一种导体 C（称为中间导体），只要被接入导体两端的温度相同，则回路中的热电势不受中间接入导体的影响，即

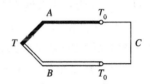

图 8.3　具有中间导体的热电偶回路

$$E_{ABC}(T, T_0) = E_{AB}(T, T_0) \tag{8.6}$$

对该定律进行推论，在热电偶回路中接入多种导体，只要每种导体两端的温度相同，则对回路中的热电势也无影响。这一点对热电偶的应用十分重要，热电偶回路中的测量仪表、导线等均可视为中间导体，只要其两端温度相同，就不会引起热电势的变化。

3. 标准电极定律

如图 8.4 所示，若热电极 A、B 与第三种电极 C 分别组成三种热电偶，在相同的结点温度(T, T_0)下，每种热电偶的热电势分别为 $E_{AB}(T, T_0)$、$E_{AC}(T, T_0)$ 和 $E_{BC}(T, T_0)$，则有

$$E_{AB}(T, T_0) = E_{AC}(T, T_0) - E_{BC}(T, T_0) \tag{8.7}$$

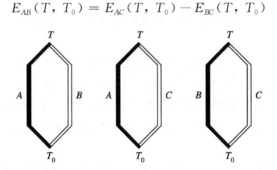

图 8.4　三种电极分别组成的热电偶

两种导体材料组成热电偶的热电势可以用它们分别与第三种导体材料（称为标准电极）组成热电偶的热电势之差来表示，此即标准电极定律。

该定律大大简化了热电偶的选配工作。工程上常以高纯度铂丝作为标准电极，只要测得各种金属电极与铂丝组成热电偶的热电势，则各种金属电极相互配对组成热电偶的热电

势可由式(8.7)求出，不需要逐个进行测量。

4. 中间温度定律

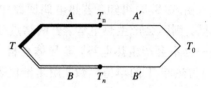

图 8.5 具有连接导线的热电偶回路

如图 8.5 所示，若热电极 A、B 分别与连接导线 A'、B' 相连，结点温度分别为 T、T_n 和 T_0，则回路中的热电势等于热电偶的热电势 $E_{AB}(T, T_n)$ 与连接导线的热电势 $E_{A'B'}(T_n, T_0)$ 之代数和，即

$$E_{ABA'B'}(T, T_n, T_0) = E_{AB}(T, T_n) + E_{A'B'}(T_n, T_0) \tag{8.8}$$

若 A 与 A'、B 与 B' 的材料分别相同，则式(8.8)可写为

$$E_{AB}(T, T_n, T_0) = E_{AB}(T, T_n) + E_{AB}(T_n, T_0) \tag{8.9}$$

根据匀质导体定律，式(8.9)又可写为

$$E_{AB}(T, T_0) = E_{AB}(T, T_n) + E_{AB}(T_n, T_0) \tag{8.10}$$

式(8.10)表明：热电偶在结点温度为(T, T_0)时的热电势 $E_{AB}(T, T_0)$ 等于热电偶在结点温度为(T, T_n)和(T_n, T_0)时相应热电势的代数和，此即中间温度定律。

不同材料组成的热电偶其温度与热电势之间有着不同的函数关系。通常取冷端温度 $T_0 = 0 ℃$，用实验法求出不同热电偶在不同工作温度下的热电势，列成表格（称为分度表）供使用者查阅。而工程测量中冷端温度通常不为 0℃，根据中间温度定律，只要有了分度表，则冷端温度不为 0℃ 时的热电势可按式(8.10)求出。

8.1.3 热电偶的冷端补偿

由热电效应可知，热电偶的热电势大小与两结点温度有关。只有当冷端温度恒定时，热电势才是热端温度（被测温度）的单值函数。热电偶的分度表以及根据分度表刻度的测温仪表都是在冷端温度为 0℃ 时的条件下标定的，所以在使用热电偶时必须遵守这一条件。而工业现场中热电偶的冷端通常靠近被测对象，受周围环境温度变化的影响，因此要准确测得热端的真实温度，就必须采取一些补偿或修正措施。

1. 计算修正法

在冷端温度不等于 0℃，但保持恒定不变的情况下，可采用计算修正法。

1）热电势修正法

当环境温度为 T_n，且 $T_n \neq 0℃$ 时，热电偶输出的热电势为 $E_{AB}(T, T_n)$。由式(8.10)可知，根据该热电势查分度表，显然对应较低的温度，因此必须修正到冷端 $T_0 = 0℃$ 的热电势，即实测电势 $E_{AB}(T, T_n)$ 再加上修正电势 $E_{AB}(T_n, T_0)$，得到冷端温度 $T_0 = 0℃$ 时的热电势 $E_{AB}(T, T_0)$，由 $E_{AB}(T, T_0)$ 再反查分度表即可得到准确的被测温度值。

2）温度修正法

该方法无需将冷端温度换算成热电势，在工业现场应用较为广泛。设热电偶回路中测量仪表的指示温度为 T'，冷端温度为 T_n，则被测的真实温度 T 为

$$T = T' + kT_n \tag{8.11}$$

式中：k——热电偶的修正系数，与热电偶的类型和被测温度范围有关。

2. 电桥补偿法

电桥补偿法是利用直流不平衡电桥的补偿电势来消除热电偶冷端温度变化的影响，如

图 8.6 所示。电桥串接在热电偶回路中，桥臂电阻 R_1、R_2、R_3 和限流电阻 R_d 均由温度系数很小的锰铜丝绕制，其电阻值几乎不随温度变化，桥臂电阻 R_C 由温度系数较大的铜丝绕制，其阻值随温度升高而增大。

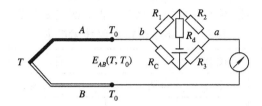

图 8.6　电桥补偿法原理图

桥臂电阻 R_C 与热电偶的冷端处于同一温度下，当 $T_0 = 0℃$ 时 R_C 的阻值与 R_1、R_2、R_3 均相等，此时电桥处于平衡状态，$U_{ab} = 0$，即补偿电桥对热电偶回路的热电势 $E_{AB}(T, T_0)$ 没有影响。当环境温度变化时，设 $T_0 > 0℃$，热电势 $E_{AB}(T, T_0)$ 将减小，R_C 增大，电桥不平衡，且 $U_{ab} > 0$，U_{ab} 与热电势同向串联。若设计时保证 U_{ab} 的增量与热电势的减小量相等，则整个装置的输出不变，相当于热电偶的冷端保持在 $0℃$，实现了补偿作用。

3. 补偿导线法

补偿导线法是工业上常用的一种方法。实际测温时，被测点与指示仪表之间往往有较远的距离，而热电偶的长度有限，冷端温度容易受周围环境影响而波动，为此可采用补偿导线法（又称为冷端延长线法）。补偿导线在规定的温度范围内（一般为 100℃ 以下）具有与热电极相同的温度特性，把它与热电偶的冷端配接，如图 8.7 所示，其作用是将热电偶的冷端迁移至远离热源且环境

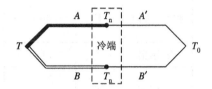

图 8.7　补偿导线法原理图

温度（T_0）较稳定的地方，从而消除冷端温度（T_n）变化所造成的影响。在规定的温度范围内，补偿导线产生的热电势等于热电偶产生的热电势，即

$$E_{AB}(T_n, T_0) = E_{A'B'}(T_n, T_0) \tag{8.12}$$

应该注意，此方法只是将冷端延伸至 $T_0 = 0℃$ 处，若 $T_0 \neq 0℃$，则必须进行修正补偿。

4. 0℃ 恒温法

将纯水和冰屑相混合，置于保温瓶内，并使水面略低于冰屑面。在一个标准大气压下，将热电偶的冷端置于其中，可使冷端保持在 $0℃$，此时热电偶的热电势与分度表一致。该方法通常用于实验室中。

补偿方法还有热电偶补偿法、调整指示仪表起始点法及数字补偿法等。数字补偿法是利用计算机对热电偶的输出端和冷端温度同时采集，按补偿规律运算处理，得到修正结果。

8.1.4　常用热电偶

根据热电偶的测温原理可知，任意两种不同的导体或半导体都可以配制成热电偶，但作为实用的测温元件，必须保证测温精度并满足工程技术的各项要求。按照工业标准化的

要求，可分为标准化热电偶和非标准化热电偶。

1. 标准化热电偶

标准化热电偶的工艺比较成熟，性能稳定，可批量生产，互换性好，具有统一的分度表。国际电工委员会(IEC)推荐了 8 种标准化热电偶，如表 8.1 所示。

表 8.1 标准化热电偶技术参数

热电偶名称	分度号	测温范围/℃		等级及允许偏差		
		长期	短期	等级	允许偏差	温度范围
铂铑$_{10}$-铂	S	0～1300	1600	Ⅲ	±1.5℃	≤600℃
					±0.25%t	>600℃
铂铑$_{13}$-铂		0～1300	1600	Ⅱ	±1.5℃	≤600℃
					±0.25%t	>600℃
铂铑$_{30}$-铂铑$_6$	B	0～1600	1800	Ⅲ	±4℃	600～800℃
					±0.5%t	>900℃
镍铬-镍硅	K	0～1200	1300	Ⅱ	±3℃	≤400℃
					±0.75%t	>400℃
镍铬-康铜	E	−200～760	900	Ⅱ	±2.5℃或±0.75%t	−40～900℃
				Ⅲ	±2.5℃或±1.5%t	−200～40℃
铁-康铜	J	−40～600	750	Ⅱ	±2.5℃或±0.75%t	−40～750℃
铜-康铜	T	−200～350	400	Ⅱ	±1℃或±0.75%t	−40～350℃
				Ⅲ	±1℃或±1.5%t	−200～40℃
镍铬硅-镍硅	N	−200～1200	1300	Ⅰ	±1.5℃或±0.4%t	−40～1100℃
				Ⅱ	±2.5℃或±0.75%t	−40～1300℃

注：① t 为被测温度，单位为℃；
② 允许偏差以℃或实际温度的百分数表示，采用二者中的较大值。

1) 铂铑$_{10}$-铂热电偶

铂铑$_{10}$-铂热电偶为贵金属热电偶，其正极材料为铂铑合金，含铂 90%、铑 10%，负极材料为纯铂。该热电偶具有精度高、稳定性好、测温范围宽、使用寿命长，适用于氧化或惰性气氛中的温度测量。其不足之处在于输出热电势小、灵敏度低、价格昂贵，在高温还原介质中易被污染和侵蚀。

2) 铂铑$_{30}$-铂铑$_6$ 热电偶

铂铑$_{30}$-铂铑$_6$热电偶为贵金属热电偶，其正极和负极材料均为铂铑合金，其中正极含铂 70%、铑 30%；负极含铂 94%、铑 6%。该热电偶的特点与铂铑$_{10}$-铂热电偶相近，但无需进行冷端补偿，因为冷端温度在 0～50℃ 范围内，热电势变化量小于 3 μV。

3) 镍铬-镍硅热电偶

镍铬-镍硅热电偶为贱金属热电偶，其正极材料含镍 89%、铬 10%、铁 1%，负极材料含镍 97%、硅 2.5%、锰 0.5%。该热电偶具有线性度好、灵敏度较高、热电势较大、稳定性和复现性较好、抗氧化性强、价格低廉等诸多优点，是目前使用量最大的热电偶，可用于氧化或惰性介质中。但该热电偶在还原性介质或含硫气氛中易被侵蚀，也不可用于真空中。

4) 镍铬-康铜热电偶

镍铬-康铜热电偶为贱金属热电偶，其正极材料含镍 89%、铬 10%、铁 1%，负极材料含镍 40%、铜 60%。该热电偶的灵敏度最高，适宜制成热电堆来测量温度的微小变化，此外还具有稳定性好、抗氧化性强、价格低廉等优点，但不适于还原性介质或含硫气氛中。

2. 非标准化热电偶

非标准化热电偶复制性差，没有统一的分度表，其应用受到了很大的限制，但近年来非标准化热电偶的发展很快，主要用于进一步扩展高温和低温的测量以及某些特殊场合的测量。如铱铑系高温热电偶的测温上限可达 2000℃，且线性度好，适用于真空及惰性气体中；钨铼系高温热电偶的测温上限可达 2400℃，过热使用温度可达 3000℃，适用于真空、还原性和惰性气体中；镍铬-金铁低温热电偶的测温范围为 −270～0℃，且低温时灵敏度较高，线性度好；银金-金铁低温热电偶的测温范围为 −270～−196℃。还有一些非金属热电偶，如热解石墨热电偶、硼化锆-碳化锆热电偶、二硅化钨-二硅化钼热电偶等，具有热电势大、熔点高、价格低廉等优点。

8.1.5　热电偶传感器的应用

在锅炉节能控制系统中，通常需要对炉膛、蒸汽、水等的温度进行测定。为了提高测量精度和灵敏度，常采用串联测温电路。将 n 支同型号的热电偶串联，仪表示值为 n 支热电偶的热电势之和，即

$$E = E_1 + E_2 + \cdots + E_n \tag{8.13}$$

电路的相对误差为单支热电偶相对误差的 $1/\sqrt{n}$ 倍。但只要有一支热电偶发生断路，整个电路将无法工作，且个别热电偶短路，会引起仪表的示值偏低。

若将 n 支同型号的热电偶并联，仪表示值为 n 支热电偶热电势的算术平均值，即

$$E = \frac{E_1 + E_2 + \cdots + E_n}{n} \tag{8.14}$$

与串联测温电路相比，该电路中某个热电偶断路并不影响整个电路的工作。

图 8.8 所示为测量两点间温差的测量电路。其中两支热电偶的型号相同，且配接相同的补偿导线，按图所示反向串接，则测量仪表示值 $E = E_1 - E_2$，由此得到 T_1 和 T_2 的温度差。

图 8.9 所示为炉温测量实例，将热电偶的热端插入炉内感受待测温度 T，冷端通过补偿导线与测量仪表的输入导线（铜线）相连，并插入冰瓶以保证 $T_0 = 0℃$，由测量仪表测得的热电势来确定炉内的实际温度。若测温现场不便保证冷端 $T_0 = 0℃$，则必须进行修正。

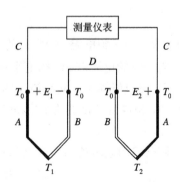

图 8.8　两点间温差测量电路

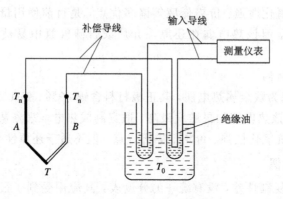

图 8.9 炉温测量实例

8.2 热电阻传感器

热电阻传感器是利用导体或半导体的电阻率随温度变化而改变的特性来工作的。由金属导体，如铂、铜、镍等制成的测温元件称为金属热电阻（简称热电阻），由半导体材料制成的测温元件称为热敏电阻。热电阻传感器的测温范围一般在 $-200 \sim 500 ℃$ 之间，随着科学技术的发展，其测量范围也在不断拓展，低温区已达 1 K 左右，高温区已超过 1000℃。

8.2.1 金属热电阻

大多数金属导体的电阻率随温度升高而增大，具有正的电阻温度系数。作为测温热电阻的金属材料，应该具备以下特性：电阻温度系数大，以提高灵敏度；电阻率大，以减小热电阻的体积和重量；在测温范围内物理、化学性质稳定，以保证测温的准确性；良好的输出特性，即电阻与温度之间必须有线性或近似线性的关系；容易加工，复制性好，价格便宜等。常用的材料有铂、铜、铟、锰、镍、铁等，其中铂和铜的使用最为广泛。

1. 铂电阻

铂电阻具有精度高、稳定性好、性能可靠等优点，主要用于温度基准、标准传递、高精度工业测温等。铂电阻的精度与其纯度有关，其纯度常用百度电阻比 W(100) 来表示，即

$$W(100) = \frac{R_{100}}{R_0} \tag{8.15}$$

式中：R_{100}——铂电阻 100℃ 时的电阻值；

R_0——铂电阻 0℃ 时的电阻值（标称电阻值）。

W(100) 值越大，表示铂丝的纯度越高，其灵敏度也越高。目前已提纯到 W(100)＝1.3930，相应的纯度约为 99.9995%，工业用铂电阻 W(100)＝1.387～1.390，标准铂电阻 W(100)≥1.3925。

铂电阻的电阻值与温度之间近似于线性关系，被测温度在 $-190 \sim 0 ℃$ 范围内可表示为

$$R_t = R_0[1 + At + Bt^2 + C(t - 100)t^3] \tag{8.16}$$

被测温度在 $0 \sim 630.74 ℃$ 范围内可表示为

$$R_t = R_0(1 + At + Bt^2) \tag{8.17}$$

式中：R_t——铂电阻 t℃时的电阻值；

　　t——任意温度，单位为℃；

　　A、B、C——铂电阻的温度系数，工业用铂电阻，$A=3.940\times10^{-3}$/℃，$B=-5.847\times10^{-7}$/℃^{2}，$C=-4.22\times10^{-12}$/℃^{3}。

铂电阻的电阻值 R_t 与温度 t 和0℃时电阻值 R_0 有关，因此作为测量用铂电阻必须规定 R_0 的值。工业用标准铂电阻 R_0 有100 Ω和50 Ω两种，将电阻值 R_t 与温度 t 的对应关系列成表格，称为铂电阻分度表，分度号分别为 Pt100 和 Pt50。实际测量时，只要测得铂电阻的电阻值 R_t，便可从分度表中查出对应的温度值。

2. 铜电阻

铂电阻是贵金属，价格昂贵，在一些测量精度要求不高且温度较低（-50～150℃）的场合普遍使用铜电阻。铜电阻在此温度范围内线性度好、温度系数比较大、灵敏度高、材料容易提纯、价格便宜。其不足之处是精度较铂电阻略低、电阻率较小、体积较大、热惯性也较大，仅适用于温度较低和无侵蚀性的介质中。

在-50～150℃的温度范围内，铜电阻的电阻值与温度之间为线性关系，即

$$R_t = R_0(1 + \alpha t) \tag{8.18}$$

式中：R_t——铜电阻 t℃时的电阻值；

　　R_0——铜电阻 0℃时的电阻值；

　　α——铜电阻的温度系数，工业用铜电阻 $\alpha=(4.25\sim4.28)\times10^{-3}$/℃。

国家标准规定铜电阻的 R_0 有100 Ω和50 Ω两种，也有相应的分度表供使用者查询，分度号分别为 Cu100 和 Cu50。

随着材料技术的不断发展，近年来开发出一些新颖的热电阻材料，制作出的热电阻适用于超低温测量。如铟电阻的测温范围为-296～258℃，精度高，灵敏度为铂电阻的10倍，但复现性差；锰电阻的测温范围为-271～-210℃，灵敏度高，但易损坏。

3. 热电阻测温电桥电路

金属热电阻常使用电桥作为测量电路，为消除连接导线电阻随温度变化而造成的测量误差，常采用三线式和四线式接法。

图8.10为热电阻的三线式接法，G 为检流计，R_1、R_2、R_3 为固定电阻，R_P 为调零电位器，R_1 与 R_2 的阻值相等。热电阻 R_t 通过电阻分别为 r_1、r_2、r_3 的导线与电桥连接，r_1 接至检流计或电源回路，其电阻变化不影响电桥的平衡状态。r_2 和 r_3 接在电桥相邻臂，当温度变化时，只要导线的长度及电阻温度系数相等，则电阻变化不会影响电桥的状态，即不会对测量造成误差。电桥在零位调整时，应满足 $R_3=R_P+R_{t_0}$，其中 R_{t_0} 为热电阻在参考温度 t_0（如0℃）时的电阻值。三线式接法的缺点是电位器的接触电阻和桥臂电阻相连，触点的接触状态变化可导致电桥的零位不稳定。

图8.11为热电阻的四线式接法，调零电位器 R_P 的接触电阻和检流计串联，接触电阻不稳定不会破坏电桥的平衡和正常工作状态。这种接法还可以消除测量线路中寄生电势引起的测量误差，多用于标准计量或实验室中。

金属热电阻传感器性能稳定、精度高，在温度测量中得到了广泛应用。其缺点是需要辅助电源、热容量大，为避免热电阻中流过电流的加热效应，在设计电桥时，应尽量降低

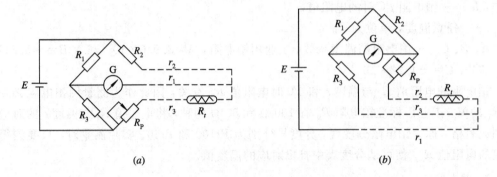

(a) (b)

图 8.10 热电阻测温电桥的三线式接法
(a) r_1 接检流计；(b) r_1 接电源回路

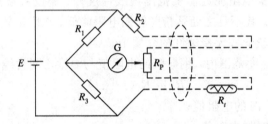

图 8.11 热电阻测温电桥的四线式接法

流过热电阻的电流，一般应小于 10 mA。

8.2.2 热敏电阻

热敏电阻是以金属氧化物为基体原料，加入一些添加剂，经高温烧结而成，具有电阻温度系数大、灵敏度高、体积小、热惯性小、工艺简单、寿命长、价格低廉等诸多优点，应用非常广泛。热敏电阻的缺点是线性度差，电阻温度特性的分散性大。

根据热敏电阻的阻值随温度变化的特征（电阻温度特性），热敏电阻可分为三类：正温度系数热敏电阻 PTC（Positive Temperature Coefficient），常用的基体材料为钛酸钡，辅以稀土元素为添加剂，经高温烧结而成；负温度系数热敏电阻 NTC（Negative Temperature Coefficient），通常由锰、铁、钴、镍等过渡金属氧化物混合烧结而成，改变混合物的成分和配比，可获得不同特性的 NTC 热敏电阻；临界温度系数热敏电阻 CTR（Critical Temperature Resistor），是以三氧化二钒与钡、硅等氧化物在弱还原气氛中烧结而成。

图 8.12 为三种热敏电阻的温度特性曲线。PTC 热敏电阻的阻值随温度升高而增大，主要用于电气设备的过热保护、定温控制、限流以及彩电消磁等。

NTC 热敏电阻的阻值随温度升高而减小，其电阻值与温度的关系可近似表示为

$$R_T = R_{T_0} \exp\left[B\left(\frac{1}{T} - \frac{1}{T_0}\right)\right] \tag{8.19}$$

式中：T、T_0——被测温度和参考温度（通常为 0℃，即 273.15 K），单位为 K；

R_T、R_{T_0}——温度为 T 和 T_0 时的电阻值；

B——NTC 热敏电阻的材料常数，$B = 2000 \sim 6000$ K，常取 $B = 3400$ K。

NTC 热敏电阻的温度系数 α_T 为

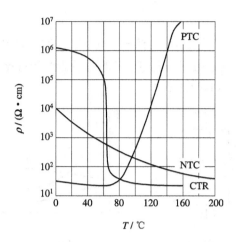

图 8.12　热敏电阻的电阻温度特性

$$\alpha_T = \frac{1}{R_T}\frac{\mathrm{d}R_T}{\mathrm{d}T} = -\frac{B}{T^2} \tag{8.20}$$

可见 α_T 并非为常数，随温度降低而迅速增大。若 $B=3400$ K，$T=323.15$ K($50\,^{\circ}\!\text{C}$)，则 $\alpha_T = -3.3\times10^{-2}/\text{K}$。$B$ 和 α_T 是表征热敏电阻材料性能的两个重要参数。

NTC 热敏电阻的应用最为广泛，主要用于温度测量、温度补偿、温度控制等，测温范围为 $-50\sim350\,^{\circ}\!\text{C}$。

CTR 热敏电阻也具有负温度系数，与 NTC 热敏电阻不同，其电阻值在某一个狭小温区内随温度上升而急剧下降，主要用于温度开关。

热敏电阻的温度特性具有较大的非线性，而用于温度测量和控制时总希望输出信号与温度呈线性关系，因此需要对热敏电阻的特性进行线性化处理，常用以下几种方法。

1. 串联电阻补偿法

串联电阻补偿法是将补偿电阻 R_c 与热敏电阻 R_T 串联，如图 8.13(a) 所示。串联后的等效电阻 $R_e=R_T+R_c$，R_T 具有负温度系数。若 R_c 选择合适的正温度系数电阻，可使 R_e 与温度在某一温度范围内呈近似的双曲线关系，即等效电阻 R_e 与温度 T 的倒数呈线性关系，如图 8.13(b) 所示。电流 I 与温度 T 呈线性关系，如图 8.13(c) 所示。

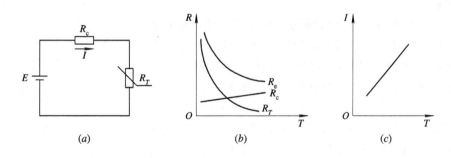

图 8.13　串联电阻补偿法

(a) 补偿电路；(b) 电阻与温度的关系；(c) 电流与温度的关系

2. 并联电阻补偿法

并联电阻补偿法是将补偿电阻 R_c 与热敏电阻 R_T 并联，如图 8.14(a) 所示。并联后的等效电阻 $R_e = R_T /\!/ R_c$，等效电阻 R_e 与温度 T 的关系曲线变得比较平坦，可在某一范围内得到线性输出特性，如图 8.14(b) 所示。

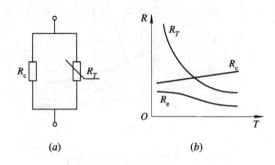

图 8.14　并联电阻补偿法
(a) 补偿电路；(b) 电阻与温度的关系

3. 计算修正法

在单片微机测温系统中，利用软件进行非线性补偿十分方便，而且精度也很高。当已知热敏电阻的实际特性曲线时，可将其特性曲线分段，并把分段点的值存储在存储器中，处理器再根据热敏电阻的实际输出值和分段值进行插值计算，给出真实的输出。

8.2.3　热电阻传感器的应用

1. 气体成分分析

图 8.15 所示为气体成分分析的示意图，由四个外壳用相同材料制成的分析室组成。其中两个分析室内充入被分析混合气体，室内的热电阻分别为 R_{t1} 和 R_{t2}；另外两个分析室内充入洁净空气，作为参考室，室内的热电阻分别为 R_{t3} 和 R_{t4}，四个分析室内的热电阻组成测量电桥。工作时先将惰性气体通入分析室使电桥达到平衡，然后将被测混合气体通入分析室，电桥将失去平衡，其不平衡输出是混合气体成分的函数。

气体的导热系数与气体成分的体积浓度有关，对于互不发生化学反应的混合气体，其导热系数为各气体导热系数的平均值。设氢气的导热系数为 λ_1、百分数含量为 α，氮气的导热系数为 λ_2，则两种混合气体的导热系数 λ 为

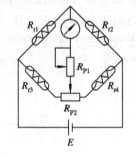

图 8.15　气体成分分析示意图

$$\lambda = \lambda_1 \alpha + \lambda_2 (1 - \alpha) \tag{8.21}$$

大量实验与理论计算表明，热电阻阻值与气体的导热系数在一定范围内呈线性关系。通过测量热电阻阻值即可求得气体的导热系数，也就间接求得气体的百分数含量。

2. 热敏电阻点温计

图 8.16 所示为热敏电阻点温计测温原理图，适宜测量微小物体或物体的局部温度。图中 G 为指示仪表，R_1 与 R_2 的阻值相等，且均为锰铜电阻，对热敏电阻的非线性起补偿作

用；R_3 为锰钢电阻，其阻值等于点温计起始刻度时热敏电阻的阻值；R_m 是锰铜电阻，其阻值等于点温计满刻度时热敏电阻的阻值；R_T 为 NTC 热敏电阻，起测温作用；R_4 和 R_5 用于调节桥路工作电压；S 为双联开关，置于位置"0"时关机，置于位置"1"时为调整状态，调节电位器 R_P，使指示仪表 G 满刻度，然后将 S 置于位置"2"即可测量。

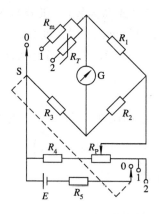

图 8.16 点温计测温原理图

3. 利用热敏电阻实现温度控制

图 8.17 所示为简易温度控制器原理图，电位器 R_P 调节设定温度，R_T 为 PTC 热敏电阻。当实际温度比设定温度低时，R_T 阻值较小，V_1 的 be 间电压大于三极管的导通电压，V_1 导通，V_2 也导通，继电器 K 吸合，电热丝通电加热；当实际温度比设定温度高时，R_T 阻值较大，V_1 的 be 间电压降低，不足以使 V_1 导通，导致 V_2 截止，继电器 K 断开，电热丝断电停止加热。V_D 为继电器 K 提供放电回路，保护三极管 V_2。

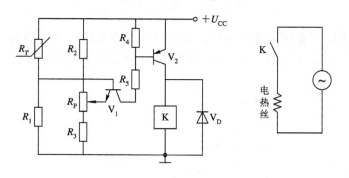

图 8.17 温度控制器原理图

4. 利用热敏电阻实现温度补偿

仪表中的一些零件，如线圈、绕线电阻等均由金属丝制成，而金属一般具有正温度系数，随着温度的升高，其电阻值增大，为此常采用 NTC 热敏电阻进行补偿，如图 8.18 所示。图中 R_T 为 NTC 热敏电阻，与温度系数很小的锰铜电阻 R_2 并联，再与被补偿元件 R_1 串联，可以抵消由于温度变化所造成的误差。

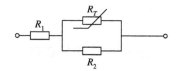

图 8.18 仪表中温度补偿电路

8.3 PN 结温度传感器

PN 结温度传感器是利用二极管或晶体管（三极管）PN 结的结电压随温度变化的原理工作的。这种传感器具有尺寸小、灵敏度高、线性度好、时间常数小等特点，在很多方面获得广泛应用，但其测温范围较小（$-50 \sim 150℃$），且互换性较差。

8.3.1 二极管温度传感器

二极管 PN 结的正向电流 I、正向压降 U 与温度 T 的关系可表示为

$$I = I_s \exp\left(\frac{qU}{kT}\right) \tag{8.22}$$

式中：I_s——PN 结的反向饱和电流；

T——绝对温度，单位为 K。

反向饱和电流 I_s 与温度 T 的关系可表示为

$$I_s = AT^{\eta} \exp\left(-\frac{E_{g_0}}{kT}\right) \tag{8.23}$$

式中：A——与 PN 结面积有关的常数；

η——与材料和工艺有关的常数；

E_{g_0}——材料在 0 K 时的禁带宽度，单位为 eV。

将式（8.23）代入式（8.22），并求对数得

$$U = \frac{E_{g_0}}{q} - \frac{kT}{q} \ln\left(\frac{AT^{\eta}}{I}\right) \tag{8.24}$$

式（8.24）表明，当正向电流 I 保持不变时，PN 结的正向压降 U 随温度的上升而下降，近似呈线性关系。图 8.19 为硅材料 PN 结的正向压降和温度的特性曲线。

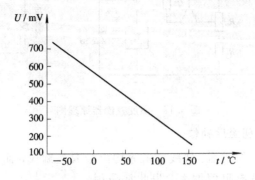

图 8.19　硅材料 PN 结的电压温度特性

8.3.2 晶体管温度传感器

晶体管发射结的正向压降随温度上升而近似线性下降，其特性与二极管十分相似。但

实际二极管的正向电流除了扩散电流外，还包括空间电荷区内的复合电流和表面复合电流，这两种电流使实际二极管的电压温度特性偏离理想的线性关系。而晶体管在发射结正向偏置的情况下，这两种电流作为基极电流漏掉，并不到达集电极，只有扩散电流能够到达集电极形成集电极电流 I_c。由此可见，晶体管比二极管具有更好的线性和互换性。

NPN 晶体管的基极-发射极电压 U_{be} 与温度 T 的关系为

$$U_{be} = \frac{E_{g_0}}{q} - \frac{kT}{q} \ln\left(\frac{AT^{\eta}}{I_c}\right) \tag{8.25}$$

8.3.3 PN 结温度传感器的应用

1. 二极管温度传感器的应用

二极管温度传感器的供电方式有恒流源和恒压源两种。采用恒流源供电时，通过 PN 结的工作电流不能过大，以免二极管自身的温升影响测量精度。工作电流一般在 $10 \sim 400~\mu A$ 之间，常用 $100~\mu A$。恒流源作为传感器的工作电源较为复杂，因此可采用恒压源供电，但电压源必须具有较高的稳压精度。

图 8.20 所示是由二极管温度传感器构成的数字式温度计原理图，采用恒压源供电。图中 R_1、R_2、R_{P1} 和二极管温度传感器 V_D 组成测温电桥，其输出信号接入差动放大器 A_1，经放大后的信号由 $0 \sim \pm 2.000$ V 数字电压表（通用 3 位半数字电压表模块 MC14433）显示。A_2 接成电压跟随器，与 R_{P2} 配合可调节放大器 A_1 的增益。该温度计的测温范围为 $-50 \sim 150℃$，分辨率为 $0.1℃$，在 $0 \sim 100℃$ 范围内精度可达 $\pm 1℃$。

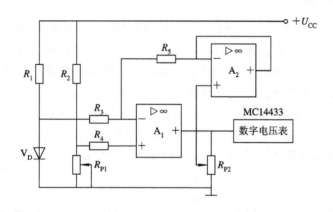

图 8.20 数字式温度计原理图

2. 晶体管温度传感器的应用

图 8.21 所示为晶体管温度传感器的测温电路原理图。图中电容 C 的作用是防止寄生振荡，晶体管温度传感器 V 作为反馈元件接在运算放大器的反相输入端和输出端，基极接地。这种接法使得发射极为正偏，而集电极几乎为零偏。由于运算放大器的反相输入端为虚地，因此晶体管温度传感器的集电极电流 I_c 仅取决于电阻 R_1 和电源电压 U_{CC}，即 $I_c = U_{CC}/R_1$，而与温度无关，从而保证了恒流源的工作条件，使输出电压 U_{be} 随温度 T 近似线性下降。

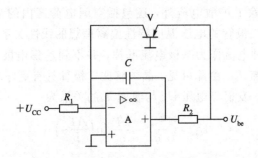

图 8.21　晶体管温度传感器应用简图

8.4　集成温度传感器

集成温度传感器是在 PN 结温度传感器的基础上发展起来的，将 PN 结温度传感器、放大电路、温度补偿电路、驱动电路、信号处理电路等集成在一块芯片上，具有线性度好、灵敏度高、体积小、稳定性好、输出信号大、后续电路简单等优点。

集成温度传感器在温度检测系统中应用越来越多，根据其输出信号形式可分为电压型、电流型和数字型三类。其中电压输出型主要有 μPC616A/616C、LX5600/5700、LM3911、AN6701S、LM135/235/335 等；电流输出型主要有 AD590、LM134、SL334 等；数字输出型主要有 DS18B20、DS1820 等。

8.4.1　电压输出型

下面以 AN6701S 为例介绍电压输出型集成温度传感器。AN6701S 是日本松下公司研制的电压输出型集成温度传感器，其接线方式有三种：正电源供电、负电源供电、输出极性倒置，如图 8.22 所示。图中 1、2 脚为输出端，3、4 脚接外部校正电阻 R_C，其作用是调整 25℃时的输出电压为 5 V。R_C 的阻值在 3～30 kΩ 之间，此时灵敏度可达 110 mV/℃，在使用温度范围内误差不超过 ±1℃，分辨率可达 0.1℃。AN6701S 在静止空气中的时间常数为 24 s，在流动空气中为 11 s。电源电压在 5～15 V 之间变化时所引起的测温误差不超过 ±2℃。整个集成电路的电流值一般为 0.4 mA，最大不超过 0.8 mA。

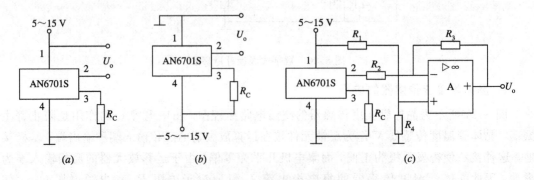

图 8.22　AN6701S 集成温度传感器接线图
（a）正电源供电；（b）负电源供电；（c）输出极性倒置

　　实验表明：若环境温度为 20℃，$R_C = 1\ k\Omega$，则 AN6701S 的输出电压为 3.189 V；当 $R_C = 10\ k\Omega$ 时，输出电压为 4.792 V；当 $R_C = 100\ k\Omega$ 时，输出电压为 6.175 V。因此，利用 AN6701S 检测一般环境温度时，适当调整校正电阻 R_C，就可省去后续电路中的放大器。

8.4.2　电流输出型

　　AD590 是电流输出型集成温度传感器的典型产品，是由美国模拟器件公司生产的采用激光修正的温度传感器，该器件的一致性、均匀性非常好，具有较好的互换性。其输出电流和绝对温度成正比，电流灵敏度为 1 μA/K，测温范围为 −55～150℃。AD590 的电源电压范围为 4～30 V，可在 4～6 V 范围内波动，输出电流仅变化 1 μA，相当于温度变化 1 K。AD590 可以承受 44 V 的正向电压和 20 V 的反向电压，因而器件引脚接反也不至于损坏。AD590 共有 I、J、K、L、M 五挡，其中 M 挡精度最高，在整个测温范围内，非线性误差为 ±0.3℃。

　　AD590 的输出阻抗高达 10 MΩ 以上，可以等价为一种正比于温度的高阻电流源，克服了电压输出型温度传感器在长距离温度测量时电压信号损失和噪声干扰问题，不易受接触电阻、引线电阻、电压噪声的干扰。因此，AD590 除适用于多点温度测量外，特别适用于远距离温度测量和控制。

8.4.3　数字输出型

　　DS18B20 是美国 Dallas 公司生产的单总线数字输出型集成温度传感器，能够直接读出被测温度值，并且可根据实际要求通过编程实现 9～12 位的数字量输出，将温度值转化为 9 位数字量所需时间为 93.75 ms，转化为 12 位数字量所需时间为 750 ms。

　　DS18B20 采用独特的单总线接口方式，与微处理器连接时无需任何外围元件，仅需要一根数据线，大大提高了系统的抗干扰能力，适用于远距离、多点位、恶劣环境的温度测量。DS18B20 可以利用数据线供电（寄生电源方式），电压范围为 3～5.5 V，温度测量范围为 −55～125℃，其中在 −10～85℃ 范围内的测量精度为 ±0.5℃。用户可根据需要自行设定报警上下限值。

1. DS18B20 的结构

　　BS18B20 的内部结构如图 8.23 所示，由 64 位光刻 ROM、温度传感器、温度报警触发器 T_H 和 T_L、配置寄存器等组成。光刻 ROM 中的 64 位序列号出厂前已光刻好，前 8 位是产品类型标号，中间 48 位是产品的序列号，最后 8 位是前 56 位的循环冗余校验码（CRC 码）。每个 SD18B20 都具有惟一的 64 位序列号，可以实现一根总线上挂接多个 DS18B20 的目的。

　　DS18B20 的温度测量值从 DQ 端以 16 位二进制补码形式给出，其最低有效位代表 0.0625℃，例如 125℃ 的数字输出为 07D0H，25.0625℃ 的数字输出为 0191H，−10.125℃ 的数字输出为 FF5EH，−55℃ 的数字输出为 FC90H。

　　DS18B20 完成温度转换后，把测得的温度值分别与 T_H 和 T_L 进行比较。若大于 T_H 或小于 T_L，则将器件内的报警标志置位，并对主机发出的报警搜索命令作出响应。因此，可用于多只 DS18B20 同时测量温度并进行报警搜索。一旦某被测点温度超限，主机利用报警搜索命令即可识别正在报警的器件，并读出其序列号，而不必考虑未报警器件。高低温报

警触发器 T_H 和 T_L 以及配置寄存器均由单字节的 E^2PROM 组成，使用存储器功能命令可对 T_H、T_L 或配置寄存器写入。

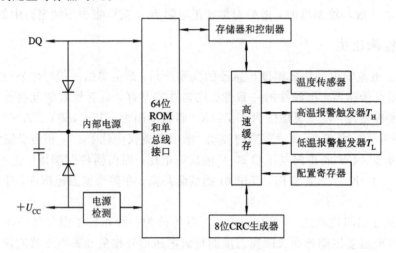

图 8.23　DS18B20 的内部结构框图

配置寄存器由 R_0 和 R_1 组成，R_0 和 R_1 决定了温度转换的精度。$R_1R_0=00$，代表 9 位精度，最大转换时间为 93.75 ms；$R_1R_0=01$，代表 10 位精度，最大转换时间为 187.5 ms；$R_1R_0=10$，代表 11 位精度，最大转换时间为 375 ms；$R_1R_0=11$，代表 12 位精度，最大转换时间为 750 ms。

高速缓存是一个 9 字节的存储器，如表 8.2 所示。前两个字节为被测温度信息；第 3、4、5 字节分别对应高低温报警触发器 T_H、T_L 和配置寄存器，每一次上电复位时刷新；第 6、7、8 字节没有使用；第 9 字节读出的是前 8 个字节的 CRC 码，用来保证通信正确。

表 8.2　DS18B20 的高速缓存

字节地址	高速缓存内容
0	温度数据低字节
1	温度数据高字节
2	高温报警触发器 T_H
3	低温报警触发器 T_L
4	配置寄存器
5	保留
6	保留
7	保留
8	8 位 CRC 编码

2. DS18B20 的软件操作

DS18B20 的硬件连接较为简单，但需要相对复杂的软件进行补充。在对 DS18B20 进行读写编程时，必须严格保证读写时序，否则将无法读取测温结果。对 DS18B20 进行软件操作的命令主要包括 ROM 操作命令和存储器操作命令。

1）ROM 操作命令

（1）读命令（33H）：通过该命令主机可以读出 ROM 中 8 位系列产品代码、48 位产品序列号和 8 位 CRC 码。

（2）选择定位命令（55H）：多片 DS18B20 在线时，主机发出该命令和一个 64 位数列，DS18B20 内部 ROM 与主机数列一致者，才响应主机发送的寄存器操作命令，其他的 DS18B20 则等待复位。该命令也可以用于单片 DS18B20 的情况。

（3）跳过 ROM 序列号检测命令（CCH）：若系统只用了一片 DS18B20，该命令允许主机跳过 ROM 序列号检测而直接对寄存器操作，从而节省了时间。对于多片 DS18B20 测温系统，该命令将引起数据冲突。

（4）查询命令（F0H）：该命令可以使主机查询到总线上有多少片 DS18B20，以及各自的 64 位序列号。

（5）报警查询命令（ECH）：该命令的操作过程同查询命令，但是仅当上次温度测量值已置位报警标志时，DS18B20 才响应该命令。

2）存储器操作命令

（1）写入命令（4EH）：该命令把数据依次写入高温报警触发器 T_H、低温报警触发器 T_L 和配置寄存器。命令复位信号发出之前必须把这三个字节写完。

（2）读出命令（BEH）：该命令可读出寄存器中的内容，从第 1 字节开始，直到读完第 9 字节，如果仅需要读取寄存器中部分内容，主机可以在合适的时刻发送复位命令以结束该过程。

（3）复制命令（48H）：该命令把高速缓存中第 2～4 字节转存到 DS18B20 的 E^2PROM 中。命令发出后，主机发出读命令来读总线，如果转存正在进行读结果为 0，转存结束则为 1。

（4）开始转换命令（44H）：DS18B20 收到该命令后立刻开始温度转换，不需要其它数据。此时 BS18B20 处于空闲状态，当温度转换正在进行时主机读总线结果为 0，转换结束则为 1。

（5）回调命令（B8H）：该命令把 E^2PROM 中的内容回调至寄存器 T_H、T_L 和配置寄存器单元中。命令发出后如果主机接着读总线，则读结果为 0 表示忙，为 1 表示回调结束。

（6）读电源标志命令（B4II）：主机发出该命令后读总线，BS18B20 将发送电源标志，0 表示数据线供电，1 表示外接电源。

3. DS18B20 的硬件接口

DS18B20 的硬件接口非常简单，图 8.24 给出了 DS18B20 在两种供电方式下的硬件接口电路图。图中 DQ 为数字信号输入/输出端，GND 为电源地，VDD 为外接供电电源输入端（在寄生电源接线方式时接地）。

图 8.24（a）为寄生电源供电，在远程温度测量和测量空间受限制的情况下特别有价值。寄生电源供电的原理是在数据线为高电平的时候"窃取"数据线的电源，电荷被存储在寄生供电电容上，用于在数据线为低的时候为设备提供电源。需要注意的是，DS18B20 在进行温度转换或者将高速缓存里面的数据复制到 E^2PROM 中时，所需要的电流会达到

1.5 mA，超出了电容所能提供的电流，此时可采用如图 8.24(a)所示的一个 MOSFET 三极管来供电。

图 8.24(b)为外部供电，当 DS18B20 采用外部供电时，只需将其数据线与单片机的一位双向端口相连就可以实现数据的传递。

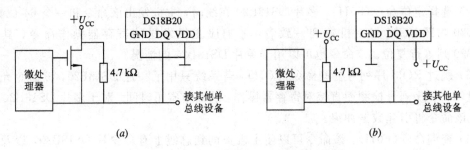

图 8.24　DS18B20 的硬件接口电路图

(a) 寄生电源供电；(b) 外部供电

8.4.4　集成温度传感器的应用

图 8.25 所示为集成温度传感器 AD590 的测温电路原理图。图 8.25(a)是 AD590 测温基本电路，流过 AD590 的电流与热力学温度成正比，当电阻 R 和电位器 R_P 的电阻之和为 1 kΩ 时，输出电压 U_o 随温度的变化为 1 mV/K。

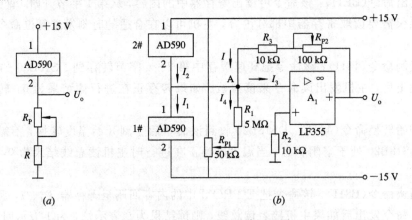

图 8.25　AD590 测温电路原理图

(a) AD590 测温基本电路；(b) AD590 温差测量电路

图 8.25(b)是利用 AD590 测量两点温度差的电路，电位器 R_{P1} 用于调零，电位器 R_{P2} 用于调整运算放大器 LF355 的增益。A 点的电流为

$$I + I_2 = I_1 + I_3 + I_4$$

由于 $I_3 = 0$，$U_A = 0$，调节调零电位器 R_{P1} 使 $I_4 = 0$，则

$$I = I_1 - I_2$$

调节电位器 R_{P2} 使其阻值为 90 kΩ，有

$$U_o = I(R_3 + R_{P2}) = (I_1 - I_2)(R_3 + R_{P2}) = 100 \times 10^{-3}(T_1 - T_2)$$

式中：T_1、T_2——1♯ 和 2♯ AD590 处的热力学温度。

调节反馈电阻 $(R_3 + R_{P2})$ 可改变输出电压 U_o 的大小，当 $T_1 = T_2$ 时 $U_o = 0$。

思考题与习题

8.1　何谓热电效应？热电势由哪几部分组成？热电偶产生热电势原因和条件是什么？

8.2　简述热电偶的几个基本定律，分别说明它们的实用价值。并证明中间导体定律。

8.3　用热电偶测量温度时，为什么要进行冷端温度补偿？常用冷端补偿方法有哪几种？并说明其补偿原理。

8.4　说明热电阻测温原理。金属热电阻的测温电桥有哪几种接法？其作用是什么？

8.5　热敏电阻有哪几种类型？分别简述它们的特点及用途。

8.6　为什么晶体管温度传感器比二极管温度传感器的电压-温度特性线性要好？

8.7　试举例说明几种集成温度传感器的应用。

8.8　现用一支镍铬-镍铜热电偶测某换热器内温度，其冷端温度为 30℃，而显示仪表的机械零位为 0℃，这时指示值为 400℃，若认为换热器内温度为 430℃，对不对？为什么？

8.9　将灵敏度为 0.08 mV/℃热电偶与电压表相连，电压表连线端的温度为 50℃。若电压表读数为 60 mV，求热电偶热端的温度。

8.10　已知某热电偶在 600℃时的热电势为 5.257 mV，若冷端温度为 0℃时，测得炉温输出的热电势为 5.267 mV，试求该加热炉的实际温度。

8.11　已知热电偶的热电极 A 为铂铑$_{30}$，热电极 B 为铂铑$_6$，标准电极 C 为高纯度铂丝，若测得 $E_{AB}(1084.5℃, 0℃) = 5.622$ mV，$E_{AC}(1084.5℃, 0℃) = 13.937$ mV，求 $E_{BC}(1084.5℃, 0℃)$。

8.12　已知铂电阻温度计 0℃时电阻为 100 Ω，100℃时电阻为 139 Ω，求：

(1) 铂电阻的纯度；

(2) 若用该铂电阻测量某介质的温度时电阻值为 218 Ω，试确定该介质的温度。

8.13　已知某负温度系数的热敏电阻，在温度为 298 K 时阻值 $R_{T1} = 3144$ Ω，在温度为 303 K 时阻值 $R_{T2} = 2772$ Ω。求该热敏电阻的材料系数 B 和 298 K 时的电阻温度系数 α_T。

8.14　已知某负温度系数热敏电阻的材料系数 B 值为 2900 K，若 0℃时电阻值为 500 kΩ，试求 100℃时的电阻值。

第9章

光电式传感器

光电式传感器是将光信号转换为电信号的一种传感器，具有非接触、高精度、反应快、可靠性好、分辨率高等特点。光电式传感器的种类十分丰富，具有代表性的如半导体激光器件、具有负电子亲和势光电阴极的光电倍增管、超大规模CCD面阵固体摄像器件、光导纤维等，其应用已渗透到许多科学领域，并得到迅猛发展。

光由具有一定能量的光子所组成。当光照射物体时，物体就受到一连串具有一定能量光子的轰击，于是物体中的电子吸收了光子的能量，导致物体的电学性质发生变化，这种现象称为光电效应。光电式传感器的工作原理就是基于光电效应的，光电效应可分为外光电效应和内光电效应两大类。

材料受到光照后，向外发射电子的现象称为外光电效应，相应的光电器件称为外光电效应器件，如光电管、光电倍增管、变像管等。

内光电效应又分为光电导效应和光生伏特效应（光伏效应）。当半导体材料受光照时，会导致材料的载流子浓度增大，即材料的电导率增大，这种现象称为光电导效应，光敏电阻就是利用光电导效应工作的。材料受光照时，光生电子和空穴在空间分开而产生电位差的现象称为光生伏特效应，光敏二极管、光敏三极管、光电池均属于光伏型器件。

9.1 光 电 器 件

9.1.1 光电管和光电倍增管

光电管和光电倍增管均属于外光电效应器件，它们能吸收不同波长的光信号并向外发射电子。

1. 光电管

光电管主要由光电阴极 K 和阳极 A 两部分组成，阴极和阳极封装在一个玻璃管内，根据管内是抽成真空还是充入低压惰性气体可分为真空型和充气型两种。其工作电路如图 9.1 所示，阴极 K 接电源负极，阳极 A 通过负载电阻 R_L 接电源正极。

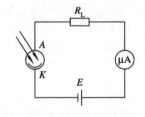

图 9.1 光电管工作电路

对于真空光电管，当一定波长的光线透过玻璃窗照射到真空光电管的光电阴极上时，电子就从阴极发射到真空中，在电场的加速作用下，电子向高电位的阳极运动，形成光电流。光电流的大小主要取决于阴极材料的灵敏度和光照强度。

在充气光电管中，光照产生的光电子在电场加速下向阳极运动，途中与气体原子发生碰撞而发生电离，电离过程中产生的电子和光电子一起被阳极吸收，而正离子向相反方向运动而被阴极吸收，因此电路中形成的光电流比真空光电管的光电流大，但其灵敏度的稳定性和频率特性均不及真空光电管。

2. 光电倍增管

当入射光很微弱时，普通光电管产生的光电流很小，不容易检测，此时可采用光电倍增管，其特点是可以将微小的光电流放大，放大倍数高达 $10^5 \sim 10^7$。光电倍增管在高能物理分析、遥感卫星、医学影像诊断、军事侦察等许多领域都得到了广泛应用。

光电倍增管是一种真空光电器件，其结构如图 9.2 所示，主要由光电阴极 K、倍增极 D（又称为二次电子发射极）和阳极 A 组成，均封装在一个玻璃管内。当入射光透过玻璃窗照射到光电阴极上时，阴极受激发向外发射光电子，光电子在外电场的作用下，加速轰击第一倍增极 D_1。倍增极受到一定能量的电子轰击时，释放出更多的电子，称为二次电子发射。倍增极的数量 n 一般在 $4 \sim 14$ 之间，经过 n 个倍增极后，光电子就放大了 n 次。经过放大的二次电子最后被阳极收集，形成阳极电流 I_A，在负载电阻 R_L 上产生信号电压 U_o。

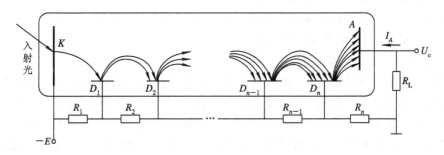

图 9.2　光电倍增管结构原理图

1）入射窗和光电阴极

光电倍增管的入射窗通常有侧窗式和端窗式两种。侧窗式是通过管壳的侧面接收入射光，采用反射式光电阴极，如图 9.3(a) 所示。端窗式是通过管壳的端面接收入射光，采用透射式光电阴极，阴极材料沉积在入射窗的内侧面，如图 9.3(b) 所示。一般透射式光电阴极的灵敏度、均匀性都比反射式要好，而且阴极面可做成各种大小。

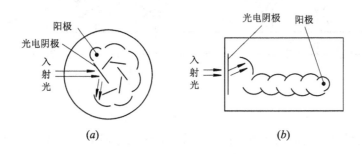

图 9.3　入射窗口和光电阴极的结构
(a) 侧窗反射式；(b) 端窗透射式

光电倍增管的光谱响应特性由窗口材料和光电阴极材料决定，实际应用时，应根据被测对象选择合适的窗口和阴极材料。常用的窗口材料有硼硅玻璃、透紫外玻璃、熔融石英、蓝宝石等。常用的光电阴极材料有银氧铯光电阴极、单碱锑化物、多碱锑化物、紫外光电阴极和负电子亲和势材料等。

2）倍增极和阳极

倍增极的作用是产生二次电子发射，通常把二次发射的电子数 N_2 与入射电子数 N_1 的比值定义为二次发射系数 σ，即

$$\sigma = \frac{N_2}{N_1} \tag{9.1}$$

电流放大系数为

$$\beta = \frac{I_A}{I_K} = \sigma^n \tag{9.2}$$

式中：I_K——光电阴极发出的光电流。

倍增极应满足以下条件：在较低的工作电压下具有较大的 σ 值，热电子发射小，以减小噪声，在较大的一次电子密度和较高温度时 σ 值应保持稳定。

阳极的作用是收集末级倍增极发射的二次电子，其结构较简单。目前常采用栅网状阳极，其输出电容小，且不易产生空间电荷效应。

3）供电和信号输出电路

为了使光电倍增管正常工作，必须在阴极、各倍增极和阳极之间施加一定的电压，阴极和阳极之间的电压在千伏左右，常见的形式如图 9.2 所示。阴极和阳极之间外接一系列电阻进行分压，使各电极之间获得一定的偏压，阴极 K 接高压电源的负极，阳极 A 接地，即负高压供电。这种方式可消除外部信号输出电路与阳极之间的电位差，信号输出方便，但由于阴极屏蔽困难，阳极输出暗电流和噪声较大。但有些情况必须采取阴极接地的正高压接法，如闪烁计数器等，如图 9.4 所示。此时阳极接高压电源的正极，输出信号必须通过耐高压的耦合电容 C，这种情况只适用于交流或脉冲信号测量系统。为了避免电压突变，抑制噪声，在最后几级的分压电阻上也并联耦合电容。

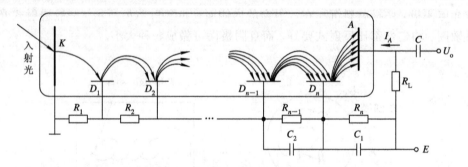

图 9.4 阴极接地正高压接法

一般光电倍增管可视为恒流源，其输出端外接负载电阻 R_L，将输出的电流信号转换为电压信号，再接至电压放大器或电压表。为了保证光电倍增管具有良好的线性和频响特性，负载电阻 R_L 要小，但 R_L 小又使得输出信号的灵敏度降低。此时可采用运算放大器代替负载电阻，实现电流/电压转换。

9.1.2 光敏电阻

光敏电阻是利用光敏材料的光电导效应制成的光电器件，具有体积小、性能稳定、寿命长、价格低廉等特点。光敏电阻广泛用于光电耦合、光电自动开关、通信设备及工业电子设备中。

光敏电阻由均质的光电导体两端加上电极构成，两电极加一定的电压，如图 9.5 所示。当光照射到光电导体上时，光生载流子的浓度增加，并在外加电场作用下沿一定方向运动，电路中的电流就会增大，即光敏电阻的阻值就会减小，从而实现光电信号的转换。

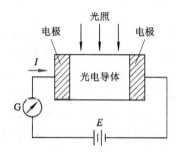

图 9.5 　光敏电阻结构原理图

9.1.3 光敏二极管、光敏三极管和光电池

光敏二极管、光敏三极管和光电池均属于利用光生伏特效应进行工作的光伏型器件。

1. 光敏二极管

光敏二极管又称为光电二极管，其结构与普通二极管相似，具有一个 PN 结，单向导电，而且都是非线性器件，如图 9.6 所示。不同之处在于光敏二极管的 PN 结封装在管壳的顶端，可以接受光照，通常工作在反偏状态。

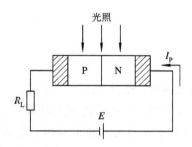

图 9.6 　光敏二极管结构原理图

无光照时，光敏二极管的反向电阻很大，反向电流很小，此时的电流称为暗电流。有光照射时，PN 结附近产生光生电子-空穴对，并在反向电压作用下参与导电，形成光电流 I_P，且光电流的大小与光照强度成正比，此时光敏二极管的反向电阻下降。

2. 光敏三极管

光敏三极管又称为光电三极管、光电晶体管，其结构与普通三极管相似，都具有电流放大作用，只是基极电流不仅受基极电压控制，还受光照的控制。光敏三极管也有 NPN 型和 PNP 型两种，图 9.7 为 NPN 型光敏三极管结构原理图。

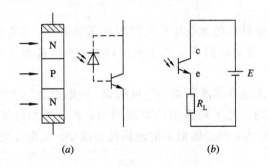

图 9.7　NPN 型光敏三极管结构原理图

(a) 结构示意图；(b) 工作原理图

　　光敏三极管可看作是由光敏二极管和普通三极管组合而成，如图 9.7(a) 所示。光敏三极管工作时各极所加电压与普通三极管相同，即集电结反向偏置，发射结正向偏置。当有光照射时，在集电结附近产生光生电子-空穴对，载流子在内建电场作用下，电子流向集电极，空穴流向基极，相当于外界向基极注入了控制电流。而基极、集电极、发射极又构成一个具有放大作用的三极管，完成光电流的放大，如图 9.7(b) 所示。光敏三极管可分为无基极引线和带基极引线两种，无基极引线光敏三极管的基极电流完全靠光的"注入"；带基极引线光敏三极管提供了基极偏置回路，可以在光照很弱时改善其特性，此外还可以利用基极偏置回路对光敏三极管进行暗电流补偿和温度补偿。

3. 光电池

　　光电池的基本结构与光敏二极管相似，都有一个 PN 结，光电池的 PN 结面积较大。当光照射 PN 结时，结区附近产生光生电子-空穴对，在 PN 结电场作用下，N 区的空穴被拉向 P 区，P 区的电子被拉向 N 区，结果在 PN 结两端产生电位差。此时若光电池外接负载，电路中就会有电流流过。

9.1.4　光电器件的应用

1. 光敏电阻的应用

　　工业生产中一些带材，如薄钢板、纸张、胶片、塑料薄膜等易偏离正确位置而产生跑偏，因此必须对带材的位置进行检测，并采取措施控制其位置，图 9.8 所示为光敏电阻在带材跑偏检测装置中的应用。图 9.8(a) 为测量原理图，光源发出的光经透镜变成平行光束，再经透镜汇聚到光敏电阻 R_{G1} 上，两片透镜分别位于带材的上下方合适的位置。在光线到达透镜的途中，部分光线被带材所遮挡，使到达 R_{G1} 的光通量减小。图 9.8(b) 为测量电路图，R_{G1}、R_{G2}、R_1、R_P 组成测量电桥，其中 R_{G1} 和 R_{G2} 为同型号的光敏电阻，R_{G2} 用遮光罩覆盖，与 R_{G1} 处于同一温度场中，起温度补偿的作用。当带材位于正确位置时，调节电位器 R_P 使电桥平衡，放大器 A 输出电压 U_o 为零。如果带材在运动的过程中向右（向左）跑偏，则 R_{G1} 的光照减小（增大），阻值增大（减小），电桥失去平衡，放大器反相输入端电压降低（升高），输出 U_o 为正（负）。由此可见，输出电压 U_o 的正负和大小分别反映了带材跑偏的方向和程度。U_o 可作为反馈信号送入纠偏装置，驱动纠偏机构动作。

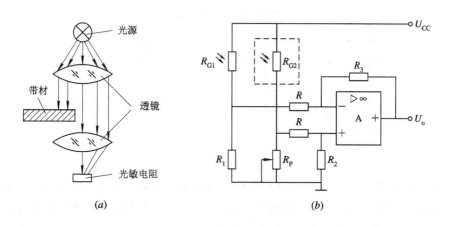

图 9.8　带材跑偏检测装置原理图

（a）测量原理图；（b）测量电路图

　　图 9.9 所示为光敏电阻控制继电器的原理图。当 R_{G1} 和 R_{G2} 没有光照时，呈高阻态，R_{G1} 和 R_{G2} 分别与电位器 R_{P1}、R_{P2} 组成分压电路，三极管 V_1 和 V_2 均处于截止状态，继电器 K 断电，常开触点断开。若 R_{G2} 接受光照，R_{G1} 仍没有光照，则 V_2 饱和导通，继电器 K 通电，常开触点吸合，负载通电工作。此时遮盖 R_{G2} 的光照，R_{G1} 仍没有光照，V_2 的基极可通过继电器触点和 R 供电，维持饱和导通，实现自锁，负载仍处于工作状态。若 R_{G1} 接受光照，R_{G2} 停止光照，则 V_1 饱和导通，V_1 的集电极（V_2 的基极）被钳位在 0.3 V 左右，无法使 V_2 导通，继电器 K 和负载断电。若 R_{G1} 和 R_{G2} 均接受光照，V_1 仍饱和导通，V_2 由于基极电位过低，仍处于截止状态，负载仍无法通电。V_{D1} 的作用是提高 V_2 导通时的基极电位，有利于 R_{G1} 关断继电器 K。V_{D1} 可用发光二极管 LED 代替，显示负载的开关状态。

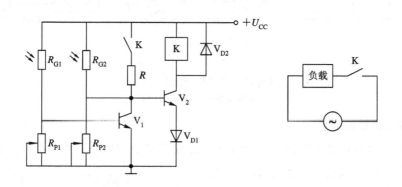

图 9.9　光敏电阻控制继电器

2. 光敏二极管的应用

　　图 9.10 所示为光敏二极管在路灯自动控制中的应用。无光照时，流过光敏二极管的电流很小，A 点电位很低，三极管 V_1 和 V_2 截止，继电器 K 断电，常闭触点闭合，路灯点亮。有光照时，流过光敏二极管的电流增加，A 点电位上升，V_1 和 V_2 均饱和导通，继电器通电，常闭触点断开，路灯熄灭。

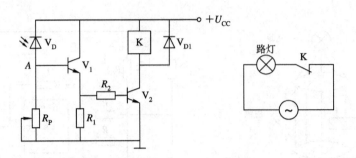

图 9.10　路灯控制原理图

利用光刻技术将一个光敏面分成几个相同的光敏二极管，称为象限探测器。象限探测器可用于定位、跟踪、准直、近距离测距等。图 9.11(a)为四象限探测器的结构原理图，将光敏面均匀分成四等份。图 9.11(b)为应用电路，按图所示建立坐标系，设光斑为均匀的弥散圆，如图中阴影部分所示，在四个光敏二极管上的投影面积分别为 S_1、S_2、S_3、S_4，从每个光敏二极管上提取出对应于投影面积的电压信号为 U_1、U_2、U_3、U_4。加法器先计算相邻象限电压信号的和，减法器再计算相应的电压差，最后得到电压信号 U_x 和 U_y。根据 U_x 和 U_y 的大小和方向就可以判断出光斑中心在坐标系中的位置。

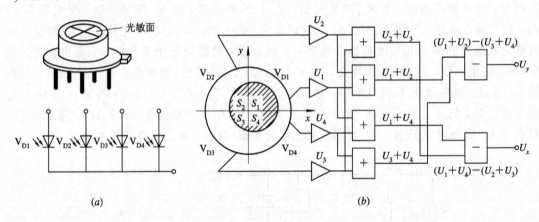

图 9.11　四象限探测器及应用
(a) 结构原理图；(b) 应用电路

3. 光敏三极管的应用

图 9.12 所示为光敏三极管在生产线产品计数装置中的应用。当被测对象位于发光二极管 LED 和光敏三极管 V_1 之间时，V_1 无法接收 LED 发出的光。当被测对象离开后，LED 发出的光被光敏三极管接收。光敏三极管 V_1 能否接收到 LED 发出的光，直接决定了 V_2 是处于饱和导通状态还是截止状态。当 V_2 饱和导通时，输出 $U_\circ$ 为低电平；当 V_2 截止时，输出 $U_\circ$ 为高电平。输出 $U_\circ$ 经整形后接入计数电路，实现计数的目的。

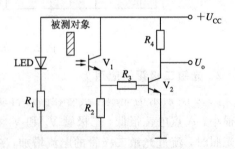

图 9.12　产品计数装置原理图

图 9.13 所示为光敏三极管构成的光电耦合器及其应用。光电耦合器是将发光器件与光接收器件密封封装在一起构成的,光电耦合器的输入端和输出端实现了电气隔离,具有体积小、抗干扰能力强、可单向传输信号等优点,在强弱电信号隔离、匹配等方面应用广泛。图中两个光电耦合器组成数字逻辑电路,只有当两个光电耦合器的输入端 A 和 B 均为高电平时,三极管 V 才能饱和导通,此时输出 U_o 为高电平。若 A 和 B 有一个为低电平,V 就不能导通,输出 U_o 为低电平,即实现了信号相与的作用。

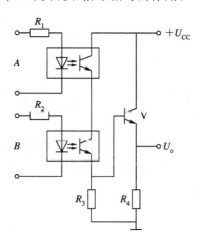

图 9.13　数字逻辑电路原理图

4. 光电池的应用

光电池的应用分为两大类:一类是作为电源,要求光电转换效率高、成本低;另一类是作为测量元件使用,要求线性范围宽、灵敏度高。

图 9.14 所示为光电池作为电源时的原理框图,选择若干个型号相同的光电池,经串、并联后作为光电池组。有光照时光电池组发电,为负载供电,并对蓄电池充电。无光照时,蓄电池向负载供电。图中二极管的作用是防止无光照时,蓄电池通过光电池组放电。光电池是航天工业的重要电源,也可作为航标灯、高速公路警示灯等野外无人值守设备的电源。

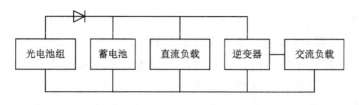

图 9.14　光电池电源电路框图

图 9.15 所示为光电池在白度计中的应用。白度是衡量物体表面对可见光全波长辐射反射率的一个参数,在纺织、丝绸、造纸、化工等行业中有广泛的应用。光源分为两路,一路直接照射光电池 E_1,产生标准电势;另外一路经被测物反射后照射光电池 E_2,产生被测电势,E_1 和 E_2 处于同一温度场内。由于被测物的白度小于 100%(度),标准电势总是大于被测电势。电位器 R_P 串联在 E_1 回路中,其中心抽头与白度计的指针作为一体。调节 R_P 使检流计 G 两端的电位相等,便可通过白度计的指针指示出被测物的白度。

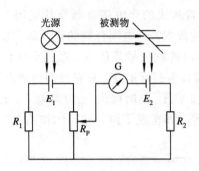

图 9.15　白度计原理图

9.2　光纤传感器

光纤传感器具有灵敏度高、响应速度快、重量轻、体积小、工作频带宽、抗电磁干扰能力强等特点，广泛应用于磁、声、力、温度、位移、扭矩、电流等相关物理量的测量。

9.2.1　光纤的结构与种类

1. 光纤的结构

光纤是光纤传感器的核心元件，通常由纤芯、包层、涂敷层及护套组成，如图 9.16 所示。纤芯位于光纤的中心部位，由玻璃、石英或塑料制成。包层的材料为玻璃或塑料，其折射率 n_2 略小于纤芯的折射率 n_1。涂敷层的作用是提高光纤的机械强度，增加光纤的柔韧性。涂敷层外面是不同颜色的塑料护套，既保护光纤，又可以颜色区分光纤。

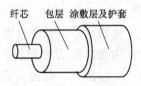

图 9.16　光纤结构

2. 光纤的种类

光纤的分类方法很多，根据纤芯和包层的材料不同，可分为玻璃光纤和塑料光纤。根据纤芯到包层的折射率分布不同，可分为阶跃型光纤和渐变型光纤。阶跃型光纤如图 9.17(a)所示，纤芯的折射率 n_1 为均匀分布，包层的折射率 n_2 亦为均匀分布，纤芯到包层的折射率呈阶梯状变化，且纤芯内的光线沿轴线呈锯齿形轨迹传播。渐变型光纤如图 9.17(b)所示，包层的折射率仍为均匀分布，而纤芯的折射率不是常值，而是从中心轴线开始沿径向大致按抛物线规律逐渐减小，因此光在传播过程中会自动地从折射率小的界面向中心汇聚，纤芯内的光线沿轴线类似正弦波轨迹传播。

根据光纤在传感器中的作用不同，可分为功能型(全光纤型)光纤和非功能型(传光型)光纤。功能型光纤不仅是传光媒质，也是敏感元件，光在光纤内受被测量调制。非功能型光纤仅起传光作用。

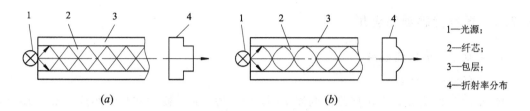

图 9.17　光纤的种类及折射率分布

（a）阶跃型光纤；（b）渐变型光纤

1—光源；

2—纤芯；

3—包层；

4—折射率分布

9.2.2　光纤的传光原理

光纤是利用光的全反射现象传光的。当光线在不同介质中传播时，会产生折射现象，若光线从光密介质射向光疏介质时，且入射角人于临界角，则光线会产生全反射现象。

图 9.18 所示为阶跃型光纤的传光原理。设光纤周围介质的折射率为 n_0（空气 $n_0 = 1$），纤芯折射率为 n_1，包层折射率为 n_2，且 $n_1 > n_0$、$n_1 > n_2$，当光线从周围介质入射到纤芯的端面，并与轴线的夹角为 θ_0 时，光线在纤芯内的折射角为 θ_1，然后以 φ_1（$\varphi_1 = 90° - \theta_1$）角度入射到纤芯与包层的界面，应用斯乃尔法则，有

$$n_0 \sin\theta_0 = n_1 \sin\theta_1 = n_1 \cos\varphi_1 \tag{9.3}$$

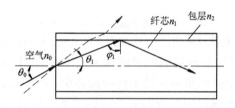

图 9.18　阶跃型光纤的传光原理

当入射光在纤芯与包层的界面上发生全反射时，光线就不会折射到包层内，而是不断地进行全反射，最终从光纤的另一端面射出。发生全反射的条件为

$$\varphi_1 \geqslant \varphi_c = \arcsin \frac{n_2}{n_1} \tag{9.4}$$

式中：φ_c——光线入射到纤芯与包层界面的临界角。

将式（9.4）代入式（9.3）可知，光线入射到光纤端面的入射角 θ_0 应满足

$$\theta_0 \leqslant \theta_{0c} = \arcsin \frac{1}{n_0} \sqrt{n_1^2 - n_2^2} = \arcsin \frac{1}{n_0} NA \tag{9.5}$$

式中：θ_{0c}——光线入射到光纤端面的临界角；

NA——光纤的数值孔径，与纤芯和包层的折射率有关，而与光纤的几何尺寸无关。

式（9.5）给出了发生全反射时入射光在光纤端面的入射角范围，若入射角 θ_0 大于临界角 θ_{0c}，则进入光纤的光线就会在纤芯与包层的界面处发生折射，光线透入包层而很快消失。在实际工作中光纤需要弯曲，只要仍能满足全反射条件，光线仍能继续前进。可见，光纤能够使空气中直线传播的光线随光纤弯曲而走弯曲路线，光线的"转弯"实际上是由很多直线的全反射所组成的。

9.2.3 光纤传感器的应用

1. 非功能型光纤传感器

1) 光纤液位探测器

图 9.19 所示为光纤液位探测器的原理图，由光源、光电器件和光纤组成。图 9.19(a) 为检测单一液体的原理图，光纤测头顶端有一个圆锥体反射器，当测头没有接触液面时，光线在圆锥体内发生全发射而由光电器件接收。当测头接触液面时，圆锥体的全反射被破坏，部分光线透入液体内，光电器件接收的光减弱，光强的突变表明测头已接触到液位。

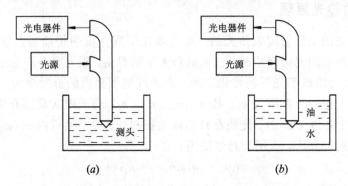

图 9.19　光纤液位探测器原理图

(a) 检测单一液体；(b) 检测具有明显分层面的液体

图 9.19(b) 为检测具有明显分层的两种液体液面的原理图，由于光电器件接收的光强与液体折射率有关，根据光强可知测头处于何种液体中，由此可判断不同液体的液面。

被检液体的折射率与光强之间具有很好的线性关系，当折射率有微小差别时，光强变化很大。同一种液体在不同浓度时其折射率也不同，例如糖水中含糖量不同，其折射率也不同，所以光纤传感器经过标定后可作为浓度计使用。

2) 光纤位移传感器

图 9.20(a) 所示为光纤位移传感器的原理图，图 9.20(b) 所示为输出特性曲线。当被测表面紧贴光纤探头时，发射光纤中的光线不能反射到接收光纤中，光电器件就不能产生光

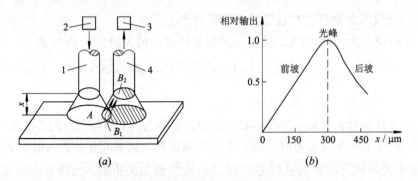

1—发射光纤；2—光源；3—光电器件；4—接收光纤

图 9.20　光纤位移传感器原理图与输出特性曲线

(a) 原理图；(b) 输出特性曲线

电流信号。当被测表面逐渐远离光纤探头时，发射光纤照亮被测表面的面积 A 越来越大，相应的发射光锥和接收光锥重合面积 B_1 越来越大，接收光纤端面上被照亮的区域 B_2 也越来越大，光电器件产生的光电流也随之增加，这段曲线称为前坡区。在前坡区，输出光电流与位移 x 成正比，由此用来测量微小位移和表面粗糙度等。

当接收光纤端面被全部照亮时，输出的光电流达到最大值，即曲线的"光峰"点，利用光峰点检测被测表面的状态。

当被测表面继续远离光纤探头时，由于被反射光照亮的面积 B_2 大于接收光纤的截面积，有部分反射光没有进入接收光纤，接收到的光强逐渐减弱，光电器件产生的光电流也逐渐减小，进入曲线的后坡区。在后坡区，输出光电流与 x^2 成反比，可实现远距离测量。

在光纤位移传感器探头的前面加一弹性膜片，就可以将压力变化转换成微小位移变化，从而实现压力的测量。

2. 功能型光纤传感器

1）相位调制型光纤温度传感器

温度变化能引起光纤中光的相位变化，通过光干涉仪检测相位的变化就可测得温度值。图 9.21 所示为马赫-泽德干涉测温原理图，激光器发出的激光束经扩束器后，再经分光板将光束分别送入参考光纤和测量光纤。参考光纤置于恒温器内，测量光纤置于被测温度场中，当温度变化时，引起测量光纤中光的相位变化。将测量光纤和参考光纤的输出端耦合在一起，两束光将发生干涉，产生干涉条纹，温度变化引起干涉条纹的移动，光探测器检测出干涉条纹移动的数量，就可以反映温度的变化。

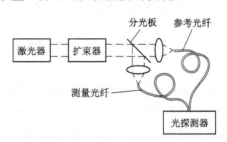

图 9.21　相位调制型光纤温度传感器

2）偏振调制型光纤电流传感器

偏振调制型光纤电流传感器可以对高压输电领域的电流进行监测，图 9.22 所示为测量原理图。

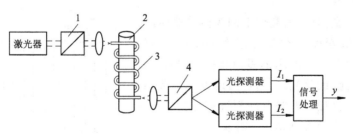

1—起偏器；2—高压载流导线；3—光纤；4—偏振分束棱镜

图 9.22　偏振调制型光纤电流传感器

根据法拉第旋光效应，由电流所形成的磁场会引起光纤中线偏振光偏振面的偏转。激光器发出的激光束经过起偏器后变成线偏振光，线偏振光耦合到光纤内，光纤绕制在半径为 R 的高压载流导线上。设流过导线的电流为 I，由此产生的磁场 H 满足安培环路定律。对于无限长导线有

$$H = \frac{I}{2\pi R} \qquad (9.6)$$

由磁场 H 产生法拉第旋光效应，引起光纤中线偏振光的偏振角 θ 为

$$\theta = \frac{VLI}{2\pi R} \qquad (9.7)$$

式中：V——维尔德（Verdet）常数，与材料、入射光的频率和温度有关；

L——受磁场作用的光纤长度。

受磁场作用的光束经偏振棱镜后分解为振动方向相互垂直的两束偏振光，分别进入光探测器，其输出信号 I_1 和 I_2 再经信号处理后的输出 y 为

$$y = \frac{I_1 - I_2}{I_1 + I_2} = K\theta = K \frac{VLI}{2\pi R} = KVIN \qquad (9.8)$$

$$I = \frac{y}{KVN} \qquad (9.9)$$

式中：K——与光纤性能有关的系数；

N——光纤在导线上绕制的匝数。

式（9.8）和式（9.9）表明，只要 K、V 和 N 已知，利用减法器、加法器和除法器对 I_1、I_2 进行处理，就可得到输出信号 y，由此确定被测电流值 I。

9.3 光栅传感器

光栅传感器主要用于长度和角度的精密测量以及数控系统的位置检测等，在坐标测量仪、数控机床的伺服系统等精密测量领域都有广泛的应用。光栅传感器具有许多优点，如可实现大量程高精度测量和动态测量，易于实现测量及数据处理的自动化，具有较强的抗干扰能力等。

9.3.1 光栅的结构与种类

1. 光栅的结构

在玻璃尺（或金属尺）上类似于刻线标尺那样，进行密集刻划（刻线密度一般为每毫米 25、50、100、250 线），得到如图 9.23 所示的黑白相间的条纹，没有刻划的地方透光（或反光），刻划的地方不透光（或不反光），这就是光栅。光栅上的刻线称作栅线，栅线的宽度为 a，缝隙宽度为 b，一般取 $a=b$，$a+b=W$ 称作光栅的栅距或节距。

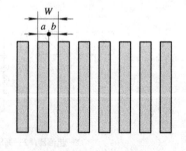

图 9.23　光栅栅线结构图

2. 光栅的种类

光栅按其工作原理不同，可分为物理光栅和计量光栅。物理光栅利用光的衍射现象进行工作，主要用于光谱分析和光波长等的测量。计量光栅利用莫尔条纹原理工作，主要用于长度、角度、速度、加速度和振动等物理量的测量。计量光栅按应用场合不同可分为透射光栅和反射光栅；按用途不同可分为测量线位移的长光栅和测量角位移的圆光栅，圆光栅又分为径向光栅和切向光栅；根据光栅的表面结构不同，长光栅也可分为幅值（黑白）光栅和相位（闪耀）光栅。

9.3.2　光栅的工作原理

计量光栅是利用莫尔条纹原理进行工作的，现以长光栅为例进行介绍。如图 9.24 所示，将栅距相同的两光栅刻面相对重叠在一起，中间留有适当的间隙，且两者栅线错开一个很小的角度 θ，即构成光栅副。其中一个光栅称为主光栅（或标尺光栅），另一个光栅称为指示光栅，指示光栅的长度要比主光栅短得多。主光栅一般固定在被测对象上，且随被测对象移动，其长度取决于测量范围，指示光栅相对于光电器件固定，当主光栅与指示光栅相对移动时，在明亮的背景下可以得到明暗相间的莫尔条纹。在 $m-m$ 线上，两光栅的栅线彼此重合，光线从缝隙中通过并形成亮带，在 $n-n$ 线上两光栅彼此错开，形成暗带。

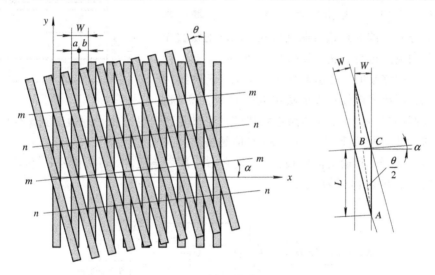

图 9.24　长光栅及莫尔条纹

莫尔条纹的斜率为

$$\tan\alpha = \tan\frac{\theta}{2} \tag{9.10}$$

式中：α——亮（暗）带的倾斜角；

　　　θ——两光栅的栅线夹角。

莫尔条纹间距 L 为

$$L = AB = \frac{BC}{\sin\frac{\theta}{2}} = \frac{W}{2\sin\frac{\theta}{2}} \approx \frac{W}{\theta} \tag{9.11}$$

由此可见，莫尔条纹间距 L 由栅距 W 和栅线夹角 θ 决定。对于给定栅距的光栅，θ 越小，L 越大。通过调整 θ，可使 L 获得任何需要的值。莫尔条纹具有如下性质：

（1）莫尔条纹的运动与光栅的运动具有对应关系：当光栅副中任一光栅沿垂直于栅线方向移动时，莫尔条纹就沿近似垂直于光栅移动方向运动，故称作横向莫尔条纹。光栅改变运动方向时，莫尔条纹也随之改变运动方向；

（2）位移放大作用：当光栅相对移动一个栅距 W 时，莫尔条纹上下移动一个莫尔条纹间距 L。由式(9.11)可知，θ 越小，L 越大，相当于将被测位移放大了 $1/\theta$ 倍；

（3）光栅误差平均效应：莫尔条纹是由光栅的大量栅线共同形成的，对光栅的刻线误差有平均作用，能在很大程度上消除栅距的局部误差和短周期误差的影响，提高光栅传感器的测量精度。

9.3.3　辨向原理与细分技术

1. 辨向原理

实际应用时大部分被测对象往往是往复运动，既有正向运动，又有反向运动，因此必须正确辨别光栅的运动方向。欲实现辨向，可在相距 $L/4$ 的位置处安装两个光电器件，如图 9.25 所示，两个光电器件可获得两个相位相差 90° 的信号。光栅传感器的输出信号有方波和正弦波两种形式，现以正弦波光栅为例对辨向电路进行分析，如图 9.26 所示。

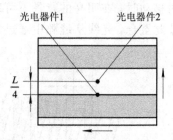

图 9.25　相距 $L/4$ 的两个光电器件

当光栅正向移动时，莫尔条纹向上移动，光电器件 1 的输出电压 A 比光电器件 2 的输出电压 B 超前 90° 相角，如图 9.27(a)所示。A、B 两路正弦波信号经过零比较器后得到方波信号 A' 和 B'，将 A' 和 B' 信号按图9.26所示接入 D 触发器，其输出信号 Q、$\overline{Q}$ 分别和 A'、B' 做与运算，可得信号 A'' 和 B''，A'' 有脉冲信号输出，而 B'' 输出恒为 0。

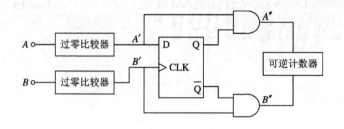

图 9.26　辨向电路原理框图

当光栅反向移动时，莫尔条纹向下移动，光电器件 2 的输出电压 B 比光电器件 1 的输出电压 A 超前相 90° 角，如图 9.27(b)所示。此时 B'' 有脉冲信号输出，而 A'' 输出恒为 0。

将 A'' 和 B'' 分别送入可逆计数器的控制端，正向移动时脉冲数累加，反向移动时从累加的脉冲数中减去反向移动所得到的脉冲数，由此实现辨向的目的。

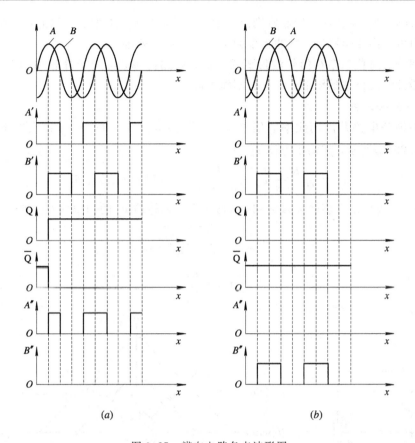

图 9.27　辨向电路各点波形图

(a) 正向移动时的波形；(b) 反向移动时的波形

2. 细分技术

利用光栅进行测量时，当运动部件移动一个栅距，输出信号变化一个周期，产生一个脉冲间隔，即分辨率(脉冲当量)为一个栅距。为了提高分辨率，可增大刻线密度以减小栅距，但这种方法受制造工艺和成本的限制。为此可采用细分技术，即光栅每移动一个栅距时均匀输出几个脉冲，从而提高分辨率，减小脉冲当量。

1) 直接细分法

直接细分又称为位置细分，常用的细分数为 4，如图 9.28 所示。在一个莫尔条纹间距内并列放置 4 个光电器件 S_1、S_2、S_3、S_4，当莫尔条纹移动时，4 个光电器件依次输出相位

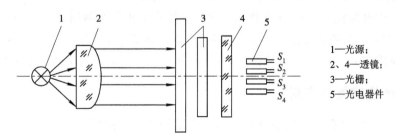

1—光源；
2、4—透镜；
3—光栅；
5—光电器件

图 9.28　直接细分法

差90°的电压信号。经过零比较器鉴别出 4 个信号的零电平,并发出计数脉冲,即一个莫尔条纹周期内可发出 4 个脉冲,脉冲当量为 $W/4$,实现了四细分。

直接细分法对莫尔条纹信号波形要求不高,电路简单,可用于静态和动态测量系统,但受光电器件安放位置的限制,细分数不能太高。

2)电阻桥细分法

电阻桥细分电路是由同频率的信号源 $u_1 = U_m \sin\varphi$、$u_2 = U_m \cos\varphi$ 以及电阻器组成电桥,如图 9.29(a)所示,其输出电压 u_o 为

$$u_o = \frac{R_2}{R_1 + R_2} u_1 + \frac{R_1}{R_1 + R_2} u_2 = U_{om} \sin(\varphi + \theta) \tag{9.12}$$

输出电压 u_o 是两个正交旋转矢量之和,其幅值 U_{om} 和超前 u_1 的相位角 θ 分别为

$$\begin{cases} U_{om} = \dfrac{\sqrt{R_1^2 + R_2^2}}{R_1 + R_2} U_m \\ \theta = \arctan \dfrac{R_1}{R_2} \end{cases} \tag{9.13}$$

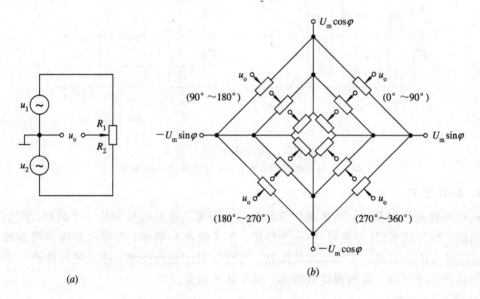

(a)

图 9.29 电阻桥细分电路

(a) 原理图;(b) 电路图

调整电阻比 R_1/R_2,就可获得不同的相位角 θ。若把几个电位器并联,并使各触点处于不同的位置,即电阻比 R_1/R_2 互不相同,就可获得几个相位不同的正弦信号。如果采用图 9.29(b)所示电路,并把直接细分所获得的相位差 90°的四个正弦信号分别加至电路的四个顶点,就可获得在 0°~90°、90°~180°、180°~270°、270°~360°范围内的正弦相移信号。

9.3.4 光栅传感器的应用

图 9.30 所示为光栅位移传感器在机床上应用的结构示意图。光源、透镜、指示光栅和光电器件固定在机床床身上,主光栅固定在机床的运动部件上,可以往复运动。安装时,指示光栅和主光栅保证一定的间隙。

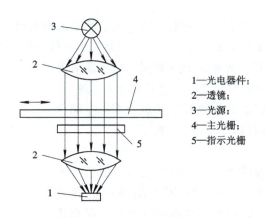

图 9.30　光栅位移传感器结构示意图

1—光电器件；
2—透镜；
3—光源；
4—主光栅；
5—指示光栅

当两光栅相对移动时便产生莫尔条纹，该条纹随光栅以一定的速度移动，用光电器件检测条纹亮度的变化，即可得到周期变化的电信号，电信号通过前置放大器送入数字显示器，直接显示被测位移的大小。

光栅传感器的光源一般为钨丝灯泡，近年来随着半导体发光器件的发展，也常采用发光二极管。光电器件通常为光电池或光敏三极管，用于接收莫尔条纹的移动，从而测出被测物的位移。选择光电器件时，应注意敏感波长与光源相接近，以获得较高的转换效率。

9.4　电荷耦合器件(CCD)

电荷耦合器件(CCD，Charge Coupled Device)在固态图像传感器中的应用最为普遍，是在 MOS 器件的基础上发展起来的，可实现光电信号转换、存储、传输和检测的功能。CCD 具有体积小、重量轻、结构简单和功耗小等特点，不仅在传真、文字识别、图像识别领域广泛应用，而且在现代测控技术中常用于检测物体的有无、形状、尺寸、位置等。

9.4.1　CCD 的结构与工作原理

1. CCD 的结构

CCD 的基本单元是 MOD(金属氧化物半导体)电容，如图 9.31 所示。用 P 型(或 N 型)半导体硅为衬底，上面覆盖一层厚度约 120 mm 的氧化物(SiO_2)，并在其表面沉积一层金属电极(栅极)而构成 MOS 电容，MOS 电容称为光敏元或像素。若干个 MOS 电容构成 MOS 阵列，相邻 MOS 电容之间具有耦合电荷的能力。MOS 阵列与输入、输出电路构成 CCD 器件。

2. CCD 的工作原理

CCD 的突出特点是以电荷作为信号，工作过程包括电荷的注入、存储、传输和检测。

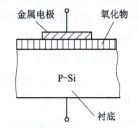

金属电极　　氧化物

P-Si

衬底

图 9.31　MOS 电容的结构

1) 电荷存储

若 MOS 电容为 P 型硅(P - Si)衬底，当金属电极上施加正向电压 U_G 时，P 型硅中的多数载流子(空穴)受到金属中的正电荷(空穴)排斥，少数载流子(电子)被吸引到半导体表面形成带负电荷的耗尽层，又称为表面势阱。耗尽层对电子来说势能很低，可以吸收自由电子，栅极电压 U_G 越高，耗尽层越深，势阱所能容纳的少数载流子就越多。存储信号电荷的势阱又称为电荷包，如图 9.32 所示。

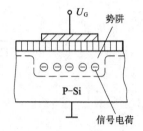

图 9.32　存储信号电荷的势阱

2) 电荷注入

电荷注入即信号电荷的产生，CCD 中的信号电荷可通过光注入和电注入两种方式得到。当 CCD 用作固态图像处理时，接收的是光信号，电荷由光生载流子产生，即光注入。当光照射半导体时，若光子的能量大于半导体禁带宽度，就会被半导体吸收，产生光生载流子(电子-空穴对)，在栅极电压 U_G 作用下，电子被势阱吸收，势阱内吸收的光生电子数与入射光强成正比，实现光信号与电信号的转换。

当 CCD 用作信息存储或信息处理时，采用电注入方式。电注入 CCD 就是通过输入电路对信号电压或电流进行采样，将信号电压或电流转换为信号电荷。

3) 电荷传输

CCD 的 MOS 电容阵列排列很密，相邻 MOS 电容的势阱可以互相耦合。通过控制相邻 MOS 电容栅极电压的大小可以调节势阱的深浅，信号电荷就会从势阱浅处流向势阱深处，即电荷传输。MOS 电容栅极在一定规律的时钟脉冲控制下，势阱中的信号电荷将沿特定方向转移，实现信号电荷的定向传输。

4) 电荷检测

电荷检测就是通过输出电路将信号电荷转换为电流或电压输出。

9.4.2　线阵 CCD

线阵 CCD 用于获取一维光信息，由一列 MOS 光敏元和一列 CCD 移位寄存器构成，光敏元和移位寄存器之间为转移栅，如图 9.33(a)所示。转移栅控制光电荷向移位寄存器转移，一般信号的转移时间远小于摄像时间(光积分时间)。在光积分周期内，转移栅关闭，各个光敏元所积累的光电荷与该光敏元上所接收的光照强度和光积分时间成正比，并存储于各光敏元的势阱内。积分周期结束时，转移栅打开，各光敏元收集的电荷并行地转移到 CCD 移位寄存器的相应单元。当转移栅再次关闭时，各光敏元又开始下一次的光电荷积累。同时在移位寄存器上施加时钟脉冲，将已转移到 CCD 移位寄存器内的上一行信号电荷由移位寄存器串行输出，如此重复上述过程。

为了减小信号电荷在传输过程中的损失，应尽量减少转移次数，为此可采用双通道结构，如图 9.33(b)所示。光敏元中的信号电荷分别向两侧的移位寄存器中转移，然后在时钟脉冲的作用下向终端传输，在输出端交替合并输出。这种结构的转移次数少，转移效率高，还可缩短器件的尺寸，并获得较高的分辨率，已成为线阵 CCD 的主要结构形式。

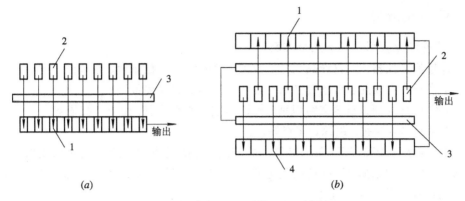

1、4—移位寄存器；2—光敏元；3—转移栅

图 9.33 线阵 CCD 结构原理图
(a) 单通道结构；(b) 双通道结构

9.4.3 面阵 CCD

面阵 CCD 的光敏元呈二维矩阵排列，能检测二维图像信息，其结构如图 9.34 所示。

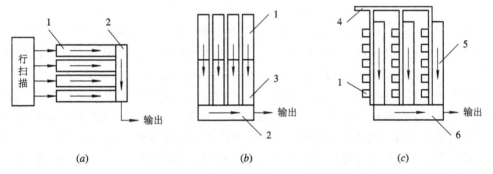

1—光敏元；2—移位寄存器；3—暂存区；4—转移栅；5—垂直移位寄存器；6—水平移位寄存器

图 9.34 面阵 CCD 结构原理图
(a) 行传输型；(b) 帧传输型；(c) 行间传输型

图 9.34(a)所示为行传输型结构。当光敏元的光积分结束后，由行扫描电路一行行地将信号电荷通过移位寄存器转移到输出端。其缺点是扫描电路要进行行选址，结构复杂，且在电荷转移过程中，光积分仍在进行，会产生"拖影"现象，劣化图像质量，故较少采用。

图 9.34(b)所示为帧传输型结构。光敏元的光积分结束后，在光敏元和暂存区各自的转移栅脉冲驱动下，把信号电荷快速转移到暂存区，光敏元开始积累第二帧图像的信号电荷，同时暂存区的电荷在转移脉冲驱动下一行行地通过移位寄存器转移到输出端。

图 9.34(c)所示为行间传输型结构。光敏元与垂直移位寄存器交替排列。光敏元的光积分结束后，在转移栅脉冲控制下，光敏元的信号电荷快速转移至垂直移位寄存器中，然后逐行转移到水平移位寄存器，并沿水平方向转移到输出端，同时光敏元开始下一帧图像的光积分。这种结构的优点是图像清晰，不存在"拖影"现象，是用得最多的一种结构形式。

9.4.4　CCD 的应用

CCD 器件广泛应用于以下几个方面：

(1) 计量检测仪器：工业产品尺寸、位置、缺陷的非接触测量、距离测定等；

(2) 生产过程自动化：自动售货机、自动搬运机、监视装置等；

(3) 光学信息处理：光学文字识别、标记识别、图像识别、传真、扫描等；

(4) 军事科学：导航、跟踪、侦查等。

图 9.35 所示为线阵 CCD 在扫描仪中的应用。光源发出的光经扫描对象反射后，通过透镜在线阵 CCD 上成像，CCD 输出的电信号反映了扫描对象的亮度信息，经放大、A/D 转换和编码后成为数字信号输出。

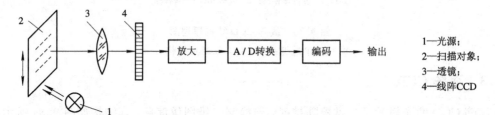

图 9.35　扫描仪原理图

线阵 CCD 只能接收一维光信息，不能将二维图像转换为一维的电信号输出，因此欲对二维对象进行扫描，必须选择合适的驱动机构使扫描对象和线阵 CCD 之间产生相对移动。

图 9.36 所示为 X 射线在线探伤系统的结构示意图。X 射线源发出强度均匀的 X 射线，入射到具有一定厚度的工件上，射线在贯穿工件的过程中会与物质发生相互作用，强度逐渐减弱。当工件存在缩孔、疏松、夹杂等缺陷时，穿透工件后的射线强度将发生变化，利用射线强度信息就可以检测工件的质量状态。X 射线经变像管转换后，其波长处于面阵 CCD 敏感波长的范围内，从而可提高转换效率。CCD 输出的电信号经放大、A/D 转换后送至计算机进行处理，并对处理结果进行监视、控制和记录。

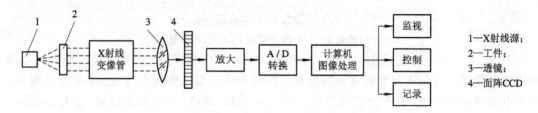

图 9.36　X 射线在线探伤系统

9.5　位置敏感器件(PSD)

位置敏感器件(PSD, Position Sensitive Detector)是一种对入射到光敏面上光斑位置敏感的光电器件，其位置分辨率高，一维 PSD 可达 $0.2\ \mu m$。PSD 广泛应用于激光束监控(对准、位移和振动)、平面度检测、二维位置检测等系统中。

9.5.1　PSD 的结构与工作原理

根据检测对象的不同可将 PSD 分为两类：检测光斑直线运动的一维 PSD 和检测光斑平面运动的二维 PSD。

1. 一维 PSD

图 9.37 所示为一维 PSD 的截面示意图，基本结构包括三层：上层为 P 型半导体，中间为高阻态 Si 衬底(I 层)，下层为 N 型半导体。其中 P 层既是光敏层，也是均匀的电阻层。

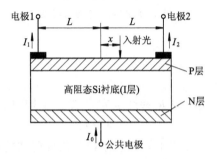

图 9.37　一维 PSD 的截面图

图中电极 1 和 2 之间的距离为 $2L$，电阻为 $2R_L$。当光照射到 PSD 的光敏层时，在入射位置产生与入射光能量成正比的光生电荷，形成光电流，通过电极输出。由于 P 层的电阻均匀，电极 1 和 2 输出的电流 I_1 和 I_2 分别与光斑到各电极的距离(或电阻)成反比，且有 $I_0 = I_1 + I_2$。若入射光位置到电阻层中心点的距离为 x，对应电阻为 R_x，则 I_1 和 I_2 分别为

$$\begin{cases} I_1 = I_0 \dfrac{R_L - R_x}{2R_L} = I_0 \dfrac{L - x}{2L} \\ I_2 = I_0 \dfrac{R_L + R_x}{2R_L} = I_0 \dfrac{L + x}{2L} \end{cases} \tag{9.14}$$

由式(9.14)可得

$$x = \frac{I_2 - I_1}{I_1 + I_2} L \tag{9.15}$$

即根据电流 I_1 和 I_2 的值即可检测出入射光的位置，而与入射光的强度无关。

2. 二维 PSD

二维 PSD 的感光面为方形，比一维 PSD 多一对电极，其结构如图 9.38 所示。

1) 两面分离型

图 9.38(a) 所示为两面分离型二维 PSD，两对互相垂直的电极分别在上下两个表面上，两个表面都是均匀的电阻层，与入射光位置有关的光电流先在上表面的两个电极 $1x$ 和 $2x$ 上分流，然后又在下表面的两个电极 $3y$ 和 $4y$ 上分流。两面分离型二维 PSD 具有较高的位置线性度和空间分辨率。

2) 表面分离型

图 9.38(b) 所示为表面分离型二维 PSD，相互垂直的两对电极位于同一表面上，光电流在同一电阻层内分流成四部分，分别由电极 $1x$、$2x$、$3y$、$4y$ 输出。与两面分离型相比，具有施加偏压容易、暗电流小和响应速度快等优点。

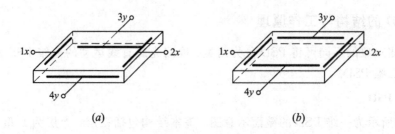

图 9.38　二维 PSD
(a) 两面分离型；(b) 表面分离型

9.5.2　PSD 的特性

1. 响应特性

PSD 的响应特性与电极间电阻 R 和结电容 C 有关，响应时间为

$$T = 2.2RC \tag{9.16}$$

电极间电阻 R 通常在 10 kΩ 以上，结电容 C 与器件所加的反偏电压有关，反偏电压越高，C 越小，响应速度越快。当反偏电压超过一定值时，C 基本上为一常数。

2. 线性度

入射光在 PSD 受光面上的位置和相应输出信号之间存在一定的误差，该误差可以用线性度来衡量。一维 PSD 线性度由极间电阻的均匀性决定，位置检测误差较小，精度较高。

图 9.39 所示为二维 PSD 的线性度。表面分离型和两面分离型的有效受光面均为 $(13×13)$ mm^2，用点光以 1 mm 节距对 $(10×10)$ mm^2 的范围进行扫描。对于表面分离型 PSD，从中心到边缘逐渐产生对数失真，这表明边缘的位置检测误差较大。而对于两面分离型 PSD，扫描节距具有较好的线性。但两面分离型 PSD 的光敏面分别位于两个表面上，制造较困难，两组电极之间没有公共端，使用不方便。现已制造出了线性较好的表面分离型 PSD，边缘的位置检测误差也大大减小。

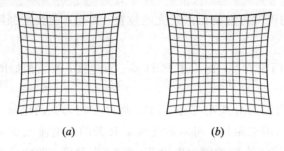

图 9.39　二维 PSD 的线性度
(a) 表面分离型；(b) 两面分离型

3. 分辨率

分辨率是指 PSD 能够分辨出的入射光最小的位移量。分辨率与入射光通量和极间电阻有关，极间电阻越大，入射光通量越大，可分辨的最小位移量越小，即分辨率越高。

9.5.3　PSD 的应用

1. PSD 信号调理电路

图 9.40 所示为一维 PSD 的信号调理电路，首先对 PSD 输出的光电流信号进行电流-电压转换并放大，再根据式(9.15)利用加法器和减法器进行信号的加减运算，最后通过除法器相除，得到与光能大小无关的位置坐标信号。

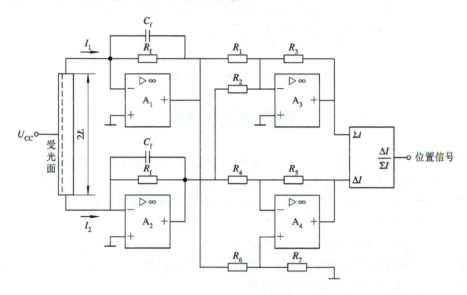

图 9.40　一维 PSD 信号调理电路

电路中的加法器、减法器和除法器都是模拟电路，电路的噪声、温漂等都会给电路的精度带来影响。若利用计算机对 PSD 输出的信号进行处理，采用软件实现加法、减法和除法运算，可以克服上述缺点。

2. PSD 测距传感器

PSD 应用非常广泛，如光学装置中位置及角度的测量与控制，激光装置中光轴的校正，物体变形及振动的二维和三维测量，物体表面粗糙度的测量，机器人视觉与动作的控制等。

PSD 常作为测距传感器使用，利用一维 PSD 检测距离时可采用三角测距原理，如图 9.41 所示。光源 1 发出的光经发射透镜 2 聚焦后投射到被测物体 3 上，部分反射（散射）光由接收透镜 4 成像到一维 PSD 上。设被测物体距发射透镜的距离为 D，发射透镜与接收透镜光轴间的距离为 L_m，接收透镜与 PSD 的受光面间距离为 L_f，入射光位置到电阻层中心点的距离为 x，则有

$$D = \frac{L_m L_f}{x} \tag{9.17}$$

对式(9.17)微分得

$$\Delta D = -\frac{L_m L_f}{x^2}\Delta x = -\frac{D^2}{L_m L_f}\Delta x \tag{9.18}$$

由式(9.17)和式(9.18)可求出被测物体的移动距离，其分辨率与传感器结构尺寸及被测物体的初始距离有关。

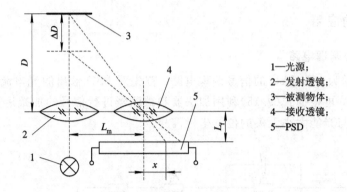

图 9.41　PSD 测距传感器原理图

1—光源；
2—发射透镜；
3—被测物体；
4—接收透镜；
5—PSD

思考题与习题

9.1　何谓光电效应？光电效应有哪几种？与之对应的光电器件各有哪些？

9.2　简述光电倍增管的结构和工作原理。

9.3　简述光纤的结构和传光原理。光纤传光的必要条件是什么？

9.4　光栅传感器的莫尔条纹是如何产生的？有何特点？

9.5　如何判断光栅传感器的运动方向？

9.6　什么是 CCD 的势阱？试论述 CCD 的电荷转移过程。

9.7　简述一维 PSD 的结构和工作原理。

9.8　某光栅的栅线密度为 100 线/mm，形成莫尔条纹的间距为 10 mm，求栅线夹角 θ。

9.9　某光纤的纤芯折射率为 1.56，包层折射率为 1.24，求数值孔径 NA。

9.10　题 9.10 图为光敏二极管控制继电器的电路，试说明其工作原理。

9.11　题 9.11 图为光敏三极管控制灯泡工作与否的开关电路，试分析其工作原理并说明各元件在电路中的作用。

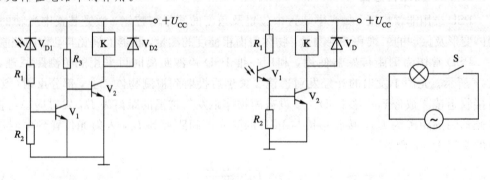

题 9.10 图　　　　　　　　　　　　　　题 9.11 图

9.12　题 9.12 图为两个光电耦合器实现的逻辑电路，试分析该电路实现的逻辑功能。

9.13　题 9.13 图为直射式光电转速传感器的原理图，被测轴上装有圆盘式光栅，圆盘两侧分别设置发光管（光源）和光电器件，简述该传感器测量转速的原理。

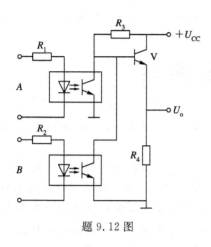

题 9.12 图

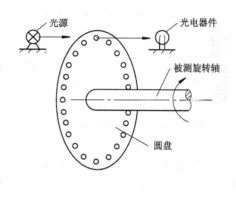

题 9.13 图

9.14　试设计一个自动航标灯的控制电路，要求：

(1) 由光电池和蓄电池联合供电；

(2) 由日光照度自动打开关闭。

第10章 生物传感器

生物传感器大致经历了三个发展阶段：20世纪60年代为第一阶段，这一时期的生物传感器是由固定了生物成分的非活性基质膜和电化学电极所组成，主要代表是酶电极；20世纪70年代为第二阶段，这时的生物传感器是将生物成分直接吸附或共价结合到转换器的表面，无需非活性的基质膜，测定时不必向样品中加入其它试剂，主要代表有微生物传感器、免疫传感器、组织传感器等；从20世纪80年代至今，生物传感器进入了将生物技术和电子技术相结合的生物电子学时期，传感器把生物成分直接固定在电子元件上，使它们可以直接感知和放大界面物质的变化，从而把生物识别和信号的转换处理结合在一起，酶FET、酶光二极管是其中的典型代表。

生物传感器目前已经是由生物、物理、化学、电子技术等多学科互相渗透的高新技术，具有选择性好、灵敏度高、分析速度快、成本低、可以进行连续监测和活体分析的特点，在生物、医学、环境监测、食品及军事等领域都有重要应用。随着生物传感器的自动化、微型化与集成化，减少了对使用技术的要求，更加适合在复杂体系下进行在线监测和野外现场分析。

10.1　生物传感器的原理与分类

生物传感器是一类特殊的化学传感器，是以生物体成分（如酶、抗原、抗体、激素等）或生物体本身（细胞、微生物、组织等）作为生物敏感元件，对被测目标物具有高度选择性的检测器件。生物传感器通过物理、化学型信号转换器捕捉目标物与敏感元件之间的反应，并将反应的程度用离散或连续的电信号表达出来，从而得出被测量。

10.1.1　生物传感器的原理

生物传感器由生物敏感膜与变换器构成，如图10.1所示。被测物质经扩散作用进入生物敏感膜层，经过分子识别发生生物学（物理、化学）反应，产生物理、化学现象或热、光、声等信号，然后由相应的变换器将其转换为易于检测、传输与处理的电信号。

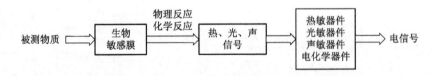

图10.1　生物传感器构成

10.1.2 生物传感器的分类

生物传感器的分类方法有很多,常用的有两种分类方法,即按生物活性物质(分子识别元件)和变换器来分,如图 10.2 所示。

按生物活性物质不同可分为五类:酶传感器、微生物传感器、细胞器传感器、组织传感器和免疫传感器,如图 10.2(a)所示。

按变换器不同可分为六类:生物电极、热生物传感器、介体生物传感器、半导体生物传感器、压电晶体生物传感器和光生物传感器,如图 10.2(b)所示。

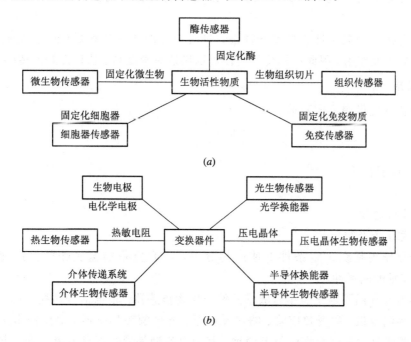

图 10.2 生物传感器分类
(a) 按生物活性物质分类;(b) 按变换器分类

随着生物传感器技术的发展,有很多新型生物传感器出现,因此也出现一些新的分类方法。如直径在微米级甚至更小的生物传感器称为微型生物传感器;以分子之间特异识别为基础的生物传感器称为亲和生物传感器;可同时测定两种以上指标或综合指标的生物传感器称为多功能传感器,如滋味传感器、血液成分传感器等;由两种以上分子识别元件组成的生物传感器称为复合传感器等。

10.2 酶 传 感 器

10.2.1 酶反应

1. 酶

酶是生物体内产生的具有催化活性的一类蛋白质,能催化许多生物化学反应。生物细胞的代谢就是由成千上万个不同的酶来控制的。按酶的催化反应类型可分为氧化还原酶、转移酶、水解酶、裂解酶、异构酶、连接酶(合成酶)等六类。酶具有以下特性：

1) 酶的高效催化性

酶作为一种生物催化剂，参与所有新陈代谢过程中的生化反应，使得生命赖以生存的许多复杂化学反应能在常温下发生，并以极高的速度和明显的方向性维持生命的代谢活动。

2) 酶催化反应的高度选择性

酶不仅具有一般催化剂加快反应速度的作用，而且具有高度的选择性，如淀粉酶则只能催化淀粉水解。酶的这种选择性及其催化低浓度底物反应的能力在化学分析上非常有用。

酶的催化效率极高且具有高度选择性，只对特定的待测生物量(底物)进行选择性催化，并有化学放大作用。因此利用酶的特性可以制造灵敏度高、选择性好的传感器。

2. 酶反应

酶的催化反应可用下式表示

$$S \frac{E}{T} \rightarrow \sum_{i=1}^{n} P_i \tag{10.1}$$

式中：S——待测物质；

E——酶；

T——反应温度；

P_i——第 i 个产物。

酶的催化作用是在一定条件下使底物分解，其实质是加速底物的分解速度，可用 $(\partial P_i / \partial t)_T$ 表示酶的活性。

酶传感器是利用固定化酶作为敏感元件的生物传感器。根据信号转换器的类型，酶传感器大致分为酶电极、酶场效应管、酶热敏电阻、光纤酶等传感器。根据输出信号方式的不同，酶传感器分为电流型和电位型两种。其中电流型是通过测量电流来确定与催化反应有关的各种物质浓度，如氧电极、过氧化氢(H_2O_2)电极等。电位型是通过测定敏感膜电位来确定反应物浓度，如 NH_3 电极、CO_2 电极等。

10.2.2 酶电极传感器

酶电极传感器由酶敏感膜与电化学器件构成，具有酶的分子识别和选择催化功能，又有电化学电极响应快、操作简便的特点，只需少量的样品就能快速测定试液中某一给定化合物的浓度。根据输出测量信号的不同，酶电极分为电流型和电位型两种。

1. 电流型酶电极

酶催化反应产生的有关物质会在电极上发生氧化或还原反应，电流型酶电极是利用氧化或还原反应所得的电流来确定反应物的浓度，其基础电极可采用氧、过氧化氢等，或采用铂、钯和金等。

以研究最早、最成熟的葡萄糖氧化酶传感器为例，它是由葡萄糖氧化酶敏感膜和电化学电极组成。葡萄糖氧化酶敏感膜固定在聚乙烯酰胺凝胶上，电化学器件为 Pt 阳电极和 Pb 阴电极，中间溶液为强碱溶液，阳电极上覆盖一层透氧的聚四氟乙烯膜，形成封闭式阳电极，避免电极与被测溶液直接接触，防止电极被毒化。其结构如图 10.3 所示。

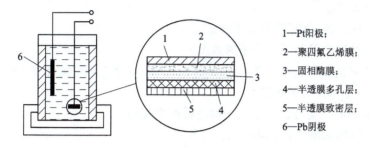

1—Pt 阳极；
2—聚四氟乙烯膜；
3—固相酶膜；
4—半透膜多孔层；
5—半透膜致密层；
6—Pb 阴极

图 10.3　葡萄糖氧化酶传感器

将葡萄糖氧化酶传感器插入到被测的葡萄糖溶液中，葡萄糖（$C_6H_{12}O_6$）受到葡萄糖氧化酶（GOD）的催化作用发生如下反应

$$C_6H_{12}O_6 + H_2O + O_2 \xrightarrow{\text{GOD}} C_6H_{12}O_7 + H_2O_2 \tag{10.2}$$

葡萄糖在反应中消耗氧，生成葡萄糖酸（$C_6H_{12}O_7$）及 H_2O_2，H_2O_2 通过选择性半透膜，在 Pt 电极上氧化并产生电流，其电流与进入氧化反应的葡萄糖量成正比关系。对浓度为 1000 mg/mL 的葡萄糖溶液，反应时间约为 20 s 左右，测量精度可达 1%。如果在 Pt 电极上加 0.6 V 的电压，则 H_2O_2 在 Pt 电极上产生氧化电流的过程可用下式表示

$$H_2O_2 \xrightarrow{0.6 \text{ V}} O_2 + 2H^+ + 2e \tag{10.3}$$

式中：e——形成氧化电流的电子。

2. 电位型酶电极

电位型酶电极是将酶反应所引起的物质变化转换成电位信号输出，电位信号的大小与底物浓度的对数之间有线性关系。其基础电极有 PH 电极、气敏电极等，它影响酶电极的响应时间、检测下限等性能。电位型酶电极的适用范围，不仅取决于底物的溶解度，更取决于基础电极的检测限。

例如，尿素（$CO(NH_2)_2$）电极是一种属于水解酶体系的酶电极。在医学临床上，用于分析患者的血清和体液中的尿素，对肾功能进行诊断。另外，对尿毒症患者进行人工透析时，确定透析次数和透析时间，必须依靠尿素的定量分析。尿素在脲酶作用下发生水解反应

$$CO(NH_2)_2 + H_2O \xrightarrow{\text{脲酶}} 2NH_3 + CO_2 \tag{10.4}$$

尿素的含量可用氨气敏电极或二氧化碳电极等基础电极测定，在实际应用中常用氨气敏电极，其灵敏度高、线性范围宽。尿素电极多用于临床血清、尿液中的尿素含量测定以及尿素生产线的监测分析。

被测底物与酶电极酶膜发生酶反应，生成的阳离子被离子选择性电极所识别，在电极上转换输出的电位与被测离子浓度的对数呈线性关系，即

$$E = E_0 - \frac{2.303RT}{F} \lg(C_1 + KC_2) \tag{10.5}$$

式中：E_0——初始电位；

R——摩尔气体常数（$R = 8.3145$ J/(K·mol)）；

F——法拉第常数($F = 96\ 485\ J/(V \cdot mol)$);

T——热力学温度;

K——选择性系数(由所测的离子决定);

C_1、C_2——被测离子和干扰离子的浓度。

电位型酶电极的线性范围为 $10^{-2} \sim 10^{-4}\ mol/L$。有些上限可延伸到 $10^{-1}\ mol/L$,有些下限可延伸到 $10^{-5}\ mol/L$ 或更低。

电位型酶电极的变质可以通过三个响应特性来观测:

(1) 随使用时间的增加,上限减小;

(2) 电位对浓度的对数曲线斜率逐渐变小;

(3) 电极响应时间开始一般为 30 秒到 4 分钟(与转换器的时间大致相同),随着酶的老化变质,响应时间会变长。

10.2.3 场效应管酶传感器

场效应管酶传感器(ENFET)是由有机物敏感膜和 ISFET(氢离子场效应管)构成。将 FET 栅极金属去掉,把酶固定在栅极氢离子敏感膜表面,样品溶液的待测底物扩散进入酶膜。例如检测酶催化反应后的产物(反应速率取决于底物浓度),产物向离子选择性膜扩散的分子浓度不断积累,在酶膜和离子选择膜的界面达到恒定。酶-FET 传感器通常有两支栅极,一支栅极涂酶膜作为指示用 FET,另一支涂非活性酶膜作为参比 FET。两支 FET 在同一芯片上,并对 pH 值、温度及溶液电场变化具有相同敏感性,两支 FET 漏电流的差值,是由酶-FET 中的催化反应导致,与环境温度、pH 值、电场噪声等因素无关,所以此差值与被测产物的浓度呈比例关系。

FET-脲酶传感器的结构如图 10.4 所示。其原理是利用 FET 检测脲酶水解尿素时溶液 pH 值发生的变化,基片采用电阻率为 $3 \sim 7\ \Omega \cdot cm$ 的 P 型硅片。芯片顶部的源极和漏极间形成沟道,沟道上的绝缘物形成栅极,栅极对溶液中的氢离子产生响应。在源极与漏极焊上导线后,用树脂封装,FET 露出前端,用浸渍涂敷法在其上形成有机薄膜,把脲酶固定在膜上。由于栅极对氢离子敏感,脲酶水解尿素时膜内 pH 值发生变化,使氢离子浓度改变,进而引起栅极电位变化,通过对漏极电流进行调制,即可获得所需信号。

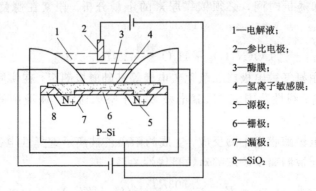

1—电解液;
2—参比电极;
3—酶膜;
4—氢离子敏感膜;
5—源极;
6—栅极;
7—漏极;
8—SiO₂

图 10.4　FET-脲酶传感器的结构

10.2.4　光纤酶传感器

光纤酶传感器主要由光纤和酶敏感膜组成，其工作原理如图 10.5 所示。测量时将传感端插入待测溶液中，当光通过光纤达到传感端时，由于酶敏感膜中生物活性成分和待测成分之间的相互作用引起传感层光学性质变化。这种传感器利用了酶的高选择性，待测物质从样品溶液中扩散到生物催化层，在酶的催化下生成某种待测物质。酶敏感膜安装在光纤上，对待测物质进行选择性的分子识别，再转换成各种光信息，如紫外光、可见光及红外光等信号输出。当底物扩散速度与催化产物生成速度达到平衡时，可得到一个稳定的光信号，信号大小与底物浓度成正比。

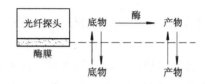

图 10.5　光纤酶传感器的工作原理

例如，利用固定化酯酶或脂肪酶做成生物催化层进行分子识别，再通过所生成产物的光吸收对底物浓度进行生物传感。以测定对硝基苯磷酸酯含量为例，用固化的碱性磷酸酶进行分子识别，待测的对硝基苯磷酸酯在催化作用下生成对硝基苯酚和磷酸，并在光纤中传送 404 nm 波长的光到达传感端，得到稳定的光信号，通过测量在 404 nm 波长下光吸收的变化，可确定对硝基苯磷酸酯的含量，其线性范围为 0～400 $\mu mol/L$，生物体内很多酯类和脂肪类物质都可用类似的传感器进行测定。

$$\text{对硝基苯磷酸酯} + H_2O \xrightarrow{\text{碱性磷酸酶}} \text{对硝基苯酚} + \text{磷酸} \tag{10.6}$$

目前应用最多的是检测烟酰胺 6-氨基嘌呤双核苷酸（NADH）的光纤酶传感器，这种传感器的探头用脱氢酶进行分子识别。在含有乳酸（$C_3H_6O_3$）的溶液中加入氧化型烟酰胺腺嘌呤双核苷酸（NAD^+），当 pH 为 8.6 时，在探头中固定化乳酸脱氢酶的催化作用下，发生如下反应，生成丙酮酸（$C_3H_4O_3$）和 NADH。

$$C_3H_6O_3 + 2NAD^+ \xrightarrow{\text{乳酸脱氢酶}} C_3H_4O_3 + 2NADH \tag{10.7}$$

此反应是可逆的，增高溶液 pH 值，有利于 NADH 的生成。在含有乳酸的试液中加入 NAD^+（氧化态辅酶），当 pH 为 8.6 时，在探头中固定化乳酸脱氢酶的催化作用下生成的 NADH 含量，可用荧光法进行检测。激发波长为 350 nm，荧光发射波长为 450 mn，荧光强度与 NADH 含量成比例，测定范围为 0～0.1 mmol/L，检测下限为 2 $\mu mol/L$。当溶液 pH 值为 7.4 时，上述反应逆向进行，在含有丙酮酸的试液中加入少量 NADH，则可根据生物催化层中荧光信号的降低，测定丙酮酸的含量。测定范围为 0～1.10 mmol/L，检测下限为 1 $\mu mol/L$。

目前，酶传感器已有数百种实现了商品化，常用酶传感器的特性见表 10.1。

表 10.1 常用酶传感器的特性

传感器	酶膜	电化学器件	稳定性/日	响应时间/min	测量范围/$(mg \cdot L^{-1})$
葡萄糖	葡萄糖氧化酶	O_2 电极	100	1/6	$1 \sim 5 \times 10^2$
乙醇	乙醇氧化酶	O_2 电极	120	1/2	$5 \sim 10^3$
尿酸	尿酸酶	O_2 电极	120	1/2	$10 \sim 10^3$
谷氨酸	谷氨酸盐脱氢酶	氨离子电极	2	1	$10 \sim 10^4$
尿素	尿素酶	氨气体电极	60	$1 \sim 2$	$10 \sim 10^3$
青霉素	青霉素酶	pH 电极	$7 \sim 14$	$0.5 \sim 2$	$10 \sim 10^3$

10.3 免疫传感器

免疫传感器是近年来生物传感器研究中的前沿课题，它具有广阔的应用前景。免疫传感器不仅能灵敏地检测低分子量的激素、毒素、药物等，而且可以灵敏地检测高分子量的各种病毒、细菌、甚至细胞。根据换能器的种类不同，免疫传感器可分为电化学免疫传感器、光纤免疫传感器、场效应晶体管免疫传感器、压电晶体免疫传感器、表面等离子体共振免疫传感器等。免疫传感器又可以分为直接型和间接型两种，其中利用压电晶体和表面等离子共振技术的免疫传感器属于直接型免疫传感器，而间接型免疫传感器主要包括电化学免疫传感器、光纤免疫传感器、场效应晶体管免疫传感器等。

10.3.1 免疫反应

免疫是生物体的免疫系统对侵入自身的微生物，如细菌、病毒等病原体或异物产生特异性抵抗力的现象，这种生物化学过程称为免疫反应。免疫传感器就是利用免疫反应来测定物质的。

在免疫反应中，引起生物体免疫反应的物质称为抗原。生物体内因抗原的侵入而产生的并与抗原产生特异性结合而发生免疫反应的物质称为抗体。利用抗原与抗体的反应，即免疫反应来进行分子识别的方法称为免疫识别。免疫识别是最为重要的生物化学分析方法之一，可用于测定各种抗体、抗原以及能进行免疫反应的多种生物活性物质（例如激素、蛋白质、药物、毒物等）。

利用抗体具有识别抗原并与抗原结合的双重功能，将抗体或抗原和换能器组合而成的装置称为免疫传感器。由于蛋白质分子（抗体或抗原）携带有大量电荷、发色基团等，当固定化抗体（或抗原）与相应的抗原（或抗体）结合时，会产生电学、化学、光学等变化，通过适当的传感器可检测这些参数，从而构成不同的免疫传感器。

免疫传感器具有三元复合物的结构，三元复合物即感受器、转换器和电子放大器。在感受器单元中，抗体与抗原选择性结合产生的信号敏感地传送给换能器，抗体与被分析物的亲和性结合具有高度的特异性。免疫传感器的优劣取决于抗体与待测物结合的选择性和亲和力。

10.3.2　电化学免疫传感器

电化学免疫传感器是由分子识别系统和电化学转换器组合而成，分子识别系统是指固定化的抗体或抗原。固定化的抗体或抗原在与相应的抗原或抗体结合时，自身发生变化，但变化比较小。为此利用酶的化学放大作用，使抗体与抗原结合时产生明显的化学量变化。

电化学免疫传感器所用的电极可以是电流型，也可以是电位型，取决于标记酶的底物或底物的反应产物的种类。

1. 电位型免疫传感器

1975 年 Janata 首次提出用电位测量来监测免疫化学反应，其原理是先用聚氯乙烯膜将抗体固定于金属电极上，然后用相应的抗原与抗体特异性结合，抗体膜中的离子迁移率随之变化，从而使电极上的膜电位也发生相应变化，膜电位的变化与待测物浓度之间有对数关系。但由于灵敏度较低，没能投入实际应用中。到了 20 世纪 80 年代，Rechnitz 把离子选择性电极、pH 电极等引入到电位型免疫传感器中，提高了传感器的灵敏度。如离子选择性电极，它是将抗原和离子载体共价结合，然后固定在电极表面膜上，当底物中的抗体与固定抗原选择性结合时，膜内离子载体性质发生改变，导致电极上电位变化，由此可测得抗体浓度。

人绒毛膜促性腺激素（hCG）是鉴定早期妊娠的标志化合物。将一根长 15 cm、直径 1 mm 的钛丝通氧加热到 500℃，在其表面形成二氧化钛薄层。用环氧树脂将钛丝封入玻璃管中，露出部分长 1.5 cm，将其浸入溴化氰中使其表面活化，然后浸入 hCG 抗体溶液中，使抗体结合到二氧化钛层上，制成 hCG 传感器的工作电极。将另一根完全相同的钛电极经过同样处理，但不结合抗体并浸入尿素溶液中，使其结合尿素分子，作为参比电极。将上述两电极插入缓冲溶液中，测量工作电极的电位。当待测溶液中加入抗原溶液时，由于抗原与抗体的结合，电位逐渐下降，根据电位的下降速度，可以计算出 hCG 的浓度。

电位型免疫传感器普遍存在的问题是信噪比偏低，这是由于多数生物分子上的电荷密度比背景干扰低。另外，信号响应对 pH 值和离子强度等条件有依赖性，从而对复现性有影响。

2. 电流型免疫传感器

电流型免疫传感器的原理是利用抗原与抗体结合来催化氧化还原反应，反应产生电活性物质，引起电流值变化，从而确定样品中抗原的浓度。

甲胎蛋白（AFP）是胚胎肝细胞所产生的一种特殊蛋白质，为胎儿血清的正常组成成分。健康成年人，除孕妇和少数肝炎患者外，血清中测不出 AFP，但在原发性肝癌和胚胎性肿瘤患者的血清中可测出 AFP。因此，常采用检测病人血清中 AFP 的方法来诊断原发性肝癌。

用氧电极作转换器，将过氧化氢酶标记在 AFP 分子上制成酶标抗原，将 AFP 抗体共价结合制成抗体膜，抗体膜固定在氧电极的聚四氟乙烯透氧膜上，构成 AFP 酶免疫传感器。将该传感器插入含有一定量酶标 AFP 的待测溶液中，30℃下温育 2 h，这时溶液中待测 AFP 和酶标 AFP 对膜上抗体发生竞争结合，取出传感器用磷酸盐缓冲液（缓冲液是有着恒定 pH 值的溶液)洗涤,然后置于该缓冲液中测定膜上结合的过氧化氢酶的酶活性。传感器在缓冲液中由于存在溶解氧产生电流,待其稳定后,注入定量过氧化氢,膜上的过氧化氢酶催化产生氧,使传感器电流增加很快,30 s 内可达到另一个稳定状态,而这一电流值的改变与被测溶液中 AFP 浓度呈反比关系。

10.3.3　光学免疫传感器

1. 标记型光学免疫传感器

酶可以作为标记物催化生成一些产物,这些产物能吸收光线,发出荧光或磷光。其中磷光的灵敏度很高,荧光团也可做标记物,它在被激发后可直接发出荧光。因此,这类光学免疫传感器无需光源,设计简单,但检测的光强度很低,需要复杂的检测仪器。为了减小传感器的体积,简化检测仪器,引入了光导纤维,从而构成了光纤免疫传感器。

茶叶碱光纤免疫传感器是根据荧光能量转移的原理工作的。将一段长 5 mm,一端用氰基丙烯酸胶粘剂密封的渗析管套在双叉光导纤维的公共端,内装茶叶碱单克隆抗体(TR‑Ab)和茶叶碱(THEO‑BPE),两者通过免疫反应结合成复合物。此复合物中,茶叶碱(THEO‑BPE)在 514 nm 波长激发下产生 577 nm 荧光,通过能量转移给茶叶碱单克隆抗体(TR‑Ab)并造成荧光淬灭。试样中的茶叶碱透过渗析膜进入分子识别系统后,将竞争抗体的键合位置,使一部分 THEO‑BPE 释放出来,当达到反应平衡时,荧光强度增加,其增加值与试样中茶叶碱的浓度成正比,测定范围为 0~300 pmol/L,并且具有很好的可逆性。

2. 非标记型光学免疫传感器

非标记光学传感技术是利用光学技术,直接检测传感器表面的光线吸收、荧光、光线散射或折射率的微小变化,在免疫传感器中很有发展前景。这类免疫传感器的原理是基于内反射光谱学,它由两种不同折射率的介质组成,高折射率的介质通常为玻璃棱镜,低折射率的介质表面固定抗原或抗体。

当入射光束穿过高折射率介质射向两介质界面时,会折射到低折射率介质,如果入射角超过一定角度(临界角度),光线会在两介质界面处发生全反射,底物中的抗体或抗原若与低折射率介质上的固定抗原或抗体结合,会改变介质的表面结构,使反射光强度减小,光强度的减小反映了界面上折射率的变化,并与样品中抗体或抗原的质量相关。

3. 电化学发光免疫传感器

电化学发光分析是利用电解技术在电极表面产生某些电活性物质,并通过氧化还原反应而导致化学发光。应用光学手段测量发光光谱和强度即能对物质进行痕量检测。与其他检测方法相比,它具有一些明显的优势。标记物比大多数化学发光标记物稳定,由于是电促发光,只有靠近电极表面并且带有标记物的部分才能被检测到。

在免疫电化学发光(LECL)传感器中利用的是 TBR(三氯联吡啶钌络合物)‑TPA(三丙胺)体系的电化学发光过程。当电极的电压增加至一定水平时,TPA 和 TBR 都瞬时氧化,TPA 氧化后生成一种不稳定的、具有高度还原性的中间物质,可与氧化的 TBR 反应,使之进入激发态,当其由激发态变为基态时可发射出 620 nm 的光,发光强度与 TBR 标记物的量成正比,从而可以通过发光强度对产物进行定量测量。

例如利用免疫电化学发光传感器测定游离甲状腺素（FT_4）、人绒毛膜促性腺激素（hCG）和促甲状腺素（TSH），并证明血清中溶血、脂血和黄疸对检测不产生干扰。利用这种方法也可测定前列腺特异性抗原（PSA），并将该方法应用于前列腺切除病人的临床分期诊断。

10.3.4　压电晶体免疫传感器

压电晶体免疫传感器是一种质量测量式免疫传感器，其原理是石英晶片在振荡电路中振荡时有一个基本频率，当被测物中的抗原或抗体与固定在晶片上的抗体或抗原结合时，由于被吸附物增加，晶片的振荡频率会相应减少，其减少值与被吸附物质量有关。该类传感器早期只限于气相测定，即晶片在样品缓冲液中与待测物反应，取出干燥后才能测定频率变化，这样晶片起振比较容易，能避免非特异性吸附对结果的影响，有较好的线性关系，但增加了操作时间，而且干燥过程对蛋白质的活性有损害，会缩短传感器的寿命。最好的解决办法就是在液相中直接检测晶体表面质量的变化，然而由于液相中阻尼较大，晶体不易产生压电谐振，为此利用 ST 切割（对 Y 轴旋转 42.75°切割石英晶体的方法）压电器件在液相中进行质量免疫检测，避免了干燥过程带来的不利影响。

压电晶体免疫传感器主要应用于以下几个方面：

（1）微生物的检测：用压电免疫传感器检测食物及饮用水中的肠道细菌，其原理是将抗肠道细菌共同抗原的单克隆抗体固定在 10 MHz 的石英晶体表面，食物或水中的细菌浓度在一定范围内会引起石英晶体频率的明显改变，通过频率的变化可以测出肠道细菌的数量；

（2）病毒的检测：用压电免疫传感器检测艾滋病病毒（HIV）。将 HIV 人工合成肽固定于晶体表面，标本中若有抗 HIV 抗体，则会与肽链发生反应，引起晶体频率改变；

（3）其他免疫检测：利用压电晶体的质量敏感性，在晶体表面固定一层生物敏感物质，用于酶的直接检测和多种生物小分子物质的分析。

10.4　基因传感器

10.4.1　基因传感器的结构与类型

自从建立了生物遗传基因的分子机理以来，在分子水平上检测易感物种的基因突变，提高对疾病的治疗及预测，一直是人们所追求的目标。20 世纪 90 年代以来，各国相继提出人类基因组计划，在这一领域已取得 DNA 的分子识别、测序、突变检测、基因筛选、基因诊断等成果。

DNA 探针是一段与待测的 DNA（脱氧核糖核酸）或 RNA（核糖核酸）互补的核苷酸序列，DNA 传感器是以 DNA 探针为敏感元件，将 DNA 探针固定在转换器的电极上，并通过电极将 DNA 与 DNA、RNA、药物、化合物等相互作用的生物学信号转变成可检测的光、电、声波等物理信号，再由信号转换器转变成电信号。根据杂交前后电信号的变化量，推算出被检 DNA 的含量。

根据检测对象的不同，基因传感器可分为 DNA 生物传感器和 RNA 生物传感器两大类。目前研究的基因传感器主要为 DNA 生物传感器。根据信号转换器种类可分为电化学型 DNA 传感器、光学型 DNA 传感器和压电晶体型 DNA 传感器等。

10.4.2　电化学 DNA 传感器

电化学 DNA 传感器是利用单链 DNA(ssDNA)作为敏感元件(DNA 探针)，通过化学吸附等方法将其固定在电极(包括金电极、玻碳电极、裂解石墨电极和碳糊电极等)表面，与识别杂交信息的电活性指示剂(称为杂交指示剂)共同构成的检测特定基因的装置。DNA 探针一般都是由 20~40 个碱基的核苷酸组成，包括天然的核苷酸片段和人工合成的寡核苷酸片段。

将 ssDNA 修饰到电极表面，构成 DNA 修饰电极，由于电极上的 DNA 探针(ssDNA)与溶液中的互补链(即靶序列)杂交的高度序列选择性，使得 DNA 修饰的电极具有极强的分子识别能力。DNA 探针分子与靶序列杂交，在电极表面形成双链 DNA(dsDNA)，从而导致杂交前后的电极表面结构发生变化，这种变化可用杂交指示剂识别，并借助于杂交指示剂的电流响应信号来检测基因。

DNA 修饰电极是 DNA 传感器的一个重要部分。为了将 ssDNA 牢固地修饰到电极上，需要借助于有效的物理或化学方法，常采用化学吸附法、共价键合法、自组装法等。目前，也有利用硅烷化法将 DNA 固定在玻璃表面以及利用亲和素/生物素来固定 DNA 的方法。

电化学 DNA 传感器除了通常的电流型传感器外，还有电致化学发光以及基于 DNA 电导测量的传感器等。

1. 电流型 DNA 传感器

电流型 DNA 传感器是由固定的单链 DNA 电极和电化学活性识别元素构成。固定在电极上的 ssDNA 与杂交缓冲溶液中的靶基因发生选择性杂交反应。如果样品中含有完全互补的 DNA 片段，则在电极表面形成 dsDNA，从而导致电极表面结构变化，通过检测电极表面的电活性识别元素的电流信号，达到识别和测定靶基因的目的。

2. 电导型 DNA 传感器

用培植法在 DNA 上覆盖金属原子，形成导电 DNA 链。DNA 完全被金属覆盖，仅起支架的作用，不再具备选择性结合其他生物分子的特性。由于 DNA 链是导电的，杂交 DNA 过程所引起的链删除或变化，均起阻碍电流的作用，计算机能够简单地通过测量电导的变化来识别 DNA 的异常。

3. 电致化学发光传感器

电致化学发光是通过对电极施加一定的电压，促使反应产物之间或体系中某种成分进行化学发光反应，通过测量发光的光谱和强度来测定物质的含量。

电化学 DNA 传感器是一种全新的生物传感器，它不仅可以用来识别特定碱基序列的 DNA，还可用来检测 DNA 的损伤，以及一些药物与 DNA 的作用机理，进行特定药物的设计合成，在临床诊断、体外药物筛选等方面都有应用。电化学 DNA 传感器分子识别能力强，无放射性标记，避免了操作过程中对人的危害。与流动注射技术相结合后，还可以进行实时、在线检测，也可以进行活体检测。但是电化学 DNA 传感器在稳定性、复现性、灵敏度等方面还存在一些问题，有待提高。

10.4.3　光学 DNA 传感器

由于光学方法具有非破坏性和灵敏度高等特点，因而在生物传感器中获得广泛应用。根据所选光学方法和检测材料的不同，光学 DNA 传感器也可分成许多种类。目前研究的光学 DNA 生物传感器主要有光纤式、光波导式、表面等离子谐振(共振)式等类型。

以光纤 DNA 生物传感器为例，它采用石英光纤作为基体传感元件，其作用机理是利用石英表面特性，通过连接物 DNA 探针连在光纤端面上，然后与目的基因进行杂交，杂交指示剂产生的特征光学信号(荧光、颜色变化等)，通过光纤探头传递至光检测器，经光电转换进而测定出杂交分子(含目的基因)的量。

光纤 DNA 传感器检测发生杂交反应后产生的特征性光信号，其选择性强，易于排除杂交过程中非特异性吸附的干扰，测定准确，不需要放射性同位素标记探针，安全性好。但选择的发光反应信号较弱，需要加入嵌和剂来提高灵敏度。

光学 DNA 传感器采用发光法、椭圆光度法等作为光学检测手段。根据所选光学材料和检测材料的不同，光学 DNA 生物传感器又可分为消失波型、光反射型、表面等离子体共振型、拉曼光谱型、共振镜型等。

1. 消失波型光学 DNA 传感器

20 世纪 90 年代初，建立了消失波型光纤 DNA 传感器的一般检测方法，研究了外界条件如溶液的 pH 值、温度、敏感膜在光纤上的位置等对分析结果的影响，同时对固定在光纤上的寡核苷酸的长度及在光纤上杂交的机理进行了探讨。采用 16 个和 20 个碱基的寡核苷酸固定在波导表面后能检测到纳摩尔量级荧光素标记的互补序列。

消失波型光学 DNA 传感器是一种较为常用的光学 DNA 传感器，如图 10.6 所示。当光线以一定的角度射入光纤时，会以全反射的方式在光纤中传播，产生一种横贯光纤的波，通过光纤与其他介质的界面射出光纤，这种波随传播距离快速衰减，称为消失波。消失波型光学 DNA 传感器正是利用了这一性质，在消失波的波导表面上，固定生物敏感膜(DNA 探针)，当消失波穿过生物敏感膜时会产生光信号，或导致消失波与光纤内传播光线的强度、相位、频率等参数发生变化，通过测量这些参数的变化就可得到生物敏感膜上的信息。

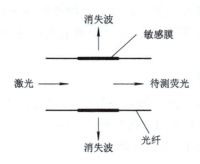

图 10.6　消失波型光学 DNA 传感器

消失波型光学 DNA 传感器的光源一般为激光器，检测系统有多种形式，检测范围一般在 1~10 nmol/L，响应时间由 DNA 杂交时间来决定，一般在 1~10 min。

2. 光反射型光学 DNA 传感器

光反射型 DNA 传感器装置选择了石英光纤作为光学元件，光纤头经过活化后，在其表面连接长链脂肪酸分子，末端连接脱氧胸腺嘧啶的衍生物，然后将光纤置入固相 DNA 合成仪中，在光纤表面长链脂肪酸分子末端的胸腺嘧啶上直接合成含有 20 个胸腺嘧啶的寡核苷酸(dT20)，这样 DNA 探针就被固定在光纤表面。随后将光纤置于杂交液中，与其互补序列(含有 20 个腺嘌呤的寡核苷酸 dA20)进行杂交。完毕后注入溴化乙锭(EB)染色，再用激光器照射，最后使用激光荧光用摄像器材和微机对激发荧光进行分析。

光纤的另一端通过一个特制的耦合装置耦合到荧光显微镜中。测量时将固定有 ssDNA 探针的光纤一端浸入荧光标记的目标 DNA 溶液中与目标 DNA 杂交。通过光纤传导，来自荧光显微镜的激光激发荧光标记物产生荧光，所产生的荧光信号仍经光纤返回到荧光显微镜中，由 DNA 相机接收，获得 DNA 杂交的图谱。该传感器能够检测 86 μg/L 的核酸，整个杂交过程大约需要 46 min，储存一年后光纤仍可使用。

3. 表面等离子体共振 DNA 传感器

表面等离子体是沿着金属和电介质间传播的电磁波形成的。当平行表面的偏振光以表面等离子角的入射角照在界面上发生全反射时，入射光进入表面等离子体内，在这个角度由于表面等离子体谐振将引起界面反射率显著减小。表面等离子体谐振对附着在金属表面的电介质的折射率非常敏感，而折射率是所有材料的固有特征。因此，任何附着在金属表面上的电介质均可被检测，不同电介质其表面等离子角不同。而同一种材料由于附着在金属表面的量不同，则表面等离子体谐振(SPR)的响应强度不同。根据上述原理，SPR 型 DNA 传感器通常将已知的单键 DNA 分子固定在几十纳米厚的金属(金、银等)膜的表面，加入与其互补的单键 DNA 分子(目标 DNA)，两者的结合(杂交)将使金属膜与溶液界面的折射率上升，从而导致谐振角改变。如果用一个固定光的入射角度，就能根据谐振角的改变程度对互补的单键 DNA 分子进行定量检测。采用该原理制作的传感器灵敏度高，不需要对探针或样品进行标记，成本相对较低。SPR 型 DNA 传感器可用于实时跟踪核酸反应的全过程，包括基因装置、DNA 合成延伸、内切酶对双链 DNA 的特异切割。

4. 拉曼光谱型 DNA 传感器

拉曼光谱是化学分析的常用工具。某些化合物吸附在金属表面可增强拉曼光谱的效应，利用这种特性对基因探针进行标记，可以得到表面增强拉曼光谱基因探针，进行目标基因的检测。

5. 共振镜型 DNA 传感器

例如，通过链霉亲和素/生物素系统将 DNA 探针标记在共振镜上，然后将其浸入含有靶核酸的杂交液中，经过杂交后检测其共振频率发生的变化，从而得出核酸量。这种传感器的杂交时间较短，可重复使用，但设备较为复杂。

10.4.4 压电晶体 DNA 传感器

1. 工作原理

压电晶体在制作完成后有一个固定频率，当有少量物质吸附在表面后，其振荡频率会发生变化。将寡核苷酸固定在压电晶体表面，然后暴露在单链互补序列中，经充分杂交后，得到互补的单链 DNA，此时检测振荡频率的变化量，该变化量与被吸附物的质量有关。

压电晶体 DNA 传感器是把 DNA 单链固定在电极上，只测定频率的变化，但不能消除液体的粘度、表面粗糙度等因素的影响。若使用阻抗分析和等效电路技术分析 DNA 在电极上的吸附、固定化及杂交过程，可有效解决这一问题。另外，固定的 DNA 探针和互补的靶核酸进行杂交时，杂交反应在液体中完成，但该类传感器早期只限于气相测定，因此频率的测定需在干燥状态完成。随着液相压电传感器技术的不断发展成熟，现在已经可以现场实时监测杂交过程，使压电基因传感器的使用更为方便、快捷，同时也为表面杂交过程的研究以及基因传感器的优化奠定了基础。

还有一类压电晶体 DNA 传感器是根据压电晶体的声学特性来设计的。压电晶体表面经处理后将一段寡核苷酸固定在传感器表面，含有互补序列的杂交液流经传感器表面，在声波衰减长度区域内，共振频率的变化与杂交时 DNA 依赖的粘度变化存在着一定的关系，根据声学阻抗分析就可以推算出被测物的量。

2. 压电 DNA 传感器的特点

（1）液相杂交检测：压电 DNA 传感器可以直接在液相反应下测定频率信号的变化，从而完成对靶物质的测定；

（2）实时检测：把 DNA 传感技术和流动注射技术相结合，可以对 DNA 实现在线和实时检测，也可以对 DNA 的动力学反应过程进行监测；

（3）分辨率高：压电 DNA 传感器的分辨率可达纳克数量级，甚至可达皮克数量级；

（4）体积小，成本低，便于携带，使用方便；

（5）可对活体内核酸进行动态检测，特异性强，无污染。

压电 DNA 传感器的主要不足之处是响应时间太长。目前压电 DNA 传感器的响应时间大部分在几十分钟到一小时以上，无法进行大批量样品测定，并且容易受杂质干扰。随着科学技术的发展，一些新的实验技术将会给 DNA 传感器注入新的活力。

生物传感器是用以监控生命体系的器件。它是当代信息科学的组成部分，是目前迅速发展着的研究领域，是新型生化检测方法和生产流程的计测、控制手段，也是逐渐融入人们日常生活的"家用电器"。如生产过程的自动控制装置，医疗中的血气监控仪，糖尿病人使用的血糖仪，都已经出现在人们的生活中。

发展生物传感器最初的目的是为了利用生化反应的专一性、高选择性去分析目标物。但是，由于生物单元的引入，生物结构固有的不稳定性、易变性，生物传感器的实用化还存在着不少问题。在今后的发展中，生物传感器以下三个方面的性能还有待提高。

1）选择性

改善生物单元与信号转换器之间的联系以减少干扰。选择、设计新的活性单元以增加其对目标分子的亲和力，如在酶电极中加入介体或对酶进行化学修饰可以提高这类电极的选择性，其中介体或用于修饰的物质大都具有一定的电子运载能力。目前，杂环芳烃的低聚物是研究的热点，它们极有可能成为这一设想的突破口。

随着计算化学的发展，更精确地模拟、计算生物分子之间的结合作用已经成为可能。在此基础上，就可根据目标分子的结构特点设计、筛选出选择性和活性更高的敏感基元。

2）稳定性

为了克服生物单元结构的易变性，增加其稳定性，最常用的手段是采用对生物单元具有稳定作用的介质、固定剂或膜材料，应用能保持酶活性的固化方法。研究表明用溶胶-凝胶法固化生物单元，可以大大提高生物单元的稳定性。但就目前的技术水平而言，很多生物单元的稳定性远远不能满足实际应用的需要。这种情况下，寻求生物酶模拟技术的帮助是一种值得尝试的途径。

3）灵敏度

对一些特定的分析对象已发展了一些能大幅度降低检测限的技术。如以 DNA 为敏感源的传感器，利用液晶分散技术将 DNA 固定在换能器上，所有能影响 DNA 分子间交联度的化学和物理因素均能被灵敏地捕获，检测限低至 10^{-14} mol/L。

随着以上问题的解决，相信在不久的将来，会有越来越多的高性能生物传感器不断出现并服务于我们的生产生活。

思考题与习题

10.1　什么是生物传感器？有哪几种类型？

10.2　生物电极与普通电极相比有何特点？

10.3　利用 FET 制作的生物传感器有何特点？

10.4　酶电极传感器的检测方式有哪几种？试举例说明。

10.5　简述葡萄糖氧化酶传感器的工作原理。

10.6　电化学免疫传感器有哪几种类型？各有何特点？

10.7　DNA 传感器有哪几种类型？各有何特点？

10.8　生物传感器在生物医学中有何应用？试举例说明。

第11章　化学传感器

　　能将各种化学物质的特性(气体、离子、电解质浓度、湿度等)的变化直接或间接转换为定性或定量电信号的传感器称为化学传感器。化学传感器主要是利用敏感材料与被测物质中的分子、离子相互接触时引起电极电势、表面化学势变化或发生表面化学反应的原理而工作的。

　　化学传感器实际上是各种不同的专用电极。由于其携带方便、使用简单、得到结果迅速、灵敏度高、可检测出浓度极低的物质(几个 ppm),所以在矿山开发、石油化工、医学和日常生活中越来越多地被用来作为易燃、易爆、有毒有害气体的检测预报和自动控制的装置,或用来测定各种溶液中含量极低的物质,甚至可以测量细胞中的离子浓度。

　　按传感方式的不同,化学传感器可分为接触式与非接触式。其结构形式有两种:一种是分离型传感器,如离子传感器,液膜或固体膜既有接收器功能,又有完成电信号的转换功能,接收和转换部位是分离的,有利于对每种功能分别进行优化;另一种是组装一体化传感器,如半导体气体传感器,分子俘获功能与电流转换功能在同一部位进行,有利于化学传感器的微型化。按检测对象的不同,化学传感器可分为气敏传感器、湿敏传感器、离子敏传感器等。

11.1　气敏传感器

　　随着科学技术的发展,工业生产规模逐渐扩大,在生产中使用的气体原料和生产过程中产生的气体种类和数量也在增加。这些气体物质有些易燃易爆,有些对人类有害,极易引起窒息、中毒。为保证生产和生活的安全,需要对各种可燃性气体、有毒性气体进行定量分析和检测。

　　气体检测的方法很多,如电化学法、电学法等。其中半导体气敏器件具有灵敏度高、价格低、制造工艺简单、体积小等特点,目前受到人们的重视。

　　气敏传感器是 20 世纪 60 年代迅速发展起来的一种功能器件。它是利用半导体与气体接触后其特性发生变化的机理,把被测气体的成分、浓度等信息转换为电信号的传感器,由气敏元件和测量电路两部分组成。目前已有多种半导体气敏传感器得到应用,但气敏元件在复现性、选择性、稳定性等方面还存在不少有待解决的问题。

　　半导体气敏元件按半导体变化的物理特性可分为电阻型和非电阻型两大类。其中,电阻型根据半导体与气体的相互作用是发生在半导体表面还是涉及到半导体内部,又可分为表面电阻控制型和体电阻控制型。而非电阻型根据所利用的特性也可分为表面电位、二极管整流特性和晶体管特性三种。

11.1.1　电阻型气敏器件

气敏电阻是利用半导体与气体接触而使其电阻发生变化的效应制成的气敏元件。气敏元件的材料主要是氧化物半导体，气体在氧化物半导体材料表面的吸附会使材料载流子浓度发生相应的变化，从而改变半导体元件的电导率。由氧化物半导体粉末制成的气敏元件，具有很好的疏松性，有利于气体的吸附，因此其响应速度和灵敏度较好。

氧化物半导体可分为 N 型和 P 型两类，最常用的氧化物气敏传感器材料是 N 型，如 SnO_2、ZnO 和 Fe_2O_3。因为当 N 型半导体材料暴露在纯净的空气中时，空气中的氧气在其表面产生吸附，形成电子势垒，使元件具有很高的阻值。当元件接触到还原性气体时，会与原来吸附的氧气发生反应，使阻值降低，因此 N 型氧化物半导体常用来测量还原性气体，其灵敏度很高，复现性也很好。在 N 型氧化物半导体材料中，使用最多的是 SnO_2，其化学性质相对稳定。Fe_2O_3 也可制成检测还原性气体的气敏传感器。ZnO 材料的应用也较普遍，但高温稳定性不如 SnO_2 和 Fe_2O_3。

1. 表面电阻控制型气敏器件

表面电阻控制型气敏器件是利用半导体表面吸附气体时，会引起元件电阻变化的特性而制成的一种传感器，多以可燃性气体为检测对象，吸附能力很强，也可以检测非可燃性气体。该类传感器具有气体检测灵敏度高、响应速度比一般传感器快、实用价值大等优点。

表面电阻控制型气敏器件主要利用表面电导率变化的信息来检验气体，因此应选取表面电导率大、体内电导率小的半导体材料。

表面电阻控制型气敏器件的结构主要有烧结型、薄膜型（包括多层薄膜型）和利用烧结体材料做成的厚膜型（包括混合厚膜型）等。

1）烧结型气敏器件

烧结型 SnO_2 气敏器件是目前工艺最成熟、应用最广泛的气敏元件。这种器件以多孔质陶瓷 SnO_2 为基本材料，添加不同的添加剂，均匀混合，以传统制陶工艺烧结而成。烧结时在材料中埋入加热电极和测量电极，制成管芯，然后将加热电阻丝和测量电极引线焊在管座上，并罩于不锈钢网中制成器件。这种器件工艺简单、成本低廉，主要用于检测可燃性气体，如 H_2、CO、甲烷（天然气的主要成分）、丁烷（液化气的主要成分）等，敏感器件的工作温度约 300℃。按照加热方式，可分为直热式和旁热式两种类型。

直热式传感器是将加热元件与测量电极一同烧结在氧化物材料及催化添加剂的混合体内，加热元件直接对氧化物敏感元件加热，如 TGS、QN、QM 等系列产品。直热式气敏元件由芯片（包括敏感体和加热器）、基座和金属防爆网罩三部分组成。在 SnO_2 芯片烧结体中埋设两根铂-铱合金丝作为测量电极和加热电阻丝（阻值约为 $2\sim5\ \Omega$），工作时加热电阻丝通电加热，测量电极测量电阻值的变化，其结构与元件符号分别如图 11.1(a)、(b) 所示。

这种器件的优点是工艺简单、功耗小、成本低、适用于高压回路，多用于可燃气体报警器。其缺点是热容量小，易受环境气流的影响；测量回路与加热回路之间没有隔离，容易相互影响；加热丝与基体的热膨胀系数不同，容易造成接触不良。

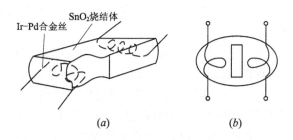

图 11.1 直热式传感器元件的结构与符号

（a）元件结构；（b）元件符号

旁热式传感器采用陶瓷管作为基底，将一个高阻加热丝装入陶瓷管内，管外涂梳状金电极作测量电极，在金电极外涂 SnO_2 材料，测量电极、氧化物材料及催化添加剂烧结在陶瓷管的外壁，加热元件经陶瓷管壁对氧化物敏感元件均匀加热，如 QM - N5、$TGS^\#812$、$TGS^\#813$ 等产品。其结构与元件符号分别如图 11.2(a)、(b)所示。

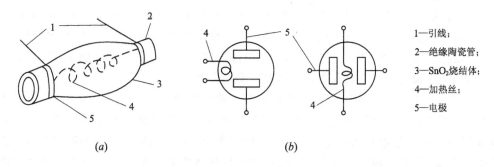

1—引线；
2—绝缘陶瓷管；
3—SnO_2烧结体；
4—加热丝；
5—电极

图 11.2 旁热式传感器元件的结构与符号

（a）元件结构；（b）元件符号

这种结构克服了直热式器件的缺点，将测量电极与加热电阻丝分开，避免了测量回路与加热回路之间的相互影响。该器件热容量较大，降低了环境气流对器件加热温度的影响，其可靠性及寿命都比直热式高。

烧结型气敏器件因所用材料的成分和烧结条件不同，传感器性能也各异。一般空隙率越大的敏感器件，其响应速度越快。

2）薄膜型气敏器件

薄膜型气敏器件是以石英或陶瓷为绝缘基片，在基片的一面印上加热元件（如 RuO_2 厚膜），在基片的另一面上蒸发或溅射出一层氧化物半导体薄膜（如 SnO_2），并引出测量电极。由于薄膜型气敏器件的表面积很大，表面电导率的变化对整个器件电导率的变化影响大，因此灵敏度较高，且具有一致性好、稳定性高、寿命长等优点，适于批量生产，成本低，是一种很有发展前景的气敏元件。

3）厚膜型气敏器件

厚膜型气敏器件是将 SnO_2、ZnO 等氧化物材料与硅凝胶混合，并加入适量的催化剂制成敏感材料膏浆，然后采用丝网印刷技术，将敏感材料膏浆用不锈钢网印刷到氧化铝基板上，基板上事先安装有铂电极和加热元件，待自然干燥后在 400～800℃下烧结 1 小时制成。而后在上面印刷一对距离为 0.5 mm 的厚膜导体作为电极，在基板另一面印刷上电阻作为加热器。厚膜型气敏元件的机械强度高，重复性好，适合于大批量生产，而且生产工艺简单，成本低。

气敏器件都附有加热器，它能烧掉附着的油污、尘埃，加速气体的吸附，提高器件的灵敏度和响应速度。气敏器件按设计规定的电压对加热丝通电加热之后，敏感元件的电阻值急剧下降，大约经 $2\sim10$ min 过渡后，电阻值达到稳定的输出状态，这一状态称为"初始稳定状态"。达到初始稳定状态的时间及输出电阻值，除了与元件材料有关外，还与元件所处大气环境有关。只有达到初始稳定状态的敏感元件才能用于气体检测。

另外，催化剂对气敏器件的灵敏度影响很大，为了提高识别不同气体分子的能力，可掺入适当的物质作为催化剂来制成不同用途的气敏器件。例如，在 SnO_2 中添加 ThO_2，在 ZnO 中渗入 Pd，可以提高这些气敏器件对 CO、H_2 的选择性，但会降低对碳氢化合物的灵敏度。如果在 ZnO 中掺入 Pt，则对碳氢化合物具有很高的灵敏度。

SnO_2 气敏器件具有如下基本特性：

（1）灵敏度特性：烧结型 SnO_2 气敏器件，对多种可燃性气体都有敏感性，但其灵敏度有所不同。在低浓度气体中灵敏度高，器件电阻变化明显，而在高浓度气体中电阻趋于稳定值，所以它非常适宜检测低浓度微量气体，例如检测可燃气体的泄漏、定限报警等；

（2）温湿度特性：SnO_2 气敏器件易受环境温湿度的影响，在使用气敏元件时，必须在电路中进行温湿度补偿，提高仪器设备的精度和可靠性；

（3）初期恢复特性：SnO_2 气敏器件在短期不通电的状态下存放后再通电，元件并不能立即投入正常工作，其电阻值将有一段急剧变化的过程，然后逐渐趋于稳定值，其变化曲线如图 11.3 所示。通电开始，气敏元件的电阻值迅速下降，然后向正常的阻值变化，最后趋于稳定状态。吸附气体后，其电阻值随吸附气体的种类而发生变化，吸附还原性气体时电阻值下降，而吸附氧化性气体时电阻值升高，响应时间在 1 min 之内；

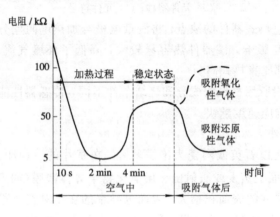

图 11.3　SnO_2 气敏电阻与吸附气体的关系曲线

（4）初期稳定特性：气敏元件长时间不通电存放，无论在清净空气中，还是在气体中，都将出现高阻值现象，即元件电阻值比初始稳定值高，一般高 20% 左右。通电开始一定时间后，元件电阻才恢复到初始电阻值并稳定下来。一般把通电开始到元件电阻达到初始稳定值的时间称为初始稳定时间，用它表示气敏元件的初始稳定性。

2. 体电阻控制型气敏器件

体电阻控制型半导体气敏器件与被测气体接触时，引起器件体电阻改变的原因较多。如热敏型气敏器件在高温下工作，当表面吸附可燃性气体时，被吸附气体燃烧使器件的温度进一步升高，使半导体的体电阻发生变化。

另外，由于添加物和吸附气体分子在半导体能带中形成新能级的同时，会在母体中生成晶格缺陷，也会引起半导体的体电阻发生变化。

很多化学反应强而且容易还原的氧化物在比较低的温度下与气体接触时，晶体结构发生变化，使得体电阻发生变化。目前常用 $\gamma - Fe_2O_3$ 的气敏元件就是利用这一原理制成的，其结构如图 11.4 所示。将研磨好的 Fe_2O_3 粉末压制成直径和长度均为 2 mm 的圆柱形管芯，然后烧结成烧结体，内部装有测定电阻用的测量电极，外围绕制螺旋状加热电极，并在 $350 \sim 400 \, ^\circ\!C$ 下氧化成 $\gamma - Fe_2O_3$。

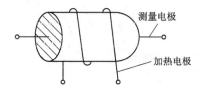

图 11.4 $\gamma - Fe_2O_3$ 气敏元件结构

当 $\gamma - Fe_2O_3$ 与气体接触时，随着气体浓度增加形成 Fe^{+2} 离子，从而变成 Fe_2O_3，使器件的体电阻下降。这一还原反应是可逆的，当被测气体脱离后器件又被氧化而恢复原状态。在这一可逆过程中，晶体结构并未改变。

当温度过高时 $\gamma - Fe_2O_3$ 向 $\alpha - Fe_2O_3$ 转化，失去敏感性。$\gamma - Fe_2O_3$ 对丙烷等很敏感，但对甲烷不敏感，而 $\alpha - Fe_2O_3$ 对甲烷和异丁烷都非常敏感，对水蒸气及乙醇都不敏感，因此特别适合用于家用报警器。

11.1.2 非电阻型气敏器件

无论是表面电阻还是体电阻控制型气敏器件，都是利用器件表面与吸附气体分子的作用，使金属氧化物半导体的电阻发生变化，实现对各种气体的检测。此外，也可利用金属和半导体接触的肖特基二极管伏安特性、金属氧化物半导体场效应管（MOSFET）的阈值电压等特性，研制成非电阻控制型半导体气敏器件。由于利用了半导体平面工艺，可以制成小型化、集成化的半导体气敏器件，重复性、互换性和稳定性都很好，目前很受重视。

1. 肖特基二极管气敏器件

当金属和半导体接触形成肖特基势垒时构成金属半导体二极管。在这种金属半导体二极管中施加正向偏压时，从半导体流向金属的电子流将增加；如果施加负向偏压时，从金属流向半导体的电子流几乎没有变化，这种现象称为二极管的整流作用。当金属和半导体界面吸附某种气体时，气体对半导体的能带或者金属的功函数都将产生影响，其整流特性发生变化，由此可以制作气敏器件。

在 TiO_2 和 ZO_2 单晶或 ZO_2 烧结体上，真空蒸镀一层 20 nm 左右的 Pd 形成肖特基二极管时，其整流特性随还原气体的浓度发生变化。由于还原性气体的吸附，Pd 的功函数会明显减小，进而导致肖特基接触势垒下降，使得正向电流增加。这种器件对 H_2 很敏感，室温下能对几个 ppm（百万分之一）以下的 H_2 浓度进行选择性检测。图 11.5 所示为 Pd – TiO_2 肖特基气敏二极管伏安特性与 H_2 浓度的关系曲线。图中，空气中的 H_2 浓度分别为 a：0，b：14，c：140，d：1400，e：7150，f：10 000，g：15 000（单位为 ppm）。

由图可见，随着 H_2 浓度的增加，正向电流也急剧增加。因此，在一定偏压下由电流值可以确定 H_2 的浓度。

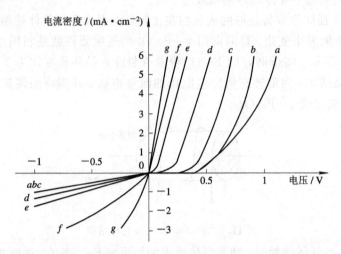

图 11.5　肖特基气敏二极管伏安特性与 H_2 浓度的关系

2. MOS 二极管气敏器件

MOS 二极管气敏器件是利用 MOS 二极管的电容-电压关系（C-V 特性）制成的敏感器件，其结构、等效电路和 C-V 特性如图 11.6 所示。在 4～10 Ω·cm 的 P–Si 上采用热氧化工艺生成 SiO_2 绝缘层，在 SiO_2 层上用 Pd、Pt 或 Ni 金属薄膜作为栅电极。SiO_2 层电容 C_{ax} 固定不变，Si–SiO_2 界面电容 C_x 是外加电压的函数，所以总电容 C 是栅极偏压的函数，如图 11.6(c) 所示。气敏器件在 H_2 中的 C-V 特性曲线相对于空气中向左移动，H_2 浓度不同，C-V 特性曲线的左移程度也不同，由此可检测出 H_2 的浓度。C-V 特性曲线左移的原因是由于 Pd 吸附 H_2 后其功函数下降，从而引起 MOS 管的 C-V 特性向负偏压方向平移。Pd–MOS 二极管气敏器件除了对 H_2 敏感外，也对 CO 和丁烷敏感。

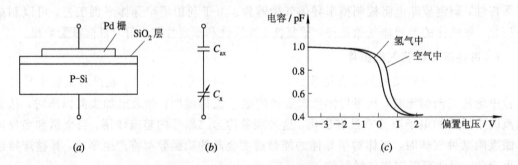

图 11.6　Pd – MOS 二极管气敏器件
(a) 结构；(b) 等效电路；(c) C - V 特性

3. Pd – MOSFET 二极管气敏器件

Pd – MOSFET 二极管气敏器件是用 Pd 薄膜（厚度为 10 nm）作栅电极，而普通 MOSFET 是用 Al 膜作栅电极，这是两者的主要区别。另外，Pd – MOSFET 的 SiO_2 绝缘层厚度也比普通的 MOSFET 薄。Pd – MOSFET 气敏器件的结构和 $I_D - U_{DS}$ 曲线如图 11.7 所示。由于 Pd – MOSFET 对氢气敏感，并且选择性好，因此这种器件又称为氢敏器件。Pt 等具有催化作用的金属材料也可以用于制作气敏器件的栅电极。

MOSFET 的漏极电流 I_D 由栅极电压 U_G 控制，若将栅极和漏极短路，并在源极与漏极之间加电压 U_{DS}，则漏电流 I_D 为

$$I_D = \beta(U_{DS} - U_T)^2 \tag{11.1}$$

式中：β——常数，只与 Pd – MOSFET 的结构有关；

U_T——阈值电压，产生漏电流 I_D 的最小偏压。

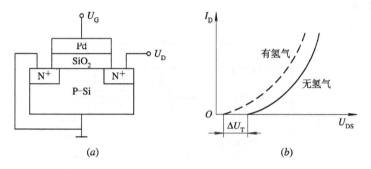

图 11.7　Pd – MOSFET 器件

(a) 结构；(b) $I_D - U_{DS}$ 曲线

Pd – MOSFET 的阈值电压 U_T 随空气中 H_2 的浓度增加而下降，利用这一性质可以检测 H_2 浓度。由于 Pd 对 H_2 的吸附能力很强，而这一吸附将使得 Pd 的功函数降低，阈值电压 U_T 的大小与金属和半导体之间的功函数之差有关。Pd – MOSFET 器件就是利用 H_2 在 Pd 栅上吸附后，引起阈值电压下降的特性来检测 H_2 浓度。测量时，如果保持 I_D 不变，当器件接触氢气而引起 U_T 变化时，U_{DS} 将随 U_T 做等量变化。将 U_{DS} 的变化量送入放大器放大后，驱动相关测量仪器，便可定量检测出 H_2 浓度。

Pd – MOSFET 二极管气敏器件具有如下特性：

(1) 灵敏度：这种器件具有很高的灵敏度；

(2) 选择性：大多数气敏器件的选择性都不理想。而 Pd – MOSFET 的 Pd 薄膜只允许氢原子通过并到达 Pd – MOSFET 界面，所以它只对氢气敏感，具有独特的高选择性；

(3) 稳定性：由于阈值电压 U_T 随时间缓慢漂移，所以 Pd – MOSFET 的稳定性较差，限制了该器件在定量检测上的应用。自 1975 年 Pd – MOSFET 在国外研制成功以来，在工艺和结构方面做了很多优化和改进，如在 Pd – MOSFET 电容的 SiO_2 上加一层 Al_2O_3，就可以消除漂移现象；

(4) 响应时间：响应时间与恢复时间都是由气体与栅极在界面上的反应过程所决定，随器件的工作温度上升而迅速减小。因此，Pd – MOSFET 工作温度的选择非常关键，若要求响应时间为几秒或者更短，必须选择 $100 \sim 150 \, ^\circ\!C$ 的工作温度。除工作温度外，H_2 浓度

对响应时间和恢复时间也有影响，如器件工作温度在150℃时，当 H_2 浓度为 0.01％时，响应时间小于 10 s，恢复时间小于 5 s。当 H_2 浓度为 4％时，响应时间小于 5 s，恢复时间小于 15 s。

11.1.3 气敏传感器的应用

半导体气敏传感器具有灵敏度高、响应和恢复时间短、使用寿命长、成本低等特点，广泛用于可燃性气体、可燃性液体蒸汽以及有害气体的检测与报警。

1. 有害气体报警器

该类仪器在泄漏气体达到危险值时自动进行报警。图 11.8 所示为一种简单的家用可燃气体报警器电路，气敏传感器 TGS#109 与蜂鸣器 BZ 构成简单的检测回路。当室内可燃气体浓度增大时，气敏传感器吸附可燃气体使电阻值降低，检测回路的电流增加，直接驱动蜂鸣器 BZ 报警。

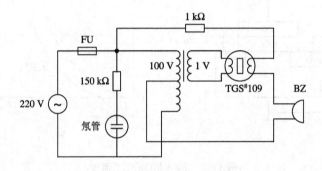

图 11.8　家用可燃气体报警器电路

图 11.9 所示为小型煤矿瓦斯报警器电路，气敏传感器 QM－N5 与电位器 R_P 构成检测回路，555 集成器件与外围元件构成多谐振荡器。当无瓦斯气体时，气敏传感器电阻值较大，调节电位器 R_P 使输出电压小于 0.7 V，555 集成器件的 4 脚被嵌位，振荡器不工作。当周围空气有瓦斯气体时，气敏传感器电阻值降低，电位器输出电压增加，555 集成器件的 4 脚变为高电平，振荡器起振，扬声器报警。

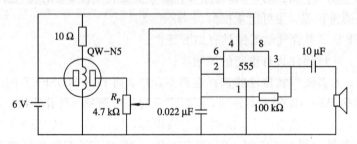

图 11.9　瓦斯报警器电路

设计报警器时应注意选择开始报警的气体浓度（报警限）。报警限选得太高，容易造成漏报，达不到报警的目的；报警限选得太低，容易造成误报。一般情况下，对于甲烷、丙烷、丁烷等气体，都选择爆炸下限的十分之一作为报警限。

根据所测气体的不同，报警器应安装在适当的检测位置。如丙烷、丁烷气体报警器，安装在气体源附近地板上方 20 cm 以内；甲烷和一氧化碳报警器，安装在气体源上方靠近天棚处。这样可以随时检测气体是否漏气，一旦泄漏的气体达到报警限，便自动进行报警。

2. 检漏仪

检漏仪是将气敏元件作为检测电路中的气-电转换元件，并配合相应的电路、指示仪表或声光显示部分组成的气体探测仪器，这类仪器要求灵敏度较高。例如氢气检漏仪内置的采样泵能够尽可能多地采集泄漏气体，并送入仪器进行气-电转换，当采样气体中的氢气含量超过预设值时，仪表会自动发出声光报警，并显示相关信息。

3. 自动控制和测量

利用气敏元件的气敏特性，实现对电气设备的自动控制，如电子灶烹调自动控制、换气扇自动换气控制等。气敏元件对不同气体具有不同的电阻-气体浓度关系曲线，利用这一特性来测量及确定气体的种类和浓度，但对气敏元件的性能要求较高，同时要配以高精度的测量电路。

4. 注意事项

（1）加热电压：半导体气敏传感器采用加热器对气敏元件进行加热，加热器的加热温度对气敏传感器的特性影响很大，因此加热器的加热电压必须恒定。例如，对于 AF30L/38L 半导体气敏传感器，加热器的理想电压为 5 V，一般在 5 ± 0.2 V 的范围内使用。另外，气敏元件的消耗功率不能超过额定值，否则会损坏气敏元件，如 AF30L/38L 气敏传感器的消耗功率不能超过 15 mW。

气敏传感器输出电压获取方式如图 11.10 所示。与气敏传感器串联的电阻 R_S 上的电压降就是传感器的输出电压。若检测到有害气体，传感器的气敏元件的阻值降低，这时 R_S 两端电压就会升高，从而输出电压发生变化。R_S 阻值应根据处于一般浓度的气体时气敏元件的阻值来决定，一般应使传感器的输出电压为 2～3 V，这样后续电路的处理就非常方便。输出电压接到比较器 A 的同相输入端，当检测气体的浓度超过设定值时，A 输出高电平，控制后续电路工作。

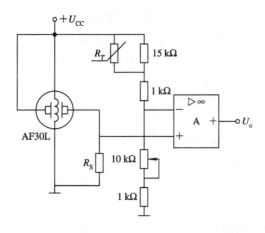

图 11.10　温度补偿电路

（2）温度补偿：半导体气敏传感器在气体中的电阻值与温度及湿度有关。温度和湿度较低时，电阻值较大；温度和湿度高时，电阻值较小。为此，气体浓度即使相同，电阻值也会不同，需要进行温度补偿。图 11.10 是一种常用的温度补偿电路，在比较器 A 的反相输入端(基准电压端)接负温度系数的热敏电阻 R_T，温度降低时 R_T 的电阻值增大，则反相输入端的基准电压降低；而温度升高时基准电压增大，从而达到温度补偿的目的。热敏电阻的 B 常数(表征热敏电阻对温度的敏感程度)根据所用气体传感器选定，通常选用 B 常数为 3700～4000 的热敏电阻，它对很多半导体气敏传感器都能进行温度补偿。但是，热敏电阻不可能在高低温下都能达到理想的补偿效果，如检测微量气体时，优先考虑低温补偿。

11.2　湿敏传感器

无论是工农业生产还是人类的生活环境，对湿度的测量与控制都有严格的要求。例如在电子工业中，IC、磁头等电子元件的生产要求低湿度环境；农业生产中植物的生长要求高湿度环境；空调除了温度控制外，还必须把相对湿度控制在一定范围内，才能让人觉得舒适。由此可见湿度的测量是必不可少的。

但是，要准确地测得湿度是非常困难的。首先，我们无法直接测得湿度，只能利用物理和化学定律测量与湿度有关的二次参数。其次，受空气中的杂质影响，湿度的测量过程也非常复杂。

传统测量湿度的传感器有毛发湿度计、干湿球湿度计等，后来发展的有中子水分仪、微波水分仪，但它们都不能同现代电子技术相结合，直到 20 世纪 60 年代半导体湿敏传感器发展起来以后才有了较大的突破。湿度传感器是利用湿敏材料因吸附空气中的水分而导致本身电阻值发生变化的原理制成的。

11.2.1　绝对湿度与相对湿度

所谓湿度，就是空气中所含水蒸气的量。空气可分为干燥空气与潮湿空气两类。理想状态的干燥空气只含有大约 78％的氮气、21％的氧气和 1％的其它气体成分，而不含水蒸气。如果把潮湿空气看成理想气体与水蒸气的混合气体，那么它符合分压原理，即潮湿空气的全压等于该混合物中各种气体分压之和。因此设法测得空气中水蒸气的分压，也等于测出了空气的湿度。湿度常用绝对湿度和相对湿度来表示。

绝对湿度 H 表示单位体积内所含水蒸气的质量(单位为 g/m^3)，又称水气浓度或水气密度，也可用水的蒸气压表示。其定义为

$$H = \frac{m_V}{V} \tag{11.2}$$

式中：m_V——待测空气中的水蒸气质量；

V——待测空气的总体积。

在实际生活中，如人体的感觉、植物的枯萎、水分蒸发的快慢等，并不用绝对湿度表示，而是用相对湿度 H_m 来表示。待测空气中水蒸气分压 P_V 与同温度下饱和水蒸气气压 P_W 的比值，或者绝对湿度与同温度时饱和状态的绝对湿度的比值称为相对湿度，常用百分数表示，记作"％RH"。相对湿度是无量纲的量，其定义为

$$H_m = \left(\frac{P_V}{P_W}\right)_T \times 100\%RH \tag{11.3}$$

水分子有较大的偶极矩，易附着并渗入固体表面内。利用此现象制成的湿敏元件称为水分子亲和力型湿敏元件，另一类湿敏元件与水分子亲和力毫无关系，称为非水分子亲和力型湿敏元件。

11.2.2　氯化锂湿敏电阻

氯化锂(LiCl)是一种典型的无机电解质湿敏元件，它是利用电阻值随环境相对湿度变化的机理而制成的测湿元件。其感湿原理为：不挥发性盐(如氯化锂)溶解于水，结果降低了水的蒸气压，同时使得盐的浓度降低，电阻率增加。利用这个特性，在条状绝缘基板(如无碱玻璃)的两面，用化学沉积或真空蒸镀法制作一对金属电极，再浸渍按一定比例配制的氯化锂-聚乙烯醇混合溶液，表面再加上多孔性保护膜即可形成一层感湿膜，感湿膜可随空气中湿度的变化而吸湿或脱湿。感湿膜的电阻随空气相对湿度变化而变化，当空气中湿度增加时，感湿膜中盐的浓度降低，氯化锂湿敏电阻随湿度上升而电阻值减小。通过对感湿膜的电阻进行测量，即可获知环境的湿度大小。氯化锂湿敏电阻的结构如图 11.11(a) 所示。

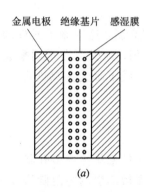
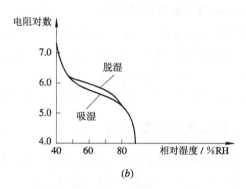

图 11.11　氯化锂湿敏电阻

(a) 结构；(b) 特性曲线

从微观角度看，氯化锂是离子晶体，在高浓度的氯化锂溶液中，Li 和 Cl 仍以正、负离子的形式存在，而溶液中的离子导电能力与溶液的浓度有关。实践证明，当溶液置于一定温度的环境中时，若环境的相对湿度高，溶液将因吸收水分而浓度降低；反之，环境的相对湿度低，则溶液的浓度就高。氯化锂湿敏元件的电阻值与湿度特性曲线如图 11.11(b) 所示，无论是吸湿还是脱湿，在 50%～80% 的相对湿度范围内，电阻与湿度的变化都成线性关系。

氯化锂湿敏元件的优点是灵敏、准确、可靠、滞后小，不受测量环境风速影响，检测精度高达±5%。另外，在一般环境下，氯化锂湿敏电阻具有长期稳定性极强的优点，因此通过严格的工艺制作，制成的仪表和传感器产品可以达到较高的精度。

氯化锂湿敏元件的缺点主要是在高湿的环境中潮解性盐的浓度会被稀释；耐热性差，不能用于露点以下测量，在结露状态下容易损坏，使用寿命较短；若用作露点检测，湿敏元件必须 3 个月左右清洗 1 次和涂敷(浸渍)氯化锂，维护比较麻烦；当被灰尘附着后，潮解性盐的吸湿功能降低，重复性变差。此外湿敏元件的测量范围小，为了扩大湿度测量的线性范围，可将几支浸渍不同浓度氯化锂的湿敏元件组合使用。如用 1%～1.5% 不同浓度的氯化锂来检测 20%～50% 范围内的湿度；用 0.5% 浓度的氯化锂来检测 40%～80% 范围内的湿度。这样就可以完成在 20%～80% 范围内的湿度检测。

1. 登莫式

登莫式湿敏传感器是在聚苯乙烯的圆管上用两条互相平行的钯引线作为电极，以聚乙烯醇（PVA）作为胶合剂，在聚苯乙烯管上涂一层经过适当碱化处理的聚乙烯醋酸盐和氯化锂水溶液的混合液，形成均匀薄膜。若只用单个传感器件，其检测范围狭窄。因此，将含量不同的几种传感器组合在一起使用，使其测量范围达到 20%～90% 的相对湿度。

2. 浸渍式

浸渍式湿敏传感器是在基片材料直接浸渍氯化锂溶液构成的。这种传感器的浸渍基片材料为天然树皮，在基片上浸渍氯化锂溶液。与登莫式相比，避免了在高湿度下产生的湿敏膜误差，由于基片材料的表面积较大，所以这种传感器具有小型化的特点，适应于微小空间的湿度检测。与登莫式相同，设法将氯化锂含量不同（特性不同）的几种传感器组合在一起使用，可使其测量范围达到较大的相对湿度。

3. 光硬化树脂电解质湿敏元件

登莫元件中的胶合剂——聚乙烯醇（PVA）不耐高温高湿，这限制了元件的使用范围，若采用光硬化树脂代替 PVA，而将树脂、氯化锂、感光剂、助膜剂和水调配成胶体溶液，涂于塑料基片上，基片上蒸镀有电极。待干燥后置于紫外线下曝光并热处理，可制成耐高温高湿的感湿膜，它可在 80℃ 的环境下使用，耐水性好。

11.2.3　半导体陶瓷湿敏电阻

半导体陶瓷湿敏传感器是一种电阻型传感器，根据微粒堆集体或多孔状陶瓷体的感湿材料吸附水分可使电阻改变这一原理检测湿度。半导体湿敏陶瓷的电阻随湿度的增加而下降，称为负特性湿敏半导体陶瓷；电阻随湿度增加而上升则称为正特性湿敏半导体陶瓷。

烧结体型半导体陶瓷湿敏传感器具有精度高、响应快、滞后小、稳定性好、使用温度范围宽（多低于 150℃）等特点，可以检测 1%RH 的低湿状态，是陶瓷湿敏传感器中应用最广泛的一类湿度传感器。

1. $MgCr_2O_4 - TiO_2$（铬酸镁–二氧化钛）湿敏陶瓷

1）工作原理

烧结型半导体陶瓷为多孔结构的多晶体，系金属氧化物材料。半导体陶瓷形成过程伴随着半导体化过程，半导体化过程的结果会使晶粒中产生大量的载流子（电子或空穴）。这样，一方面使晶粒内部的电阻率降低，另一方面又在晶粒间形成界面势垒，致使晶粒界面处的载流子耗尽而出现耗尽层。因此晶粒界面的电阻率将远大于晶粒体内的电阻率，而成为半导体陶瓷材料在通电状态下电阻的主体。由于水分子在半导体陶瓷表面和晶粒界面间的吸收，会引起表面和晶粒界面处电阻率发生变化，因此烧结型半导体陶瓷具有湿敏特性。大多数半导体陶瓷具有负感湿特性，其电阻随环境湿度增加而减小，这是由于水分子在陶瓷晶粒间的吸附，会离解出大量导电离子，担负电荷的运输，载流子的增加使得电阻减小。

在完全脱水的金属氧化物半导体陶瓷的晶粒表面，裸露出正金属离子和负氧离子。水分子电离后，分解成带正电的氢离子和带负电的氢氧根离子。因此在陶瓷晶粒的表面上就形成负氢氧根离子和正金属离子以及氢离子与氧离子之间的第一层吸附(化学吸附)。在形成的化学吸附层中,导电的载流子主要是由吸附的水分子和由氢氧根离解出来的正氢离子所构成的水合氢离子 H_3O^+。水分子完成第一层化学吸附之后,会形成第二、第三层的物理吸附,同时使导电载流子 H_3O^+ 的浓度进一步增大。这些 H_3O^+ 在吸附水层中的导电行为,导致金属氧化物半导体陶瓷的总阻值下降,所以具有感湿特性。

金属氧化物半导体陶瓷材料的结构不甚致密,晶粒间有一定的空隙,呈多孔毛细管状。水分子可以通过陶瓷材料的细孔被晶粒间的界面和各晶粒表面吸附,并在晶粒间的界面处凝聚。材料孔径越小,水分子越容易凝聚,凝聚易发生在各晶粒间界面的颈部部位。晶粒间界面的颈部接触电阻是湿敏陶瓷整体电阻的主要部分,水分子在该部位处凝聚,吸附的水分子可以离解出大量的导电离子,这些离子在水吸附层具有输运电荷的能力,必将引起晶粒间界面处接触电阻明显下降。环境湿度增加时,水分子在整个晶体表面上由于物理吸附而形成多层水分子层,从而在测量电极之间会存在一个均匀的电离质层,使材料的电阻率明显降低。

2) 结构

在金属氧化物陶瓷中,由固溶体制成的多孔性半导体陶瓷湿敏材料,其表面电阻率在很宽的范围内随湿度变化,即使在高温条件对其进行多次反复的加热清洗,性能仍不改变。

$MgCr_2O_4 - TiO_2$ 半导体湿敏元件由 P 型半导体 $MgCr_2O_4$ 和 N 型半导体 TiO_2 两种材料烧结而成,它是一种机械混合的复合型半导体陶瓷。烧制成的陶瓷呈多孔性结构,有大量的粒间气孔,粒间气孔是一种相当于毛细管的气孔,很容易吸附水汽,而且抗热冲击。这种陶瓷的电阻率和温度特性与原材料的配方有着密切关系,将 P 型半导体 $MgCr_2O_4$ 和 N 型半导体 TiO_2 两种导电类型相反的半导体材料按适当的比例混合烧制,就可得到电阻率较低、电阻率温度系数很小的复合型半导体湿敏材料。

$MgCr_2O_4 - TiO_2$ 半导体陶瓷湿敏元件的结构如图 11.12 所示。在 4 mm×5 mm×0.3 mm 规格的 $MgCr_2O_4 - TiO_2$ 感湿陶瓷的两面,设计有多孔金电极,用掺金玻璃粉将引出线与金电极烧结在一起构成测量电极。半导体感湿陶瓷外面,设置一个镍铬丝烧制的加热清洗线圈(加热器),以便经常加热清洗,排除有害气体对器件的污染。整个元件安装在一个高度致密的、疏水性的陶瓷基片上。为了消除底座上测量电极 b 和 c 之间由于吸湿和污染引起的漏电,在电极 b 和 c 的周围设置了短路环。a 和 d 为加热器的引出线,多采用镀镁丝。

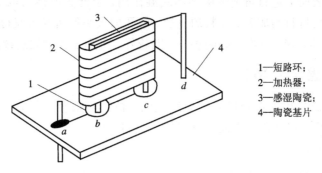

1—短路环;
2—加热器;
3—感湿陶瓷;
4—陶瓷基片

图 11.12 $MgCr_2O_4 - TiO_2$ 湿敏元件结构

3）性能

图 11.13(a)为 $MgCr_2O_4 - TiO_2$ 半导体湿度元件的感湿特性曲线，器件阻值与环境相对湿度 H_m 之间有较理想的指数函数关系，即

$$R = R_0 \exp(A \cdot H_m) \tag{11.4}$$

式中：R_0——湿敏元件的初始电阻值；

A——与材料有关的常数。

环境湿度在 $1\sim100\%RH$ 的范围内，器件电阻值的变化为 $10^4\sim10^8$。在相同湿度情况下，随着温度的提高，器件电阻值降低。图 11.13(b)是这种传感器的响应特性曲线。

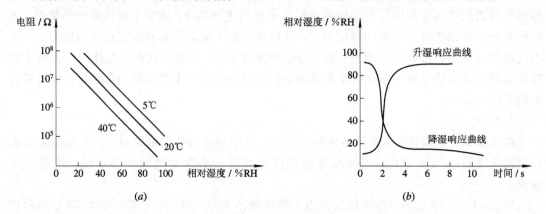

图 11.13　$MgCr_2O_4 - TiO_2$ 湿敏元件的特性曲线

(a) 感湿特性曲线；(b) 响应特性曲线

2. ZnO - Cr₂O₃（氧化锌-氧化铬）湿敏陶瓷

$ZnO - Cr_2O_3$ 湿敏传感器是以 ZnO 为主要成分的陶瓷材料，其化学稳定性好。该传感器不必加热清洗，即可连续测量湿度，且性能稳定、功率小（一般在 $0.5\ mW$ 以下）、成本低，适合大批量生产。

传感器采用直径为 $8\ mm$、厚为 $0.2\ mm$ 的圆片状多孔陶瓷元件，元件两表面烧结有多孔材料电极，电极上焊有引出线，整个元件封装在塑料外壳中，用树脂固定。

传感器的电极和感湿体均为多孔性结构，感湿体由 $ZnCr_2O_4$（铬酸锌）陶瓷晶粒组成，晶粒表面被感湿玻璃所覆盖，形成稳定的感湿层。当空气中的水汽通过电极气孔进入陶瓷内部，在感湿体的表面上进行可逆的吸湿和脱湿作用，引起感湿体的电阻发生变化。根据应用需要，通过改变材料的成分、晶粒的直径、气孔的大小等指标可获得不同的感湿特性。此传感器受腐蚀气体、烟、灰尘的影响小，性能较好，可用于长时间连续测量。

11.2.4　湿敏传感器的应用

湿敏传感器广泛应用于各种场合的湿度监测、控制与报警，在军事、气象、农业、工业、医疗、建筑以及家用电器等方面都有很好的应用前景。

1. 微量蒸气检漏仪

图 11.14 所示为微量水蒸气检漏仪的构成框图。检测探头采用湿度传感器和温度传感器（热敏电阻），将测量值与设定值进行比较，若检测出相对湿度 $\geqslant65\%RH$、温度 $\geqslant55℃$

时,判断为泄漏状态,通过与门输出相应信号。若检测湿度的变化情况,如分别检测环境的相对湿度为 20%RH 和 80%RH 时,检测出变化率 $\geqslant$2%RH/s 和 $\geqslant$16%RH/s,则可判断为泄漏状态,通过或门输出相应信号。或门的输入端只要有一端输入为高电平,即可判断有泄漏,并通过或门输出高电平进行声光报警。

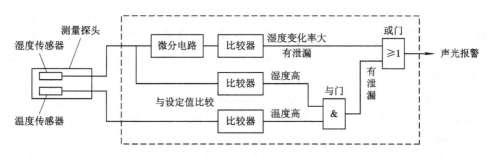

图 11.14　微量蒸气检漏仪构成框图

2. 湿度检测控制系统

图 11.15 是湿度检测控制系统框图。直流电源为发热体提供所需功率,振荡器为湿敏电阻 R_s 提供交流电源,R_r 为固定电阻,R_r 与 R_s 构成分压电路。交/直流变换器将 R_s 与 R_r 的分压信号变换为直流信号,其大小由 R_s 与 R_r 的分压比决定。线性化电路将信号进行线性处理,使输出信号与湿度成比例。A 为比较器,湿度信号经交/直流变换器、线性化电路处理后,与基准电压 U_r 进行比较,其输出信号控制被控系统。

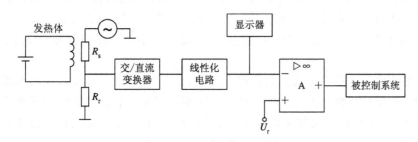

图 11.15　湿度检测控制系统框图

在自动气象站的无线遥测装置中,采用耗电量小的湿度传感器,由蓄电瓶供电,长期自动工作不需要维护。遥测装置中的 R/f 变换器将传感器送来的电阻值变换为相应的频率 f,再经过自校器控制使频率 f 与相对湿度相对应,最后经门电路记录在自动记录仪上,并将得到的数字编码,调制到无线电波中发射出去。

湿度传感器广泛用于仓库管理,为了防止库中的食品、被服、武器弹药、金属以及仪器等物品霉烂、锈蚀,必须设置自动除湿装置。有些物品如水果、种子、肉类等都必须保证处于湿度一定的环境,这些都需要自动湿度控制。自动湿度控制是利用湿度传感器的输出信号与事先设定的标定值进行比较,实现有差调节。

3. 注意事项

(1) 电源选择:湿敏电阻必须工作于交流回路中,若用直流电源供电,会引起多孔陶瓷表面结构改变,湿敏特性变劣,故采用交流电源供电(由振荡器提供)。若交流电源频率过高，由于元件的附加容抗将影响测湿灵敏度和准确性。应以不产生正、负离子积聚为原则，电源频率尽可能低，一般以生产传感器厂家提供的参数为宜。对于离子导电型湿敏元件，电源频率应大于 5 Hz，一般以 1 kHz 为宜。对于电子导电型湿敏元件，电源频率应低于 50 Hz。

交流电源不仅影响传感器的特性，也影响传感器的寿命和可靠性等指标，因此最好选用失真小的正弦波，波形以 0 V 为中心对称，无叠加直流偏置的信号。若用方波作为交流电源，也可使湿度传感器正常工作，但方波也应以 0 V 为中心，无直流偏置电压，且占空比为 50％的对称波形。

交流电源的大小也由厂家要求来确定。通常最大电源电压的有效值为 1～2 V，在 1 V 左右使用对传感器影响最小。若电源电压过低，湿度传感器为高阻抗，低湿度端将受到噪声的影响；相反，若电源电压过高，将影响可靠性。

（2）线性化处理：一般湿敏元件的特性均为非线性，在大多数情况下，难以得到随湿度变化而线性变化的输出电压。为便于测量，常用折线近似方法将其线性化。为此，必须加入线性化电路，它将传感器电路的输出信号变换成正比于湿度变化的电压，准确地显示出湿度值。

（3）电阻特性的处理：电阻式湿敏传感器的湿度-电阻特性呈指数规律变化，湿度传感器的输出电压（或电流）也按指数规律变化，在 30％～90％RH 范围内，电阻变化 1 万～10 万倍，因而常采用对数压缩电路来解决此问题，即利用硅二极管正向电压和正向电流呈指数规律变化构成运算放大电路。

湿度传感器的电阻在低湿度时达几十兆欧，信号处理时必须选用场效应管输入型运算放大器。为了确保低湿度测量信号的准确性，在传感器信号输入端设置电路保护环，或者用聚四氟乙烯支架来固定输入端，使它从印刷板上浮空，从而消除来自其他电路的漏电流。

（4）测湿范围：电阻式湿敏传感器在湿度超过 95％RH 时，湿敏膜因湿润溶解，厚度会发生变化，若反复结露与潮解，特性将变坏而不能复原。电容式湿敏传感器在 80％RH 以上高湿及 100％RH 以上结露或潮解状态下，也难以检测。另外，切勿将湿敏电容直接浸入水中或长期用于结露状态，也不要用手摸或用嘴吹其表面。

（5）温度补偿：氧化物半导体陶瓷湿敏电阻的温度系数通常为 0.1～0.3，在测湿精度要求高的情况下必须进行温度补偿。一般采用对数压缩电路，利用硅二极管的正向电压具有负温度系数（－2 mV/℃），可同时实现湿度传感器的对数压缩和温度补偿。

利用负温度系数的热敏电阻也可进行温度补偿，但要求湿度传感器的温度特性必须接近一般热敏电阻的 B 常数（B＝4000），当温度特性较大时，这种方法很难实现温度补偿。

（6）安装使用：为了加快响应速度，湿敏传感器应安装在空气流动的环境中。延长传感器的引线时要注意以下原则：延长线应使用屏蔽线，最长不超过 1 m，裸露引线尽量短。特别是在 10％～20％RH 的低湿度区，湿敏特性受延长线影响较大，必须对测量值和精度进行确认。进行温度补偿时，补偿元件的引线也要使用屏蔽线，并同时延长，使它尽可能靠近湿度传感器安装。

11.3　离子敏传感器

离子敏传感器是一种电化学敏感元件，可以在复杂的被测物质中迅速、灵敏、定量地测出离子或中性分子的浓度，在化学、医药、食品及生物工程中有着广泛的应用。

研究最早、最成熟并大量使用的离子传感器是离子选择电极(ISE)。它是一种膜电极，不同物理性质的膜电极构成了不同的离子选择电极，用于检测不同的离子及其浓度变化。ISE 是以电位分析法测量溶液中某种特定离子浓度，对于用其他方法不易测定的某些离子有特别功能。ISE 具有使用简单、选择性好、测量准确、经济实用和不需对样品预处理等特点，广泛用于在线测量。

将离子选择电极(ISE)与金属氧化物半导体场效应晶体管(MOSFET)结合起来，形成一种新的离子敏感器件——场效应晶体管(ISFET)。ISFET 既有离子选择电极对离子敏感的特性，又有场效应晶体管的特性，是离子选择电极制造技术与微电子技术相结合的产物。ISFET 是一种用来测量溶液(或体液)中离了浓度的微型固态电化学敏感器件。

11.3.1　MOS 场效应管

MOS 场效应管(MOSFET)采用半导体平面工艺制作，由于这类元件的制造工艺成熟，便于集成化，所以性能稳定、价格便宜。金属氧化物半导体场效应晶体管的典型结构如图 11.16 所示。衬底材料为 P 型半导体硅片(P-Si)，用扩散法做出两个 N^+ 区作半导体的基底，分别称为源极 S 和漏极 D。在漏极和源极之间的 P 型硅表面生成 SiO_2 绝缘层，在 SiO_2 绝缘层上再蒸镀上一层金属 Al，称为栅电极 G。

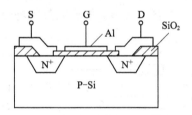

图 11.16　MOSFET 的结构

在栅极上加负偏压时，栅极氧化层下面的硅是 P 型，而源漏极为 N 型，故即使在源极和漏极之间施加电压也不会使它们导通。在栅极和源极之间施加正向偏压 U_{GS}，会导致两极之间的电荷移动，当 U_{GS} 大于一定的阈值电压 U_T 时，栅极氧化层下面的硅表面就会大量集聚负电荷而形成强反型层，使 P 型衬底沿栅极绝缘层的栅极和源极之间形成 N 型区。这个 N 型区将源极和漏极连接起来，起导电通道的作用，称为 N 沟道。若在漏极和源极之间加电压 U_{DS}，则电荷沿沟道流通，在漏源极之间形成电流，称为漏电流 I_D，I_D 大小随 U_{GS} 和 U_{DS} 的大小而变化。

当 $U_{DS} < U_{GS} - U_T$(工作在非饱和区)时

$$I_D = \beta \left(U_{GS} - U_T - \frac{1}{2} U_{DS} \right) U_{DS} \tag{11.5}$$

当 $U_{DS} \geqslant U_{GS} - U_T$(工作在饱和区)时

$$I_D = \frac{1}{2}\beta(U_{GS} - U_T)^2 \tag{11.6}$$

式中，β 是一个与场效应管的结构有关的参数，$\beta = W\mu_n C_{ox}/L$，其中 W、L、μ_n、C_{ox} 分别是沟道宽度、长度、电子有效迁移率、场效应管栅极与 P 型硅衬底之间的电容。

由式(11.5)和式(11.6)可以看出，漏电流 I_D 的大小与阈值电压 U_T 有关，在 U_{DS} 和 U_{GS} 保持恒定的情况下，阈值电压 U_T 的变化将会引起漏电流 I_D 的变化，离子敏传感器就是利用这一特性进行离子浓度检测的。

11.3.2 离子敏场效应管

1. 结构和工作原理

离子敏器件由离子选择膜(敏感膜)和转换器构成，敏感膜用来识别离子的种类和浓度，转换器将敏感膜感知的信息转换为电信号。

将普通 MOSFET 的金属栅去掉，让绝缘氧化层直接与溶液相接触，或者在绝缘氧化层上涂覆一层离子敏感膜，就构成了离子敏场效应管(ISFET)。

敏感膜的种类很多，不同敏感膜用于检测不同的离子，具有离子选择性。用 Si_3N_4、SiO_2、Al_2O_3 制成的无机敏感膜可测量 H^+、pH；用 AgBr(溴化银)、硅酸铝、硅酸硼制成的敏感膜可测量 Ag^+、Br^-、Na^+；用聚氯乙烯＋活性剂的混合物制成的有机高分子敏感膜可测量 K^+、Ca^+ 等。

图 11.17 为离子敏场效应管的结构示意图。ISFET 的绝缘层与栅极之间没有金属栅极，而是含有离子的待测溶液。在绝缘层与溶液之间是离子敏感膜，它可以是固态或液态，ISFET 的栅极由参比电极构成。由于含有各种离子的溶液与敏感膜和参比电极同时接触，因此溶液相当于普通 MOSFET 的栅金属极，构成完整的场效应管结构。

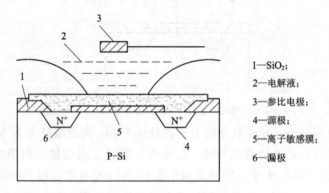

1—SiO_2；
2—电解液；
3—参比电极；
4—源极；
5—离子敏感膜；
6—漏极

图 11.17 离子敏场效应管的结构

MOSFET 是利用金属栅上所加电压大小来控制漏电流的，而 ISFET 则是利用其对溶液中离子的选择作用来改变栅极电位，进而控制漏电流的变化。

当把 ISFET 插入被测溶液时，溶液与敏感膜接触处会产生一定的界面电势，大小取决于溶液中被测离子的浓度。这一界面电势的大小将直接影响阈值电压 U_T 的值。如果以 α_i 表示响应离子的浓度，则当被测溶液中的干扰离子影响较小时，阈值电压 U_T 可表示为

$$U_T = C + S \lg\alpha_i \tag{11.7}$$

式中 C、S 在参比电极电位固定的条件下，对一定的器件和溶液而言均为常数，ISFET 的阈值电压与被测溶液中的离子浓度的对数成线性关系。根据场效应管工作原理，漏电流的大小又与 U_T 的值有关。因此，ISFET 的漏电流将随溶液中离子的浓度发生变化。在一定条件下，I_D 与 α_i 的对数成线性关系，通过测量 I_D 的大小，确定溶液中离子的浓度。

2. ISFET 的特点

(1) 输出阻抗低：一般离子选择电极的输出阻抗很高，如玻璃电极的输出阻抗高达 $10^9 \, \Omega$，要配合高输入阻抗的 pH 计才能进行测量。而离子敏传感器具有输入阻抗高、输出阻抗低的特点，同时还具有展宽频带($0 < f < 1 \text{ MHz}$)和放大信号的作用；

(2) 响应时间短：采用半导体薄膜工艺，可以将敏感膜的厚度做得很薄，一般只有 100 nm 左右，最薄可达到几纳米。因此离子敏传感器的水化时间很短，对离子活度的响应速度很快，响应时间小于 1 s，而一般的离子选择电极 ISE 的响应时间约为数分钟；

(3) 离子敏传感器具有体积小、重量轻、机械强度高等特点，适用于生物体内测量；

(4) 离子敏传感器采用了集成电路工艺，不仅使单个器件小型化，而且可以把多种离子的 ISFET 集成在一起，或把离子敏感元件与参比电极集成在一起，甚至把信号处理电路也集成在芯片上，实现整个系统的集成化、小型化和全固态化；

(5) 离子敏感材料与场效应晶体管的源极和漏极之间互相绝缘，是依靠敏感膜与绝缘体界面电位的变化来控制沟道中漏电流变化，达到测量溶液中离子浓度的目的。因此，把离子敏感材料与电极分开，就不必考虑离子敏感材料的导电问题，这样可以在更广泛的材料领域中寻找更好的敏感材料，使 ISFET 的发展有更广阔的前景。

ISFET 存在的主要问题在于它的稳定性、温度漂移、时间漂移和使用寿命。在生物化学传感器领域，ISFET 的商业化产品很少，其中一个重要原因就是稳定性不好。而稳定性不好主要在于 ISFET 易受环境影响，周围环境的盐类杂质或气体进入电解液，都会影响其稳定性。目前很多国家都在致力于使用新的工艺和新的结构来改善 ISFET 的性能，提出了许多方案，如集成参比电极、多层敏感膜结构、延伸栅场效应管(EGFET)、流动注射分析等，都有着很好的应用前景。

11.3.3 离子敏传感器的应用

ISFET 的离子测量范围很广，在环保、化工、矿山、地质、水文等方面都有应用。尤其是 ISFET 具有微型化的特点，使它在生物医学领域的应用最为突出，常用于测量离子敏感电极(ISE)无法测量的生物体中的微小区域和微量离子。

1. 检测生物体液中的无机离子

临床医学和生理学的主要检查对象是人或动物的体液，其中包括血液、脑髓液、脊髓液、汗液和尿液等。体液中某些无机离子的微量变化都与身体某个器官的病变有关，将微型的 ISFET 插入人或动物的活体组织中，可以快速准确地检测出体液中某种无机离子的变化，为正确诊断病情和及时治疗提供可靠的依据。例如，临床上需要对重症病人长时间监测体液中的离子浓度，集成化、微型化的 ISFET 可以实现这一功能。它能实现信息采集反馈和无损伤测量，而且需要检测的样品量非常少，同时可以使用芯片上的信息控制电路与计算机，自动调取预定方案，根据病人的病情变化，注入一定量的药液进行及时救治。

2. 检测生物体液中的中性分子

在临床医学和生理研究中，需要测量人或动物体液中的糖类、脂、醇、各种氨基酸、维生素等分子以及 O_2、CO_2 等气体分压。以 H^+ - ISFET 为基础，可制成酶 FET、免疫 FET 和微生物 FET 等生物传感器或者气敏 FET 传感器等，用于检测体液中的各种中性分子和气体分压。例如，用 ISFET 探测尿素，以 SiO_2/Si_3N_4 作为敏感层，通过标准光刻工艺，在栅极上形成一层对光敏感的聚乙烯醇，提高了对尿素探测的灵敏度。由于很好地利用了化学 FET 和参考 FET 结构，pH 值灵敏度高达 0.01 mV/pH，这种传感器可应用于血液分析，实现无损伤的连续检测。

3. 环保监测

水体污染监测是环保的重点工作，重金属离子是水污染的一种重要污染物，会对人体产生严重的影响。例如，汞离子会沉积在脑、肝和其他器官中，产生慢性中毒，损害肾、脑、胃和肠道，甚至引起死亡。另外，汞元素及其化合物能够通过皮肤被吸收，引起神经紊乱等疾病。汞会在生物体内积累，并通过食物链转移到人体中。现在汞检测被优先列在全球环境监控系统清单上，全世界都在积极开发和研究检测汞离子的新方法。因此，重金属离子（如 Hg^{2+}、Pb^{2+}、Cu^{2+}、Cr^{2+} 等）的定量检测在环境监测方面非常重要。

ISFET 也可应用在大气污染的监测中。监测大气污染的内容很多，如通过检测雨水成分中多种离子的浓度，可监测大气污染的情况，并且查明污染的原因。

另外，用 ISFET 对江河湖海中鱼类及其他动物血液中有关离子的检测，可确定水域污染情况及其对生物体的影响。用 ISFET 对植物处于不同生长期时的体内离子进行检测，可以研究植物在不同阶段对营养成分的需求情况，以及土壤污染对植物生长的影响。

4. 其他应用

ISFET 具有小型化、全固态化的优点，对被检样品影响很小，因此在其他方面的应用也很多。如在食品工业中，用它测量发酵面粉的酸碱度，随时监视发酵情况。制药行业中，ISFET 用来检测药品纯度等。随着 ISFET 性能的不断提高，其应用领域将会越来越广。

思考题与习题

11.1 气敏传感器有哪几种类型？各有什么特点？分别适合检测哪些气体？

11.2 一氧化碳在空气中的允许浓度一般不超过 50 ppm，当其浓度达到 12.5% 时将引起爆炸，请设计一个一氧化碳浓度报警器，并简述其工作原理。

11.3 湿敏传感器分哪几类？简述测湿原理。

11.4 简述氯化锂湿敏电阻的感湿原理。

11.5 请用 $MgCr_2O_4$ - TiO_2 湿敏元件组成一个湿度检测装置？简述各组成部分的功用。

11.6 简述离子敏传感器的工作原理，并举例说明其应用。

11.7 简述离子敏场效应管的结构及特点。

11.8 利用计算机网络查找气敏、湿敏和离子敏传感器的应用实例。

第12章　智能传感器

随着测控系统自动化、智能化的发展，对传感器的准确度、可靠性、稳定性提出了更高要求，同时还应具备一定的数据处理能力和自检、自校、自补偿功能。传统传感器已不能满足这些要求，而制造高性能的传感器，仅靠改进材料工艺也很困难。计算机技术的发展使传感器技术发生了巨大的变革，将计算机和传感器融合，研制出了具有信息检测、信号处理、信息记忆、逻辑思维与判断等功能强大的智能传感器(Intelligent Sensor 或 Smart Sensor)。

12.1　智能传感器的组成与功能

12.1.1　智能传感器的组成

智能传感器由硬件和软件两大部分组成。其硬件部分主要由传感器、信号调理电路、微处理器(或微计算机)等构成，其结构框图如图12.1所示。传感器将被测量转换成相应的电信号，经信号调理电路放大、滤波、模-数转换后送入微处理器。微处理器是智能传感器的核心，它不仅对传感器测量数据进行计算、存储、数据处理，还要通过反馈回路对传感器进行调节补偿，微处理器处理后的测量结果经输出接口输出数字量。

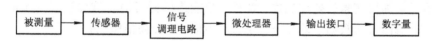

图12.1　智能传感器的结构框图

软件在智能传感器中起着举足轻重的作用，可通过各种软件对信息检测过程进行管理和调节，使之工作在最佳状态，并对传感器传送的数据进行各种处理，从而增强传感器的功能，提高传感器的性能价格比。另外，利用软件可实现硬件难以完成的任务，由此来降低传感器的制造难度，提高性能，降低成本。

智能传感器从结构上划分，可分为模块式、混合式和集成式三种形式。模块式智能传感器由许多互相独立的模块组成，如将传感器、微处理器、信号调理电路、数据处理电路、显示电路等多个模块组装在同一壳体内，集成度较低、体积较大，但在目前的技术水平下，仍是一种实用的结构形式。混合式智能传感器是将传感器、微处理器和信号调理电路等集成在不同芯片上再组装在一起，是目前应用较多的结构形式。集成式智能传感器是将多个敏感元件、微处理器和信号调理电路等都集成在同一个芯片上，集成度高、体积小，但目前的技术水平还很难实现。

智能传感器的发展大致分为三个阶段：

（1）初级阶段：此阶段研制的智能传感器比较简单，其特征是在传感器内部集成有温度补偿及校正电路、线性补偿电路和信号调理电路，使传感器的性能和精度得到提高。但该类传感器系统的内部无微处理器，智能功能较差；

（2）中级阶段：将微处理器也组装在传感器内，充分利用软件功能，使传感器除具有初级阶段的性能外，还具有自诊断、自校正、数据通信接口等功能。该类传感器不仅功能增加，性能也进一步提高，自适应能力也得到加强；

（3）高级阶段：除具有初级和中级阶段的所有功能外，还具有多维检测、图像识别、分析记忆、模式识别、自学习甚至思维能力等功能。该传感器系统涉及神经网络、人工智能及模糊理论等知识领域，能从复杂背景中提取有用信息，成为真正意义上的智能传感器。

12.1.2　智能传感器的功能

在现代信息技术高度发达的今天，传感器智能化和多功能化将成为传感器的发展趋势。与传统传感器相比，智能化传感器具有以下功能：

（1）逻辑判断、信息处理功能：对检测数据具有判断、分析与处理功能，可完成非线性、温度、噪声、响应时间以及零点漂移等误差的自动修正或补偿，提高测量准确度；

（2）自校准、自诊断功能：实时进行系统的自检和故障诊断，在接通电源时进行开机自检，在工作中进行运行自检，自动校准工作状态，自行诊断故障部位，提高工作可靠性；

（3）自适应、自调整功能：根据待测量的数值大小和工作条件的变化情况，自动调整检测量程、测量方式、供电情况、与上位机的数据传送速率等，提高检测适应性；

（4）组态功能：通过多路转换开关和程序控制，可实现多传感器、多参数的综合测量，扩大检测与使用范围。另外，通过数据融合、神经网络技术，可消除多参数状态下灵敏度的相互干扰，从而保证在多参数状态下对特定参数测量的分辨能力；

（5）记忆、存储功能：智能传感器可存储大量信息，供用户随时查询，也可进行检测数据的随时存取，加快信息的处理速度。此外，智能传感器可通过软件进行数字滤波、相关分析等处理，滤除检测数据中的噪声，提取有用信号，提高信噪比；

（6）数据通信功能：智能传感器具有数据通信接口，便于与计算机直接联机，相互交换信息，提高信息处理的质量。

12.2　智能传感器的硬件结构

智能传感器的硬件主要由基本传感器、信号调理电路和微处理器等构成。图12.2所示为DTP型智能压力传感器的结构框图，压力传感器为主传感器，将被测压力转换为电信号。温度传感器和环境压力传感器为补偿传感器，其中温度传感器用来检测主传感器工作时，由于环境或被测介质温度变化而引起压力敏感元件性能的变化，以便根据其温度变化修正与补偿由此造成的测量误差；环境压力传感器用来测量工作环境大气压变化，并修正大气压变化对测量的影响。传感器输出信号经多路调制器送至A/D转换器，然后再送至微处理器进行信号修正和补偿。每个传感器的修正系数都单独存储在永久寄存器（EEPROM）中，若需要模拟信号输出，可附加一个D/A转换器。由此可见，智能传感器至少包括两个基本传感器（主传感器和补偿传感器），具有较强的自适应能力，可判断工作环境的变化并进行必要的修正和补偿，保证测量的准确性。

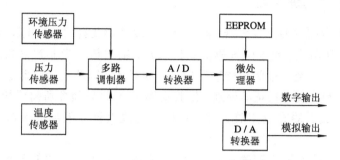

图 12.2　DTP 型智能式压力传感器的结构

12.2.1　基本传感器

基本传感器是信号输入通道的首要环节，也是决定智能传感器的关键环节之一。为了合理、正确选用基本传感器，首先要明确所设计的智能传感器要完成什么功能及技术要求；其次要了解现有生产厂家有哪些传感器可供选择，把同类产品的性能指标和价格进行对比，从中挑选出合乎要求的、性价比最高的传感器。

1. 传感器的主要技术要求

（1）具有将被测量转换为后续电路可用信号的功能；

（2）转换范围与被测量实际变化范围一致，转换精度符合在整个系统的总精度要求下而分配给传感器的精度指标（一般应优于系统精度的十倍左右），转换速度应符合整机要求；

（3）满足被测介质和使用环境的特殊要求，如耐高温、耐高压、防腐、抗振、防爆、抗电磁干扰、体积小、质量轻和不耗电（或耗电少）等；

（4）满足用户对可靠性和可维护性的要求。

2. 可供选用的传感器类型

对于一种被测量，可采用多种传感器来测量，例如测量温度可选用热电偶、热电阻、热敏电阻、PN 结温度传感器、集成温度传感器、光纤温度传感器等。在都能满足测量范围、精度、速度、使用条件等情况下，应侧重考虑成本低、后续电路简单等因素。

（1）大信号输出传感器：为了与 A/D 转换器输入要求相适应，传感器厂家开始设计、制造一些专门与 A/D 转换器相配套的大信号输出传感器；

（2）数字式传感器：数字式传感器一般输出为频率参量或将模拟输入电压经 V/F 转换频率参量，具有测量精度高、抗干扰能力强、便于远距离传送等优点；

（3）集成传感器：集成传感器是将传感器与信号调理电路集成在一个芯片上。例如，将应变片、测量电桥、电桥放大电路、线性化电路等集成在一个芯片上，构成集成压力传感器。采用集成传感器可减轻输入通道的信号调理任务，简化通道结构；

（4）光纤传感器：这种传感器其信号拾取、变换、传输都通过光纤实现，避免了电路系统的电磁干扰。在信号输入通道中采用光纤传感器可以从根本上解决由现场通过传感器引入的干扰。

12.2.2 模拟信号调理电路

模拟信号调理电路主要由放大器、滤波器、温度补偿及自动校准电路等部分组成。

对于应变式、压阻式、热电阻等模拟式传感器，输出信号为非常微弱的模拟量，其温度特性及线性度较差，经过远距离传输后信号衰减较大。因此对传感器输出的信号必须进行放大、温度补偿和非线性校正等处理，使其变换成 A/D 转换器所需要的满量程电平。智能传感器中常用的放大器有仪用放大器、程控增益放大器及隔离放大器等，其技术指标如下：

(1) 非线性度：放大器实际输出/输入关系曲线与理想直线的偏差程度。当增益为 1 时，一个 12 位 A/D 转换器有 0.025％的非线性偏差；当增益为 500 时，非线性偏差可达 0.1％，相当于 12 位 A/D 转换器的精度降至 10 位，故一定要选择非线性偏差小于 0.024％ 的放大器；

(2) 温漂：放大器输出电压随温度变化的程度。通常放大器的输出电压随温度变化率为 1～50 mV/℃，其大小与放大器的增益有关；

(3) 建立时间和恢复时间：从阶跃信号驱动瞬间至放大器输出电压达到要求值并保持在给定误差范围内所需的时间称为建立时间，放大器撤除驱动信号瞬间至放大器由饱和状态恢复到最终值所需的时间称为恢复时间。显然，放大器的建立时间和恢复时间直接影响数据采集系统的采样速率；

(4) 电源引起的失调：电源电压变化 1％所引起放大器的漂移电压值。一般数据采集系统的前置放大器常用稳压电源供电，该指标是设计稳压电源的主要依据。

1. 仪用放大器

仪用放大器常采用三运放对称结构且具有较高的输入阻抗和共模抑制比的单片集成放大器，只需外接一个电阻即可设定增益，如美国 BB(Burr Brown)公司生产的 INA114，美国 AD(Analog Devies)公司生产的 AD521、AD524、AD8221 等。INA114 是一种通用的仪用放大器，尺寸小、精度高、价格低廉，可用于电桥、热电偶、数据采集以及医疗仪器等，其内部电路如图 12.3 所示。内部电阻 $R_1=R_2=R_3=R_4=R_5=R_6=25$ kΩ，外接电阻 R_P 可设定 1～1000 之间的任意增益($K=1+50$ kΩ$/R_P$)，内部设置过压保护可保证长期过压输入。该放大器具有失调电压低(50 μV)、偏置电流小(±1 nA)、温漂小(0.25 μV/℃)、共模抑制比高(120 dB)、输入电阻大(10^{10} Ω)等特点。输入电压范围为±40 V，电源电压为±18 V，工作温度为—40～+125℃。

2. 程控增益放大器

被测信号范围不同，传感器输出信号的大小也不同，为了在整个测量范围内使 A/D 转换器获取合适的分辨率，常采用程控增益放大器。常见的程控增益放大器有美国 BB 公司生产的 PGA202/203，美国 AD 公司生产的 AD621、AD624 等。图 12.4(a) 所示为 PGA202/203 的内部结构图，1 和 2 脚为增益数字选择输入端，由程序通过数字逻辑电路控制，有 4 种增益可供选择；3 和 13 脚为正、负电源供电端；6 和 9 脚为失调电压 U_{OS} 调整端；5 和 10 脚为输出滤波端，在两端各连接一个电容，可获得不同的截止频率。PGA202 为十进制增益(1, 10, 100, 1000)，PGA203 为二进制增益(1, 2, 4, 8)，将 PGA202 与

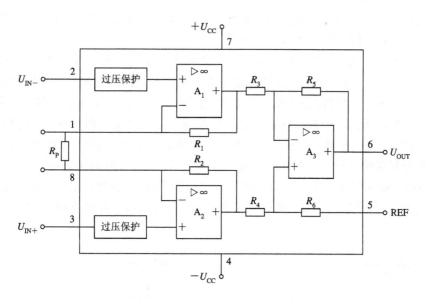

图 12.3　INA114 的内部电路

PGA203 级联可获得 1～8000 倍的 16 种程控增益,使用灵活方便,常用于可编程仪表放大器、交流耦合差分放大器、隔离程控仪表放大器等。图 12.4(b) 所示为 PGA202/203 的基本接法,4 脚接模拟地,14 接数字地,在正、负电源供电端分别外接一个 1 μF 的旁路钽电容到模拟地,且尽可能靠近放大器的电源引脚,这样可提高器件的供电稳定性;4 和 11 脚上的连线应尽可能短,以减小连线电阻引起的增益误差。

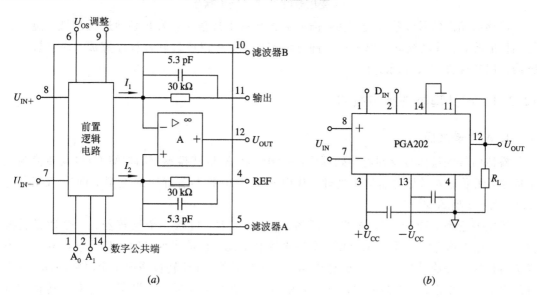

(a)　　　　　　　　　　　　　　　　　(b)

图 12.4　PGA202/203 内部结构及其接法
(a) 内部结构;(b) 基本接法

3. 隔离放大器

在强电或强电磁干扰的环境中,为了防止电网电压或其它电磁干扰损坏传感器,通常在输入通道采用隔离技术;在生物医疗器械中,为了防止漏电、高压等对人体的意外伤害,也采用隔离技术；当在很大的共模电压环境中检测微小差模信号时，也需要先把共模信号隔离掉，再提取差模信号进行测量。

隔离放大器由输入放大器、输出放大器、隔离器以及隔离电源等组成，其原理框图如图 12.5 所示。图 12.5(a) 为变压器耦合隔离放大器框图(如美国 AD 公司生产的 AD277、AD284、AD289 等)，被测信号经放大并调制成调幅波后由变压器耦合，再经解调、滤波和放大后输出。输入调制放大器的浮置电源是由载波发生器产生的高频振荡，经耦合变压器馈入输入电路，再通过整流、滤波而提供的，以实现隔离供电。同时，载波发生器经耦合变压器为调制器提供载波信号，为解调器提供参考信号。图 12.5(b) 为光电耦合隔离放大器框图，被测信号放大后由光电耦合器中的发光二极管 LED 转换成光信号，再通过光电耦合器中的光电器件(如光敏二极管、光敏三极管 V 等)变换成电压或电流信号，然后由输出放大器放大输出。

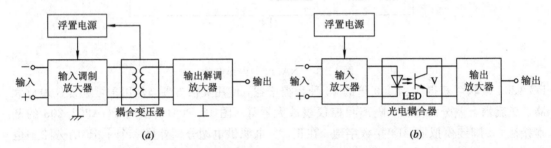

图 12.5　隔离放大器原理框图
(a) 变压器耦合；(b) 光电耦合

传感器输出信号经放大处理后，仍夹杂着其它干扰信号，为此必须进行滤波、温度补偿和校准等，这些功能既可以采用硬件电路实现，也可以通过软件程序完成。一般智能传感器采用软件方法来降低成本。

12.2.3　微处理器的接口技术

1. A/D 转换器

模拟信号经过信号调理电路处理后，必须经过 A/D 转换器(简称 ADC)将其转换为数字信号，然后送入微处理器加工处理。常用的 A/D 转换器有逐次逼近型 ADC、双积分型 ADC、$\Sigma - \Delta$ 型 ADC 等。

逐次逼近型 ADC 是应用非常广泛的 A/D 转换器，包括一个比较器、一个数模转换器、一个逐次逼近寄存器(SAR)和一个逻辑控制单元。它是将采样输入信号与已知电压不断进行比较来完成转换的，1 个时钟周期完成 1 位转换，n 位转换需要 n 个时钟周期。逐次逼近型 ADC 的精度与价格适中，分辨率和转换速度相互矛盾，欲提高分辨率其转换速度就会受到限制，当分辨率低于 12 位时价格较低，高于 14 位时价格较高。

双积分型 ADC 又称为双斜率或多斜率 ADC，应用也比较广泛。它由一个带有输入切换开关的模拟积分器、一个比较器和一个计数单元构成，通过两次积分将输入的模拟电压转换成与其平均值成正比的时间间隔。同时，在此时间间隔内利用计数器对时钟脉冲进行计数，从而实现 A/D 转换。双积分型 ADC 的分辨率与精度均较高、抗干扰能力强、价格低廉，但转换速度较低。

Σ - Δ 型 ADC 又称为过采样转换器，其采样频率远远高于奈奎斯特（Nyquist）采样频率，是目前应用较广的新型 A/D 转换器。它由简单的模拟电路（一个比较器、一个开关、一个或几个积分器及模拟求和电路）和复杂的数字信号处理电路构成。Σ - Δ 型 ADC 采用增量编码方式，即根据前一量值与后一量值差值的大小来进行量化编码，包括模拟 Σ - Δ 调制器和数字抽取滤波器。Σ - Δ 调制器主要完成信号抽样及增量编码，给数字抽取滤波器提供增量编码（Σ - Δ 码）；数字抽取滤波器完成对 Σ - Δ 码的抽取和滤波，把增量编码转换成高分辨率的线性脉冲编码调制的数字信号，因此抽取滤波器实际上相当于一个码型变换器。Σ - Δ 型 ADC 的分辨率很高（可达 24 位），转换速度与精度也较高，且价格低廉。由于其内部利用高倍频过采样技术，实现了数字滤波，降低了对传感器信号进行滤波的要求。

A/D 转换器的主要技术指标有：

（1）分辨率：表示能分辨模拟输入量的最小值，通常用输出二进制数码的位数来表示。如分辨率为 8 位的 A/D 转换器，表示把模拟输入量的变化范围分成 $2^8 - 1 = 255$ 级。对于变化范围相同的模拟输入量，输出二进制数码的位数越多，能分辨的最小值就越小，分辨率就越高。能分辨最小模拟输入量对应的数字输出量称为 LSB，用二进制的最低位表示。

（2）转换速度：完成一次转换所用的时间称为转换时间，转换时间的倒数称为转换速度。转换时间越短，转换速度就越快。转换速度与转换原理及二进制数码的位数有关，位数越多，转换时间就越长，一般在几微秒至几百毫秒之间。

（3）精度：精度用全量程的相对误差来表示，即在整个转换范围内，输出二进制数码所对应的实际模拟输入值与理想值之差与满量程值的百分比定义为精度。应当指出，精度与分辨率是两个不同的概念，分辨率高但精度不一定高，而精度高则分辨率必然也高。

2. AD574A 与微处理器的接口

1）AD574A 简介

AD574A 为逐次逼近型 ADC，是一种常用的 12 位 A/D 转换芯片，也可实现 8 位转换。此芯片有 10 V 和 20 V 两个模拟信号输入端，既允许单极性输入，也允许双极性输入。片内有三态输出缓冲器，可直接接至 8 位、12 位或 16 位微处理器的数据总线，也可通过编程接口与系统总线相连。图 12.6 所示为 AD574A 芯片结构及引脚说明，其中 STS 状态位用于查询 ADC 的工作状态；A_0 和 12/$\overline{8}$ 用于控制转换数据的位数以及数据输出格式；5 个控制端可通过外部逻辑电平来控制芯片的工作状态，其控制功能如表 12.1 所示。

表 12.1 AD574A 的控制功能状态表

CE	$\overline{CS}$	R/$\overline{C}$	12/$\overline{8}$	A_0	操作内容
0	×	×	×	×	无操作
×	1	×	×	×	无操作
1	0	0	×	0	启动一次 12 位转换
1	0	0	×	1	启动一次 8 位转换
1	0	1	接 +5 V 电源	×	12 位并行输出
1	0	1	接数字地	0	输出最高 8 位数码
1	0	1	接数字地	1	输出余下 4 位数码

注：×表示无关位

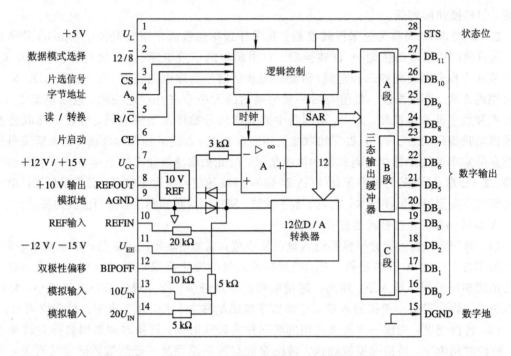

图 12.6　AD574A 芯片结构及引脚说明

由表 12.1 可以看出，当 CE＝1，$\overline{CS}$＝0，R/$\overline{C}$＝0 时，AD574A 转换被启动，转换长度则由 A_0 控制。当 A_0＝0 时，实现 12 位转换，转换数据从 DB_0～DB_{11} 输出；当 A_0＝1 时，实现 8 位转换，转换数据由 DB_4～DB_{11} 输出。

当 CE＝1，$\overline{CS}$＝0，R/$\overline{C}$＝1，且 12/$\overline{8}$＝1 时，12 位数据输出端 DB_0～DB_{11} 同时输出；当 12/$\overline{8}$＝0 时，12 位数据分两次输出，A_0＝1 输出低 4 位，A_0＝0 输出高 8 位。

AD574A 单极性输入和双极性输入的连接线路如图 12.7 所示。13 引脚的模拟输入电压范围为 0～10 V（单极性输入）或－5～＋5 V（双极性输入），1LSB 对应模拟输入电压为

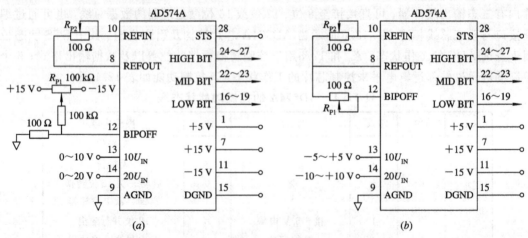

图 12.7　AD574A 单极性和双极性输入的连接线路

（a）单极性输入；（b）双极性输入

2.44 mV，若要求 2.5 mV/位，则在输入回路中应串联 200 Ω 电阻。14 引脚的模拟输入电压范围为 0～20 V（单极性输入）或－10～＋10 V（双极性输入），1LSB 对应模拟输入电压为 4.88 mV，若要求 5 mV/位，则在输入回路串联 500 Ω 电阻。R_{P1} 用于零点调整，R_{P2} 用于满刻度调整。

2）AD574A 与 89C51 的接口

AD574A 与单片机 89C51 的接口电路如图 12.8 所示。AD574A 片内有时钟电路，不需外加时钟信号。该接口电路采用双极性输入，可对－5～＋5 V 或－10～＋10 V 的模拟输入电压进行转换。AD574A 的控制端 CE 与 89C51 的 $\overline{RD}$ 和 $\overline{WR}$ 经与非门后相连，$\overline{CS}$ 与锁存器 74LS373 的锁存地址 Q_7 相连，A_0 与锁存地址 Q_1 相连，$R/\overline{C}$ 与锁存地址 Q_0 相连，$12/\overline{8}$ 接地。

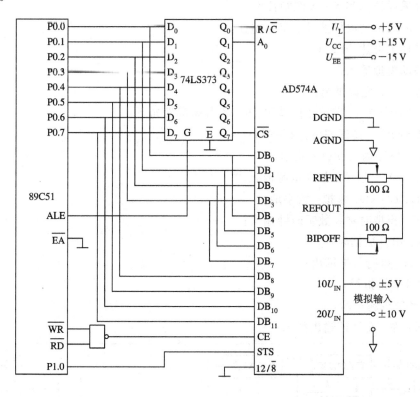

图 12.8 AD574A 与 89C51 的接口电路

由于 AD574A 输出 12 位数据，故 89C51 应分两次读取转换数据，先读高 8 位数据，再读低 4 位数据，由 $A_0＝0$ 或 $A_0＝1$ 分别控制高、低位数据的读取。89C51 采用查询方式来读取 AD574A 的转换数据，将 AD574A 的 STS 端与 89C51 的某一 I/O 口线（如 P1.0）相连。当 89C51 执行对外部数据存储器的写指令，使 CE＝1，$\overline{CS}＝0$，$R/\overline{C}＝0$，$A_0＝0$ 时，便启动转换。89C51 通过 P1.0 口线不断查询 STS 的状态，STS 呈高电平时表示转换正在进行，转换完成后 STS 变成低电平。89C51 执行两次读取外部数据存储器的读指令来读取 12 位的转换结果，当 CE＝1，$\overline{CS}＝0$，$R/\overline{C}＝1$，$A_0＝0$ 时，读取转换结果高 8 位数据；当 CE ＝1，$\overline{CS}＝0$，$R/\overline{C}＝1$，$A_0＝1$ 时，读取转换结果低 4 位数据。

3. CS5360 与微处理器的接口

1) CS5360 简介

CS5360 是德国 Crystal 公司生产的一种双通道 24 位 Σ-△ 型 ADC 芯片，适用于信号较弱、大动态范围、大数据量采集系统。CS5360 内含 4 阶 Σ-△ 调制器和数字抽取滤波器，具有采样、模数转换、抗混叠滤波的功能。每个通道都以串行方式输出数据，以二进制补码形式进行编码。利用节电模式可将典型功耗 325 mW 降低到 1.0 mW。该芯片具有如下特点：

(1) 24 位数字输出；

(2) 105 dB 的动态范围；

(3) 低噪声，总谐波失真＞95 dB；

(4) 过采样技术和 Σ-△ 调制技术；

(5) 片内数字抗混叠滤波及参考电压；

(6) 采样率可达 50 kHz；

(7) 差动模拟输入；

(8) 单＋5 V 电源供电。

图 12.9 所示为 CS5360 的功能框图，各引脚定义如下：

HPDEFEAT：高通滤波选择控制；

OVFL：模拟输入过量程指示；

VA$_+$、VD$_+$：模拟、数字电源输入；

AGND、DGND：模拟、数字地；

MCLK：模拟时钟和数字时钟输入；

SCLK：串行数据时钟；

SDATA：串行数据输出；

FRAME：帧指示；

PU：峰值更新指示；

LRCK：左、右通道输出指示；

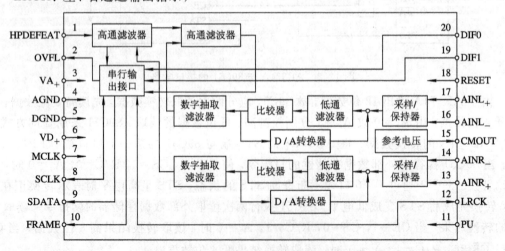

图 12.9 CS5360 芯片功能及引脚说明

AINR$_+$、AINR$_-$：右通道差动模拟输入；

CMOUT：共模电压输出，正常情况下为 2.2 V；

AINL$_+$、AINL$_-$：左通道差动模拟输入；

RESET：复位输入；

DIF0、DIF1：数据输出格式控制。

CS5360 有两种工作模式供用户选择，即主动模式和被动模式。在主动模式中，串行数据时钟 SCLK 和左右通道输出指示 LRCK 是来自内部主时钟的输出信号。在被动模式中，SCLK 和 LRCK 是由外部时钟 MCLK 提供的输入信号。

CS5360 以串行方式对外输出转换数据，数据输出格式由 DIF0 和 DIF1 决定，如表 12.2 所示。串行数据输出通过 SDATA、SCLK 和 LRCK 来完成。

表 12.2 数据输出格式选择

DIF0	DIF1	格式
0	0	0
0	1	1
1	0	2
1	1	节电模式

2）CS5360 的接口电路

在设计 CS5360 的接口电路时，需要考虑的主要问题是如何将其转换输出的 24 位串行数据读出并存储。一般情况下，直接将 CS5360 的数据输出接口与微处理器（MCU）的 I/O 口相连，利用 MCU 内部提供的串行接口或者采用软件来实现数据的读出和存储，但要求 MCU 的速度相对较高。当采用低速 MCU 时，要设计专门的硬件接口电路来实现数据的读出和存储，图 12.10 所示是基于 FPGA 的数字接口电路框图，CS5360 工作于主动模式。

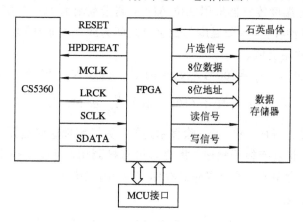

图 12.10 数字接口电路框图

12.3 智能传感器的软件设计

智能传感器已不再是简单的硬件实体，而是硬件、软件相结合。软件决定了传感器的智能化程度，增加软件功能不仅可提高传感器的性能，而且可减少硬件投资，提高性价比。

智能传感器中软件的主要功能有采集信息、记忆信息、处理信息、人机对话、自动控制、自校准、自诊断、自补偿、自适应、自学习等。

智能传感器的软件设计主要采用模块化与结构化程序设计。模块化程序设计的出发点是把一个复杂的系统软件分解为若干个功能模块，每个模块执行单一功能，包括自底向上模块化和自顶向下模块化程序设计。结构化程序设计常用顺序结构、选择结构、循环结构、子程序结构和中断结构等五种基本控制结构。

12.3.1　标度变换

智能传感器采集的数据并不等于原来带有量纲的参数值，它仅仅对应于被测参数的大小，必须把它转换成带有量纲的数值后才能显示、打印和应用，这种转换称为标度变换。

例如：用压电式力传感器测量机床动态切削力，当被测力变化为 $0\sim100$ N 时，传感器输出的电压为 $0\sim10$ mV，电压信号经放大器放大为 $0\sim5$ V，再进行 A/D 转换后得到 00H$\sim$FFH 的数字量（8 位 ADC），则 00H$\sim$FFH 的数字量对应 $0\sim100$ N 的力信号。

1. 线性标度变换

若被测量的变化范围为 $A_0\sim A_m$，A_0 对应的数字量为 N_0，A_m 对应的数字量为 N_m，实测值 A_x 对应的数字量为 N_x。假设包括传感器在内的整个数据采集系统是线性的，即被测量与 A/D 转换结果之间呈线性关系，则标度变换公式为

$$A_x = A_0 + (A_m - A_0)\frac{N_x - N_0}{N_m - N_0} \tag{12.1}$$

一般情况下 A_0 对应的数字量 N_0 为 0，则

$$A_x = A_0 + (A_m - A_0)\frac{N_x}{N_m} \tag{12.2}$$

例 12.1　某智能温度传感器采用 8 位 ADC，测量范围为 $10\sim100℃$，某一时刻传感器采样并经滤波和非线性校正后（即温度与数字量之间为线性关系）的数字量为 28H，求采样值为 28H 时所对应的温度值。

解　已知 $A_0=10℃$，$A_m=100℃$，$N_m=$FFH$=255$，$N_x=$28H$=40$，则

$$A_x = 10 + (100 - 10)\frac{40}{255} = 24.1℃$$

线性标度变换要进行加、减、乘、除算术运算。为了实现这些运算，应根据式（12.1）或式（12.2）设计专用的标度变换子程序，需要时可直接调用。标度变换中 A_0、A_m、N_0、N_m 分别存放在相应的内存单元，可由程序到存储器单元中提取。

2. 非线性标度变换

如果智能传感器输出的数据与被测量之间不是线性关系，但可用简单的解析式来表示，则可直接用解析式进行标度变换。

例如：利用节流装置测量流量时，流量 Q 与节流装置两侧的压差 ΔP 之间关系为

$$Q = k\sqrt{\Delta P}$$

由于 Q 与 $\sqrt{\Delta P}$ 之间为线性关系，则由式（12.1）可得流量的标度变换公式为

$$Q_x = Q_0 + (Q_m - Q_0) \frac{\sqrt{N_x} - \sqrt{N_0}}{\sqrt{N_m} - \sqrt{N_0}}$$

根据上式编写流量标度变换子程序，由流量变化范围和对应的数字量即可得到被测流量值。非线性标度变换也是线性化处理的一种措施。

12.3.2　非线性校正

在实际应用中，多数智能传感器的输出数据与被测量之间呈非线性关系，有些传感器虽然能够用解析式描述，但计算相当复杂，而有些传感器根本就不能用解析式来表示，必须先进行非线性校正，然后再进行标度变换。造成非线性的原因主要有两个方面：一是传感器的转换原理为非线性，如温度测量中的热电阻与温度之间呈非线性关系；二是信号调理电路为非线性，如单臂电桥的输出电压与电阻之间呈非线性关系。

1. 校正函数法

如果传感器或信号调理电路的非线性特性具有某种函数关系，且可用解析式 $y = f(x)$ 来表示，则可利用此解析式的校正函数（反函数）来进行非线性校正，如图 12.11 所示。

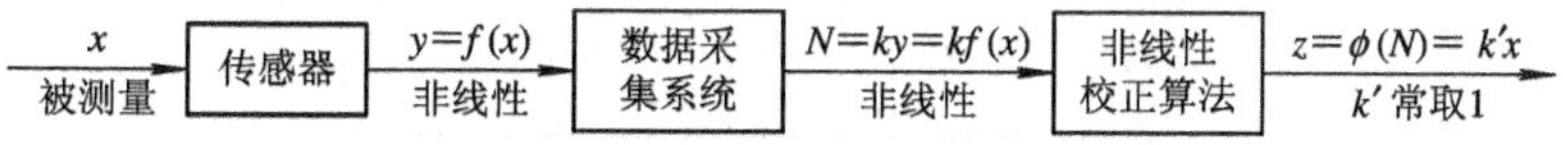

图 12.11　用校正函数法进行非线性校正

设 $y = f(x)$ 的反函数为 $x = F(y)$，则由图 12.11 可知

$$z = x = F(y) = F\left(\frac{N}{k}\right) = \phi(N) \tag{12.3}$$

式(12.3)就是 $y = f(x)$ 的校正函数，其自变量是 A/D 转换器输出的数字量 N，因变量 $z = x$ 即为根据数字量提取出来的被测量。

例 12.2　某热敏电阻的电阻值 R_T 与温度 T 之间的关系为

$$R_T = R_{T_0} \exp\left[B\left(\frac{1}{T} - \frac{1}{T_0}\right)\right] = f(T)$$

由上式先求出温度的表达式，再用校正函数法得到与被测温度呈线性关系的校正函数，从而建立校正模型。

$$\ln R_T = \ln R_{T_0} + B\left(\frac{1}{T} - \frac{1}{T_0}\right)$$

$$T = \frac{B}{\ln(R_T/R_{T_0}) + B/T_0} = F(R_T)$$

$$Z = T = F\left(\frac{N}{k}\right) = \frac{B}{\ln(N/kR_{T_0}) + B/T_0}$$

微处理器根据 A/D 转换器的转换结果 N，通过校正函数进行计算即可得到被测温度 T。

2. 插值法

如果传感器或信号调理电路的输入输出之间呈非线性特性，且不能用解析式表示，则可采用插值法来寻找 $y = f(x)$ 的近似表达式，从而实现非线性校正。插值法又称为分段拟合法，即把标定曲线的整个区间划分成若干段，每段用一个多项式拟合，根据被测量所在的区段并按该段的拟合多项式计算出测量结果。

1) 线性插值法

假设用实验法测出传感器的标定曲线如图 12.12 所示，先将该曲线按一定要求分成若干段，然后把相邻两分段点之间用直线相连，以代替相邻的曲线段。若相邻两分段点分别为 $(x_i，y_i)$、$(x_{i+1}，y_{i+1})$，则在 $(x_i，x_{i+1})$ 之间输入值 x 对应的线性输出值 y 可由下式求得

$$y = y_i + \frac{y_{i+1} - y_i}{x_{i+1} - x_i}(x - x_i) = y_i + k_i(x - x_i) \tag{12.4}$$

式中：k_i——第 i 段直线的斜率 $(i = 0，1，2，\cdots，n)$，$k_i = (y_{i+1} - y_i)/(x_{i+1} - x_i)$。

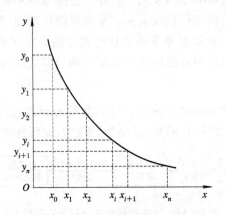

图 12.12　线性插值法分段示意图

由式 (12.4) 可知，只要 n 足够大就可获得良好的准确度。

2) 抛物线插值法

当传感器标定曲线的斜率变化很大时，则不能用线性插值法，而采用抛物线插值法，如图 12.13 所示。通过标定曲线上的三个点 $A(x_0，y_0)$、$B(x_1，y_1)$、$C(x_2，y_2)$ 做一抛物线（图中实线），用此抛物线代替原曲线（图中虚线），抛物线可用一元二次方程来表示，即

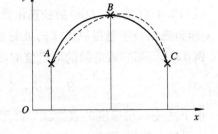

图 12.13　抛物线插值法示意图

$$y = k_0 + k_1 x + k_2 x^2 \tag{12.5}$$

式中：$k_0，k_1，k_2$——待定系数，由曲线上三个点的三元一次方程组求解，其计算比较复杂。

抛物线也可用另一种形式表示，即

$$y = m_0 + m_1(x - x_0) + m_2(x - x_0)(x - x_1) \tag{12.6}$$

式中：$m_0，m_1，m_2$——待定系数，由曲线上三个点很容易求出。

当 $x = x_0$ 时 $y = y_0$，可得 $m_0 = y_0$；当 $x = x_1$ 时 $y = y_1$，可得 $m_1 = (y_1 - y_0)/(x_1 - x_0)$；当 $x = x_2$ 时 $y = y_2$，并把 m_0 和 m_1 代入式 (12.6) 可得 $m_2 = \left(\dfrac{y_2 - y_0}{x_2 - x_0} - \dfrac{y_1 - y_0}{x_1 - x_0}\right)/(x_2 - x_1)$。

将求得的三个系数 m_0、m_1、m_2 存放在相应的内存单元，然后根据某点输入值 x 并代入式 (12.6) 即可求得输出值 y。

12.3.3　零位误差和增益误差校正

由于环境条件等因素的变化，传感器、放大电路等均会产生零点漂移和增益变化。为了校正零位误差和增益误差，可在测量输入通道增加一个由程序控制的多路转换开关。

1. 零位误差校正

智能传感器中零位误差校正原理十分简单，需要进行零位误差校正时，应中断正常的测量过程，把输入端短路，即使输入为零，此时包括传感器在内的整个测量输入通道的输出即为零位输出。由于零位误差的存在，零位输出值并不为零，把该值存于内存单元中。在正常测量过程中，测量单元每次测量后均从采样值中减去原先存入的零位输出值，即可实现零位误差的校正。

2. 增益误差校正

在智能传感器的测量输入通道中，除了零点漂移产生的零位误差外，放大电路的增益误差也会影响测量数据的准确性，因此必须对这些误差进行校正。误差校正的基本思路是测量基准参数（基准电压和零电压），建立误差校正模型，确定并存储校正模型参数。在测量过程中，根据测量结果和校正模型参数求取校正值，从而实现增益误差的校正。

误差校正电路如图 12.14 所示。校正过程为：在每一个测量周期或中断正常测量过程中，先将开关接地，测得数据 N_0；再把开关接至基准电压 U_r，测得数据 N_r，并将 N_0 和 N_r 存储于内存单元中；然后将开关接入被测电压 U_x，测得数据 N_x，则校正方程为

$$U_x = \frac{U_r}{N_r - N_0}(N_x - N_0) \tag{12.7}$$

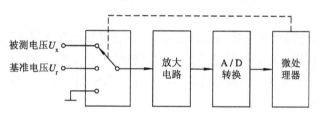

图 12.14　误差校正电路

采用这种校正方法获取的测量结果与放大电路的零点漂移和增益变化无关，降低了测量输入通道对信号调理电路的要求，达到与 U_r 等同的测量精度，但增加了测量时间。

12.3.4　温度误差补偿

在高精度智能传感器中，温度误差严重影响传感器的性能指标，特别是环境温度变化较大的应用场合，仅依靠传感器本身附加的一些简单电路来实现温度误差补偿非常困难。为此必须建立温度误差数学模型，微处理器根据测得的温度值和数学模型进行补偿。

在智能传感器中，温度本身就是一个需要检测的量。通常在传感器内靠近敏感元件处安装一个测温元件（如热敏电阻、PN 结二极管等），利用测温元件某些随温度而变化的特性，经测温电路、ADC 后可将其转换为与温度有关的数字量 N，把 N 作为温度误差的补偿量。

对于某些传感器，可采用如下较简单的温度误差数学模型

$$y_c = y(1 + \alpha_0 \Delta N) + \alpha_1 \Delta N \qquad (12.8)$$

式中：y_c——经温度补偿后的测量值；

y——未经温度补偿的测量值；

ΔN——实际工作环境温度与标准温度之差；

α_0 和 α_1——温度变化系数，α_1 补偿零点漂移，α_0 补偿灵敏度的变化。

12.3.5 数字滤波技术

在工业现场检测过程中，测量环境十分恶劣，干扰源比较多，如大型动力设备、动力输电线路、变压器等造成的电磁场干扰；环境温度大幅度变化、振动等引起的干扰；传感器内部器件噪声和 A/D 量化噪声等。传统传感器一般采用模拟滤波器进行处理，而智能传感器常采用数字滤波技术进行处理，数字滤波与模拟滤波相比具有以下特点：

（1）数字滤波只是一个计算过程，不需增加任何硬件，只要在数据处理之前附加数字滤波程序即可，因此稳定性和可靠性高，不存在阻抗匹配问题；

（2）采用数字滤波，可以多个通道共用，而采用模拟滤波，则每个通道都要设计滤波器；

（3）适当改变数字滤波程序的有关参数，就能方便地改变滤波特性，因此数字滤波使用时方便灵活，并可对模拟滤波无能为力的低频干扰进行滤波。

1. 克服脉冲干扰的数字滤波法

对于由传感器外部环境中偶然因素引起的突变性扰动或传感器内部不稳定引起误码等造成的尖脉冲干扰，常采用限幅滤波法和中值滤波法等。

1）限幅滤波法

限幅滤波法（又称程序判别法）通过程序判断被测信号的变化幅度，从而消除缓变信号中的尖脉冲干扰。具体方法是根据已有的时域采样结果，将本次采样值与上次采样值进行比较，若它们的差值超出允许范围，则认为本次采样值受到了干扰，应予剔除。

2）中值滤波法

中值滤波法是对某一被测参数连续采样 N 次，然后将这些采样值进行大小排序，选取中间值作为本次采样值。这种滤波方法对温度、液位等缓慢变化的被测参数能收到良好的滤波效果，但对流量、压力等快速变化的被测参数一般不宜采用。

2. 抑制小幅度高频噪声的平均滤波法

对于小幅度高频噪声，如电子器件热噪声、A/D 量化噪声等，常采用平均滤波法。

1）算术平均滤波法

算术平均滤波法就是将 N 个连续采样值取其算术平均值作为本次测量值，即

$$\bar{y} = \frac{1}{N} \sum_{i=1}^{N} y_i \qquad (12.9)$$

设 $y_i = S_i + n_i$，S_i 为采样值中的有用信号，n_i 为随机误差，则

$$\bar{y} = \frac{1}{N} \sum_{i=1}^{N} S_i + \frac{1}{N} \sum_{i=1}^{N} n_i$$

当采样次数 N 较大时，随机误差的统计平均值为零，故有

$$\bar{y} = \frac{1}{N} \sum_{i=1}^{N} S_i$$

算术平均滤波法能有效地消除随机干扰。滤波效果主要取决于采样次数 N，N 越大滤波效果越好，但灵敏度降低，一般取 $N=4\sim16$ 之间。这种方法只适用于缓变信号，每计算一次数据需要测量 N 次，不适用于采样速度较慢或数据更新速率要求较高的实时系统。

2）滑动平均滤波法

滑动平均滤波法是把 N 个测量数据看成一个队列，队列的长度固定为 N，每进行一次新的采样，把测量结果放在队尾，而去掉原来队首的一个数据，队列中始终有 N 个"最新"的数据。这样每进行一次采样，就可计算得到一个新的算术平均值，其数学表达式为

$$\bar{y}_n = \frac{1}{N} \sum_{i=0}^{N-1} y_{n-i} \tag{12.10}$$

式中：$\bar{y}_n$——第 n 次采样值经滤波后的输出；

y_{n-i}——未经滤波的第 $n-i$ 次采样值；

N——滑动平均的数据个数。

滑动平均滤波法对周期性干扰有良好的抑制作用，但对偶然出现的脉冲性干扰的抑制性较差。在工程应用中，通过观察不同 N 值下滑动平均的输出响应来选取 N 值，以便既能少占用计算机时间，又能达到良好的滤波效果。一般流量测量时 $N=12$，压力测量时 $N=4$，液面测量时 $N=4\sim12$，温度测量时 $N=1\sim4$。

3）加权平均滤波法

在算术平均滤波法和滑动平均滤波法中，对于 N 次采样值在输出结果中所占的比例是相等的。为了提高滤波效果，需要将各采样值取不同的比例后再求平均值，此即加权平均滤波法，通常越接近现时刻的采样值所占比例就越大，其数学表达式为

$$\bar{y}_n = \frac{1}{N} \sum_{i=0}^{N-1} p_i x_{n-i} \tag{12.11}$$

式中：p_0，p_1，…，p_{N-1}——各采样值的权（常数），应满足 $p_0 > p_1 > \cdots > p_{N-1} > 0$，且 $\sum p_i = 1$。

4）复合滤波法

在实际应用中，有时既要消除大幅度的脉冲干扰，又要抑制小幅度的高频噪声，因此常把两种以上的方法结合起来使用，形成复合滤波。去极值平均滤波算法就是先用中值滤波法滤除采样值中的脉冲性干扰，然后把剩余的各采样值再进行滑动平均滤波，例如，连续采样 N 次，剔除其最大值和最小值，再求剩下 $N-2$ 个采样的平均值。显然，这种方法既能抑制随机干扰，又能滤除明显的脉冲干扰。

通过对上述数据处理公式及原理进行编程，可实现智能传感器的软件设计，从而提高智能传感器的多功能化、智能化和性价比。

12.4　智能传感器的应用

智能传感器可以输出数字信号，带有标准接口，能接到标准总线上，实现了数字通信功能，具有精度高、稳定性好、可靠性高、测量范围宽、量程大等特点。

12.4.1 集成智能传感器

传感器的集成化是指将多个功能相同或不同的敏感器件制作在同一个芯片上构成传感器阵列，这主要有三个方面的含义：一是将多个功能完全相同的敏感单元集成制造在同一个芯片上，用来检测被测量的空间分布信息，如压力传感器阵列和CCD器件；二是对多个结构相同、功能相近的敏感单元进行集成，如将不同气敏传感单元集成在一起组成"电子鼻"，利用各种敏感单元对不同气体的交叉敏感性，采用神经网络、模式识别等先进数据处理技术，实现对混合气体各种组分的同时监测，得到混合气体的组成信息，提高气敏传感器的测量精度。也可将不同量程的传感单元集成在一起，根据待测量的大小在各个传感单元之间切换，在保证测量精度的同时扩大传感器的测量范围；三是对不同类型的传感器进行集成，如集成有压力、温度、湿度、流量、加速度、化学等敏感单元的传感器，能同时检测到环境中的物理或化学特性，可用于环境监测。

12.4.2 智能温度传感器

智能温度传感器亦称数字温度传感器，目前国际上已研制出多种智能温度传感器系列，其内部包含温度传感器、A/D转换器、信号处理器、寄存器、接口电路以及多路选择器、中央控制器(CPU)、随机存取存储器(RAM)和只读存储器(ROM)等。智能温度传感器的特点是能输出温度数据及相关的温度控制量，可配接各种微处理器，在硬件的基础上通过软件来实现测试功能，其智能化程度取决于软件的开发水平。

智能温度传感器的测试功能也在不断增强。如DS1629型单线智能温度传感器增加了实时日历时钟(RTC)，使其功能更加完善；DS1624还增加了存储功能，利用芯片内部256字节的电擦写可编程只读存储器(EEPROM)，可存储用户的短信息。此外，智能温度传感器已从单通道向多通道的方向发展，为开发多路温度测控系统创造了条件。智能温度传感器还具有多种工作模式可供选择，主要包括单次转换模式、连续转换模式、待机模式以及低温极限扩展模式等，操作非常简便。智能温度传感器的总线技术也已标准化、规范化，温度传感器作为从机，可通过专用总线接口与主机(微处理器或单片机)进行通信。

MAX6654是美国MAXIM公司生产的双通道智能温度传感器，能同时测量远程温度和芯片的环境温度，适合构成具有故障自检功能的温度检测系统。MAX6654内部包括PN结温度传感器、专供远程温度测量的偏置电路、多路转换开关、11位A/D转换器、逻辑控制器、地址译码器、11个寄存器、2个数字比较器和漏极开路的输出级等。内部PN结温度传感器专门用于检测芯片的环境温度，测温范围为$-55\sim+125\,^{\circ}\text{C}$，在$0\sim100\,^{\circ}\text{C}$范围内的测温精度为$\pm2\,^{\circ}\text{C}$。MAX6654采用SMBus总线接口，有多种模式可供选择，并具有可编程的低温和高温报警功能，可对PC机、笔记本电脑和服务器中CPU的温度进行监控。

图12.15所示为MAX6654与温度传感器及主机的接口电路。远程温度传感器VT采用2N3904型NPN(或2N3906型PNP)晶体管，将它粘贴在CPU芯片上，测温范围也为$-55\sim+125\,^{\circ}\text{C}$，在$70\sim125\,^{\circ}\text{C}$范围内的测温精度可达$\pm1\,^{\circ}\text{C}$。$C_1$为远程温度传感器的滤波电容；$R_1$和$C_2$构成低通滤波器，为MAX6654提供高稳定度电源；$R_2\sim R_4$为上拉电阻。主机通过SMBus总线接口与MAX6654相连，为MAX6654提供串行时钟并完成读/写操作。当CPU的温度超限时，从MAX6654的$\overline{\text{ALERT}}$端输出低电平报警，使主机产生中断。

主机也可控制散热风扇，使 CPU 处于正常的温度范围。

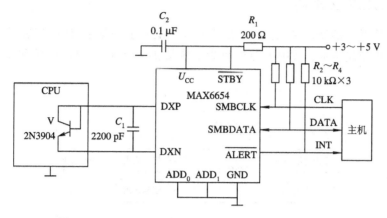

图 12.15　MAX6654 与温度传感器及主机的接口电路

12.4.3　智能湿度传感器

　　湿度传感器也已从简单的湿敏元件向集成化、智能化、多参数检测的方向发展，为研制湿度测控系统创造了有利条件。SHT15 是瑞士森斯瑞(Sensirion)公司推出的超小型、高精度、自校准、多功能智能传感器，可用来测量相对湿度、温度和露点(表示在水汽冷却过程中最初发生结露的温度)等参数。STH15 内部包括相对湿度传感器、温度传感器、放大器、14 位 A/D 转换器、存储器、加热器、控制单元、低电压检测电路及二线串行接口等。

　　SHT15 与 89C51(主机)的接口电路如图 12.16 所示。两只传感器将检测到的相对湿度和温度信号分别送入放大器放大，然后送至 A/D 转换器进行模数转换、校准和纠错，再通过二线串行接口将相对湿度和温度数据送至主机，利用主机完成非线性校正和温度补偿。R 为上拉电阻，C 为电源退耦电容，P0 口、P2 口和 P3 口分别接 LED 显示器以显示相对湿度、温度和露点。相对湿度测量范围为 0～99.99%RH，测量精度为 ±2%RH，分辨率为 0.01%RH。温度测量范围为 −40～+123.8℃，测量精度为 ±1℃，分辨率为 0.01℃。露点精度小于 ±1℃，分辨率与温度测量相同。

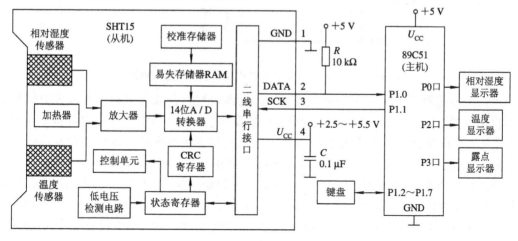

图 12.16　SHT15 与 89C51 的接口电路

12.4.4 智能压力传感器

智能压力传感器的硬件结构如图 12.17 所示,由压力传感器、温度传感器、微处理器、电源模块和输出模块构成。其中电源模块为系统提供 3.3 V 的模拟电压和 2.7 V 的数字电压。

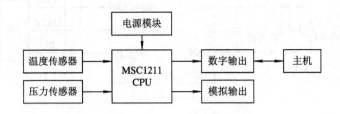

图 12.17 智能压力传感器的结构框图

MSC1211 是美国德州仪器公司(TI)新推出的一款功能强大的带 24 位 $\Sigma - \Delta$ 型 A/D 转换器和 16 位 D/A 转换器的微处理器,其内部包括程控增益放大器、多路转换开关、数字滤波和信号校准电路等。图 12.18 所示为 MSC1211 与传感器模块及主机的接口电路,采用恒流源供电的压阻式传感器,其供电电源由 MSC1211 提供,不需要外接电源。压力传感器信号采用差动输入方式,AIN4 作为正向输入端,AIN5 作为负向输入端。温度传感器信号采用单端输入方式。

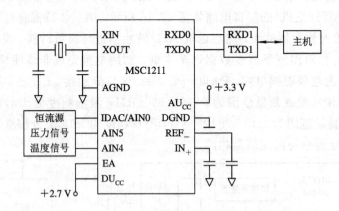

图 12.18 MSC1211 与传感器模块及主机的接口电路

当压力传感器信号进入 A/D 转换器后,其内部程控增益放大器根据输入压力信号的范围自动设置增益,并对压力信号进行模数转换及数字滤波。CPU 从温度芯片读取温度信号,并从闪速存储器(FLASH)中读取零点和线性度校正系数来进行温度补偿及非线性校正,然后根据量程范围进行量程转换并送至 D/A 转换器,从而输出相应的电压值。

压力信号由微处理器设置为数字输出模式或模拟输出模式,模拟输出传感器无需数字通信线路,而智能型数字输出传感器可进行双向通信。该系统通过 RS-232 标准接口与主机通信,如向主机发送测量数据、接收主机发出的控制指令、进行参数设置及校准操作等。

12.4.5　智能差压传感器

ST3000 系列智能差压传感器是美国霍尼韦尔(Honeywell)公司在世界上率先推出实现商品化的智能传感器,由差压、静压、温度参数检测和数据处理两部分组成,如图 12.19 所示。被测差压通过膜片作用于扩散电阻上使电阻值发生变化,将扩散电阻接在电桥中使输出电压与差压成正比。芯片中两个辅助传感器分别用来检测静压和温度。差压、静压和温度三个信号经多路转换开关分时送至 A/D 转换器,转换成数字量后再送入 MCU。

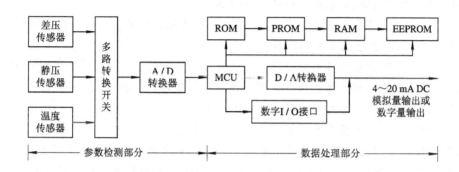

图 12.19　ST3000 系列智能差压传感器原理框图

数据处理部分由 MCU、ROM、PROM、RAM、EEPROM、D/A 转换器和 I/O 接口组成。其中,ROM 用来存储主程序,控制传感器的工作过程。PROM 分别存储三个传感器的温度与静压特性参数、温度与差压补偿曲线、传感器的型号、输入/输出特性、量程设定范围等。测量过程中的数据暂存在 RAM 中并可随时转存到 EEPROM 中,保证突然断电时不会丢失数据。恢复供电后 EEPROM 自动将数据送至 RAM 中,使传感器继续保持掉电前的工作状态。MCU 用来处理 A/D 转换器送来的数字信号,利用预先存入 PROM 中的特性参数对差压、静压和温度三个信号进行运算,以便进行温度补偿和静压校准,从而得到高精度的差压测量信号,经 D/A 转换器输出 4～20 mA 的模拟电流信号,也可通过 I/O 接口输出数字信号。

12.4.6　智能超声波传感器

美国 Merritt 系统公司(MSI)开发了两种智能超声波测距传感器。测距范围分别为 150～3000 mm 和 25～600 mm,精度分别为 2.5 mm 和 0.25 mm,采样频率分别为 40 Hz 和 200 Hz。超声波探头的工作频率为 40 kHz,传感器内部包括超声波发射与接收电路、模拟信号与数字信号处理电路等。通过测量超声波从传感器到目标再返回所需要的时间,就可计算出传感器到目标的距离。传感器通过标准串行口与主机进行通信,用户可通过图形化人机接口监视目标距离,还可根据需要改变传感器的参数。这种传感器广泛应用于过程监控和移动机器人自动寻轨、避障的测距系统中。

思考题与习题

12.1 智能传感器与传统传感器相比较具有哪些特点？并说明智能传感器的主要功能。

12.2 智能传感器包括哪些部分？试对各部分的组成及其工作流程作简要说明。

12.3 在图 12.3 所示的 INA114 放大器中，当内部电阻 $R_1 = R_2 = R_3 = R_4 = R_5 = R_6 = 25\ \text{k}\Omega$ 时，外接电阻为 R_P，请推导增益 K 的表达式。

12.4 请在网上搜索并查找 A/D 转换器有哪些类型，其特点如何？简述 A/D 转换器的主要参数、输入输出方式和控制信号。

12.5 为什么说智能传感器的设计在很大程度上是软件设计？简述软件设计的特点。

12.6 智能传感器的软件由哪几大部分组成？各部分功能如何？

12.7 简述智能传感器标度变换的目的和方法。

12.8 简述智能传感器零位误差和增益误差的校正方法。

12.9 与硬件滤波器相比较，采用数字滤波方法来克服随机误差有何优点？

12.10 常用的数字滤波方法有哪些？说明各种滤波算法的特点和使用场合。

第 13 章

机器人传感技术

　　机器人传感技术是 20 世纪 70 年代发展起来的，是一类专门用于机器人技术的新型传感器，与普通传感器的工作原理基本相同，但又有其特殊性，对传感信息种类和智能化处理的要求更高。机器人的应用范围日益广泛，从事的工作越来越复杂，对环境的变化也拥有更强的适应能力，这一切都必须借助于各种传感器来获取类似于人类的感觉信息并做出相应的判断、控制，从而实现有效工作。

13.1　机器人触觉传感技术

　　触觉是机器人获取环境信息的重要感知方式，是对人类触觉的模仿。触觉有很强的敏感能力，可直接测量对象和环境的多种性质特征。广义上触觉包括接触觉、压觉、力觉、滑觉和温觉等与物体接触有关的感觉。狭义上是指机器人与对象接触面上力的感觉。

　　简单的开关型触觉传感器可以检测是否与周围物体接触，复杂的阵列式触觉传感器密度更大、体积更小、精度更高，不仅可以判断与周围物体是否接触，还可以感知被检测物体的外部轮廓。

13.1.1　触觉传感器

1. 接触觉传感器

　　接触觉传感器可以检测与外界物体是否接触，如感受是否接触地面，是否抓住物体等。图 13.1 所示为几种接触觉传感器的结构示意图。

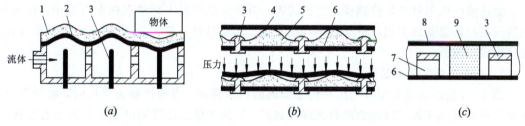

1—橡胶；2—金属罩顶；3—电极；4—碳纤维纸；5—氨基甲酸乙酯泡沫；
6—衬底；7—绝缘体；8—导电橡胶；9—海绵状橡胶

图 13.1　不同结构的接触觉传感器

　　图 13.1(a) 为金属罩顶式高密度接触觉传感器。当传感器与物体接触时，外力加在柔性橡胶层上，使具有弹性的金属罩顶向下弯曲直至接触到下面的电极。其功能相当于一个开关，输出"0"、"1"信号。可以通过调整金属罩顶内流体的压力来调整接触灵敏度。

图 13.1(b)为高密度接触觉传感器。在电极触点与导电性能良好的碳纤维纸之间有一气隙，外力作用使碳纤维纸及氨基甲酸乙酯泡沫产生如图所示的变形，电极触点与碳纤维纸之间呈导通状态。氨基甲酸乙酯泡沫具有良好的弹性和绝缘性，使传感器具有复原能力。这种结构可以感知极小的力，并能进行高密度封装。

图 13.1(c)为使用导电橡胶的接触觉传感器。与图 13.1(a)和(b)相同，也是利用两个电极接触导通的方法工作。导电橡胶可以高密度封装，本身具有弹性，制作容易，但响应延迟较大，且接触电阻的误差也较大，从而影响其实际应用。

2. 压觉传感器

压觉传感器实际是接触觉传感器的延伸，用来检测机器人手指握持面上承受的压力大小及分布。目前压觉传感器的研究重点在阵列型压觉传感器的制备和输出信号处理上。压觉传感器的类型很多，如压阻型、光电型、压电型、压敏型、压磁型、光纤型等。

1) 压阻型压觉传感器

利用某些材料的内阻随压力变化的压阻效应制成压阻器件，将其密集配置成阵列，即可检测压力的分布，如压敏导电橡胶和塑料等。

图 13.2 所示为压阻型压觉传感器的基本结构。该传感器共有三层：上层是带有条形导电橡胶的柔性硅橡胶层，该层具有很好的弹性，条形导电橡胶的疏密决定了传感器的空间分辨率；中间层是压阻材料构成的感压膜；下层是带有条形电极的印刷电路板。上层的列电极与下层的行电极相互垂直，行列电极的交叉点即为传感阵列的一个敏感单元。

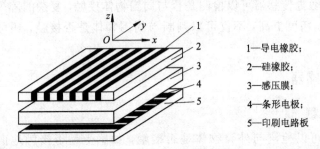

1—导电橡胶；
2—硅橡胶；
3—感压膜；
4—条形电极；
5—印刷电路板

图 13.2　压阻型压觉传感器的基本结构

感压膜的压阻材料是传感器性能的关键，新型压阻材料不断地在探索开发中，各向异性的压阻材料也受到重视，如压阻材料在 z 轴呈压阻特性，在 x、y 方向上无论受压与否，均呈现较大阻值。

2) 光电型压觉传感器

图 13.3 所示为光电型阵列压觉传感器的结构示意图。当弹性触头受压时，触杆下伸，发光二极管射向光敏二极管的部分光线被遮挡，于是光敏二极管输出随压力大小而变化的电信号。通过多路模拟开关依次选通阵列中的感知单元，并经 A/D 转换为数字信号，即可感知物体的形状。

3) 压电型压觉传感器

利用压电晶体等压电效应器件，可制成类似于人类皮肤的压电薄膜来感知外界压力。其优点是耐腐蚀、频带宽和灵敏度高等，缺点则是无直流响应，不能直接检测静态信号。

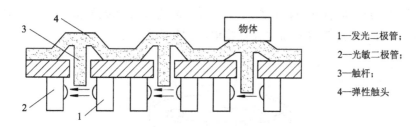

1—发光二极管；

2—光敏二极管；

3—触杆；

4—弹性触头

图 13.3　光电型压觉传感器的基本结构

4）压敏型压觉传感器

利用半导体力敏器件与信号调理电路可构成集成压敏传感器。其优点是体积小、成本低、便于与计算机进行接口，缺点则是耐压负载差、不柔软。

3. 力觉传感器

力觉传感器用于感知机器人的指、肢或关节等在工作和运动时所受力的大小和方向，进而控制如何运动、采取什么姿势，以及推测物体的重量等。与压觉传感器不同，力觉传感器所感受的不再是一维的力，而是多维的作用力。

力觉传感器的敏感元件主要有应变片、压电式传感器、电容式传感器、光电传感器和电磁式力传感器等。由于应变片价格低廉，可靠性高，且易于制造，故被广泛采用。

力觉传感器按其所在位置不同可分为三种形式：关节力传感器、腕力传感器和指力传感器。关节力传感器用于测量关节的受力（力矩）情况，信息量单一，传感器结构也较简单，是一种专用的力传感器。腕力传感器安装在末端操作器和机器人手臂之间，结构较复杂，可以获得手爪的三个方向的受力（力矩）情况，信息量较大。指力传感器安装在机器人手爪的指或指关节上，用于测量夹持物体时的受力情况，测量范围小，精度高，但多指协调复杂。

图 13.4 所示为一种铝制圆筒状的六自由度腕力传感器，外侧由八根窄长的弹性梁支撑，其中四根为水平梁，四根为垂直梁。每根梁的颈部开有小槽，使颈部只传递力，消除扭矩作用。水平梁的上下两侧、垂直梁的左右两侧贴有应变片，阻值分别为 R_1 和 R_2，组成差动半桥测量电路。设 Q_x^+、Q_y^+、Q_x^-、Q_y^-、P_x^+、P_y^+、P_x^-、P_y^- 分别为四根水平梁和四根垂直梁在贴应变片处的应变量，则施加于传感器 x、y、z 方向的力 F_x、F_y、F_z 以及 x、y、z 方向的力矩 M_x、M_y、M_z 分别为

$$\begin{cases} F_x = K_1(P_y^+ + P_y^-) \\ F_y = K_2(P_x^+ + P_x^-) \\ F_z = K_3(Q_x^+ + Q_x^- + Q_y^+ + Q_y^-) \\ M_x = K_4(Q_y^+ - Q_y^-) \\ M_y = K_5(Q_x^+ - Q_x^-) \\ M_z = K_6(P_x^+ - P_x^- - P_y^+ + P_y^-) \end{cases} \tag{13.1}$$

式中：K_1、K_2、K_3、K_4、K_5、K_6——比例系数，与各应变片的灵敏度有关。

腕力传感器常用的结构还有十字梁式、非径向三梁式和柔性腕力传感器等。腕力传感器的发展呈现两个趋势：一是将传感器本身设计的比较简单，但需要经过复杂的计算求出传递矩阵，使用时要经过矩阵运算才能提取六个分量，这类传感器称为间接输出型腕力传

感器；另一类则相反，传感器结构比较复杂，但只需简单计算就能提取六个分量，甚至可以直接得到六个分量，这类传感器称为直接输出型腕力传感器。

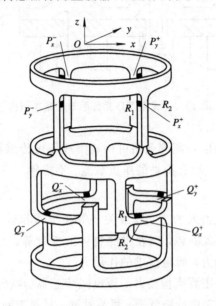

图 13.4　简式六自由度腕力传感器

4. 滑觉传感器

机器人抓取物体时按夹紧力的大小可分为硬抓取和软抓取。机器人末端执行器利用最大的夹紧力抓取物体，以保证可靠性，这种方式称为硬抓取；控制机器人的末端执行器，使夹紧力保持在能稳固抓取物体的最小值，以避免损伤物体，这种方式称为软抓取。软抓取的夹紧力不够时，被抓取物滑动，滑觉传感器就是为检测滑动而设计的。

滑觉传感器可以检测垂直于握持方向物体的位移、旋转、由重力引起的变形，以达到修正夹紧力，防止抓取物的滑动。滑觉传感器主要用于检测物体接触面之间相对运动的大小和方向，判断是否握住物体以及应该用多大的夹紧力等。当机器人的手指夹住物体时，物体在垂直于夹紧力方向的平面内移动，进行如下操作：

（1）抓住物体并将其举起时的动作；

（2）夹住物体并将其交给对方的动作；

（3）手臂移动时加速或减速的动作。

图 13.5 所示为滚球式滑觉传感器，主要由一个可自由滚动的金属球和触针组成。金属球表面用导体和绝缘体按一定规律相间排列成棋盘状网格，其表面安装两个很细的触针，触针每次只能触及一个网格。当金属球与被夹持物接触时，若物体滑动将带动金属球随之滚动，触针与金属球的导体区交替

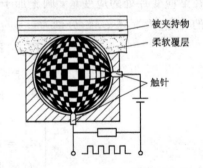

图 13.5　滚球式滑觉传感器结构示意图

接触，从而输出一系列脉冲信号。脉冲信号的频率与滑动速度有关，脉冲信号的个数对应滑移的距离，减小金属球的尺寸和网格面积可以提高检测灵敏度。这种结构的滑觉传感器能够检测任意方向的滑动。

13.1.2 仿生皮肤

仿生皮肤是集触觉、压觉、滑觉和温觉于一体的多功能复合传感器,是 20 世纪 80 年代末新兴的触觉研究方向。仿生皮肤多采用具有压电效应和热释电效应的聚偏二氟乙烯(PVDF)敏感材料,在传感器的结构设计和信号采样上都较好地解决了多感觉功能复合及各感觉信息间的相互混淆问题。PVDF 材料具有工作温度范围宽、体电阻高、重量轻、柔顺性好、机械强度高、频响宽、易于成型等特点。

图 13.6 所示为具有温觉、触觉和压、滑觉的 PVDF 仿生皮肤的剖视图。传感器表层为保护层(橡胶包封表皮),上层为两面镀膜的整块 PVDF,分别从两端引出电极,下层利用特种镀膜形成条状电极,引线通过硅导电橡胶基底粘接后引出。在上、下两层 PVDF 之间,由电加热层和柔性隔热层(软塑料泡沫)形成两个不同的物理测量空间,上层 PVDF 获取温觉和接触觉信号,下层 PVDF 获取压觉和滑觉信号。这种结构解决了多种感觉信号的混淆问题。

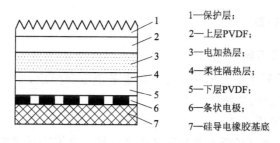

1—保护层;
2—上层PVDF;
3—电加热层;
4—柔性隔热层;
5—下层PVDF;
6—条状电极;
7—硅导电橡胶基底

图 13.6 PVDF 仿生皮肤传感器剖视图

电加热层是一层很薄的导电橡胶,两端与电极相连。电极通电后,导电橡胶发热,保持上层 PVDF 的温度在 55℃左右。当待测物体接触传感器时,由于物体与传感器之间存在表面温差,会产生热传递,使 PVDF 的极化面产生相应数量的电荷,从而产生电压信号输出,即仿生皮肤具有温觉功能。

当传感器接触物体时,接触应力的阶跃性突变使 PVDF 产生电荷,经电荷放大器后输出如图 13.7(a) 所示的单方向脉冲信号,即接触觉信号。

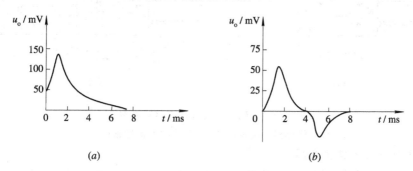

(a)   (b)

图 13.7 PVDF 传感器的不同输出信号
(a) 接触觉信号;(b) 滑觉信号

当物体相对于传感器表层滑动时,摩擦力发生变化,橡胶包封表皮的凸点变形,从而引起诱导振动，使 PVDF 的应力发生变化，并释放出电荷，经电荷放大器后输出如图 13.7(b)所示的交变电压信号，即滑觉信号。

仿生皮肤将多种感觉复合在一起，实现了一体多能，使机器人触觉传感器在小型化、拟人化方面跨出了重要的一步。

13.2 机器人接近觉传感技术

机器人接近觉的作用是感知机器人与物体之间的接近程度，它与精确测距系统不同，但又有相似之处。接近觉是一种粗略的距离感觉，大部分情况下只需给出简单的阈值判断——接近与否即可。机器人接近觉传感技术主要用于避障和防止冲击，如移动机器人如何避让障碍物，机械手抓取物体时实现柔性接触等。

接近觉传感器分为接触式和非接触式两大类。接触式主要采用机械结构，如探针、接触棒等完成。非接触式根据其工作原理不同有多种实现形式。

13.2.1 接近觉传感器

1. 感应式接近觉传感器

感应式接近觉传感器主要有三种类型，分别基于电磁感应、霍尔效应和电涡流效应，一般用于近距离、小范围内的测量。

1) 电磁感应接近觉传感器

电磁感应接近觉传感器的核心为线圈和永久磁铁。当传感器远离铁磁体时，磁力线如图 13.8(a)所示；当传感器靠近铁磁体时，引起永久磁铁磁力线变化，在线圈中感应出电流脉冲，如图 13.8(b)所示。若传感器与铁磁体保持相对静止，磁力线不发生变化，则线圈中不产生感应电流，因此只有当传感器与铁磁体之间有相对运动时，才能产生输出信号。随着距离的增大，输出信号明显减弱。

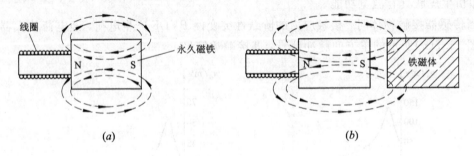

线圈　　永久磁铁　　铁磁体

(a)　　　　　　　　(b)

图 13.8　电磁感应接近觉传感器原理图
(a) 传感器远离铁磁体；(b) 传感器接近铁磁体

2) 霍尔效应接近觉传感器

霍尔效应接近觉传感器的核心为霍尔元件和永久磁铁。霍尔元件置于磁场中，若有电流流过时，在垂直于电流和磁场的方向上会产生电势(霍尔电势)。当附近无铁磁体时，霍尔元件感受到一个强磁场，霍尔电势最大，如图 13.9(a)所示。当铁磁体接近传感器时，磁力线被旁路，霍尔元件感受的磁场强度减弱，引起输出霍尔电势减小，如图 13.9(b)所示。

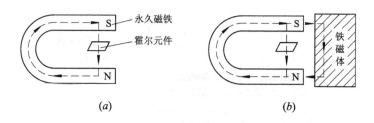

图 13.9　霍尔效应接近觉传感器原理图

（a）传感器远离铁磁体；（b）传感器接近铁磁体

3）电涡流接近觉传感器

电涡流接近觉传感器由激励线圈和检测线圈组成，如图 13.10 所示。激励线圈中通入交变电流，线圈周围产生交变磁场 H_1。当传感器接近金属物体时，金属导体中将产生电涡流，形成反抗磁场 H_2，其方向与 H_1 相反，削弱了磁场 H_1 的磁通量。通过检测线圈测量激励线圈磁路上磁通量的大小，就可感知传感器与金属物体表面之间的距离。

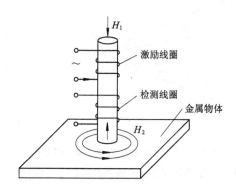

图 13.10　电涡流接近觉传感器原理图

2. 电容式接近觉传感器

感应式接近觉传感器只能检测导体或铁磁体，电容式接近觉传感器则可以检测任何固体和液体材料。当外界物体靠近传感器时，将引起电容量变化，由此来反映距离信息。检测电容量变化的方案很多，最简单的方法是将电容作为振荡电路的一部分，只有在传感器的电容值超过某一阈值时振荡电路才起振，将起振信号转换成电压信号输出，即可反映是否接近外界物体，这种方案可以提供二值化的距离信息。另一种方法是将电容作为受基准正弦波驱动电路的一部分，电容量的变化会使正弦波发生相移，且二者成正比关系，由此可以连续检测传感器与物体之间的距离。

图 13.11 所示为双极板电容式接近觉传感器的原理图。传感器由两块置于同一绝缘板上的金属极板构成，绝缘板通过屏蔽板接地。极板 1 上施加固定频率的正弦激励信号，则在极板附近产生交变电场。当物体接近时，阻断了两个极板之间连续的电力线，使两极板间的耦合电容 C_{12} 改变。由于激励电压幅值恒定，所以电容量的变化又反映为极板上电荷的变化。通过极板 2 外接的电荷放大器将电荷的变化转换为电压的变化，即可获得电压与距离的关系。电容式接近觉传感器只能用来检测数毫米的距离，超出这一距离后传感器的灵敏度急剧下降。不同材料引起传感器电容量的变化会相差很大。

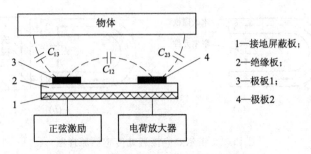

图 13.11 电容式接近觉传感器原理图

3. 光电式接近觉传感器

图 13.12 所示为光电式接近觉传感器的原理图。光源发出的光束经发射透镜射到物体，经物体反射并由接收透镜汇聚到光电器件。若物体不在感知范围内，光电器件无输出。

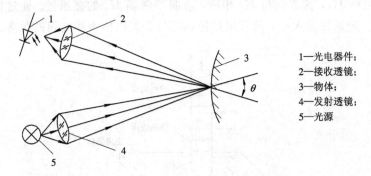

图 13.12 光电式接近觉传感器原理图

通过调节发射透镜与接收透镜的光轴夹角 θ，可以调节其感知距离。θ 越小感知距离越远；反之，则感知距离越近。

光的反射受多种不确定因素影响，如物体的表面形状、反射率、颜色等。在复杂的环境下，光电式接近觉传感器很难通过测量接收光强来确定物体的精确位置，因此适合于有无物体接近的感知。

4. 超声波接近觉传感器

频率在 20 kHz 以上的声波称为超声波，超声波的方向性较好，可定向传播。超声波接近觉传感器适用于较远距离和较大物体的测量，与感应式和光电式接近觉传感器不同，这种传感器对物体材料或表面的依赖性大为降低，在机器人导航和避障中应用广泛。

图 13.13 所示为超声波接近觉传感器的示意图，其核心器件是超声波换能器，材料通常为压电晶体、压电陶瓷或高分子压电材料。树脂用于防止换能器受潮湿或灰尘等环境因素的影响，还可起到声阻抗匹配的作用。

超声波换能器为双向声电器件，既可以将电能转换为机械能而起到超声波发射器的作用，也可以将机械能转换为电能而起到超声波接收器的作用。在接近觉传感器中，一般用两只超声波换能器，一只作为发射器，另一只作为接收器；也可以用一只换能器兼作发射器和接收器。由于换能器的机械振荡衰减需要一定的时间，因此第二种方案对很近的物体无法探测。因为超声波发射出去后，从切断换能器的驱动电流开始，器件作衰减振荡，必须等到这种阻尼振荡结束后换能器才可以作为接收器使用，这样必然存在一个盲区。

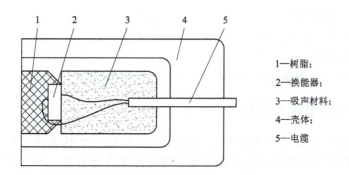

图 13.13　超声波接近觉传感器示意图

下面以脉冲延时法和相位调制法为例对超声波接近觉传感器进行介绍。

脉冲延时法电路简单,但不适于近距离测量。其原理是测量渡越时间,即测量超声波从介质中发射出去开始,到物体反射后沿原路返回之间所需要的时间。由渡越时间和介质中的声速即可获知物体与传感器的距离。图 13.14(a)所示为该方法的工作波形,发射波经 t_0 时间后返回并被接收,设超声波在介质中传播的速度为 v,则物体距传感器的距离 l 为

$$l = \frac{1}{2}vt_0 \qquad (13.2)$$

相位调制法电路复杂,但可以根据需要选择适当的调制波长,实现高精度测量。图 13.14(b)所示为相位调制法的工作波形,将超声波调制为正弦波发射出去,波长 λ 根据检测距离而确定。若接收波与发射波的相位相差 $\Delta\varphi$,则物体与传感器的距离 l 为

$$l = \frac{1}{2}\left(n + \frac{\Delta\varphi}{2\pi}\right)\lambda \qquad (13.3)$$

式中,$n = 0$、1、2、3…,为整数。

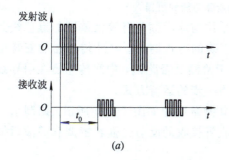 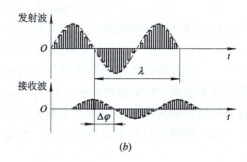

图 13.14　超声波接近觉传感器的工作波形

(a)脉冲延时法;(b)相位调制法

若调制波的波长 λ 大于最大检测距离,则 n 取 0,即

$$l = \frac{\lambda}{4\pi}\Delta\varphi \qquad (13.4)$$

介质的温度、湿度等均会对超声波的速度产生影响,若介质为气体,则气压、气流扰动、热对流亦会对声速产生影响,其中温度的影响最大,空气中的声速可近似表示为

$$v = v_0\sqrt{1 + \frac{t}{273}} \approx 331.5 + 0.607t \qquad (13.5)$$

式中：t——温度，单位为℃；

    v_0——0℃时的声速，$v_0 = 331.5$ m/s；

    v——t℃时的声速。

若要获得比较高的测量精度，需要对声速进行温度补偿。

13.2.2 接近觉传感器的应用

接近觉传感器在机器人的自动寻轨、避障，以及机械手的软抓取等方面都有应用。图13.15所示为具有自动寻轨和避障功能机器人的接近觉传感系统。四个超声波接近觉传感器完成避障功能，分别安装在机器人前、左、右三个方向，用于检测前方、左边和右边的障碍。传感器向外发射 49.1 kHz 的调频脉冲，然后返回接收器，检测第一个回波的渡越时间即可获取机器人与周围障碍物的距离信息。超声波传感器的发射和接收由一个换能器完成，检测范围为 41 cm～10.5 m，波束分散角约为 22°。

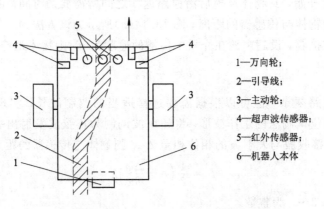

1—万向轮；
2—引导线；
3—主动轮；
4—超声波传感器；
5—红外传感器；
6—机器人本体

图 13.15 具有自动寻轨和避障功能的机器人

三个红外接近觉传感器完成自动寻轨功能。采用与地面颜色有较大差别的黑色线条作引导，使传感器可以感知引导线，供机器人选择正确的行进路线。红外传感器的安装位置如图中所示，左右两个传感器位于引导线两侧用于检测是否跑偏，中间传感器在引导线范围内用于辅助检测。传感器的状态决定了机器人下一步的运行方式。

红外传感器利用反射光强法感知距离信息，其测量原理如图 13.16 所示。调制信号经可控功率放大器调节后送至红外发光管，光电接收管接收的反射光强经解调和滤波后输出

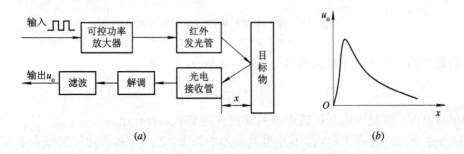

图 13.16 红外反射光强法接近觉测量

（a）电路原理图；（b）响应曲线

电压信号 u_o。光电接收管与目标物相距一定距离时，其输出电压 u_o 与接收管和目标物之间距离 x 的关系可表示为

$$u_o = \frac{k}{x^2} \qquad\qquad (13.6)$$

式中：k——与目标物表面特性有关的参数，可通过实验确定。

13.3　机器人视觉传感技术

机器人视觉的作用就是最大程度地模仿人眼的功能，创造一个类似双目立体视觉的集成化感知系统，获取被测对象的三维信息。

13.3.1　视觉传感系统

1. 视觉系统的组成

机器人视觉系统由图像输入、图像处理、图像理解、图像存储和图像输出等几部分组成。图像输入部分通常由 CCD 固体摄像机、镜头和光源组成。CCD 器件将光学图像信息转换为电信号；镜头既可以根据被测对象的远近自动调节焦距，也可以根据光线的强弱自动调节光圈的大小；光源对视觉系统的影响很大，良好的光源可以使被测对象所形成的图像最清晰，复杂程度最低，检测所需信息得到增强。

除某些大规模视觉系统外，图像处理、图像理解、图像存储和图像输出部分通常在微型计算机内进行，对于算法不复杂的应用场合，也可采用数字信号处理器(DSP)来完成。

2. 机器人立体视觉原理

机器人视觉系统要处理三维图像，就必须获取物体的大小、形状及其空间位置关系等信息。在空间判断物体的位置和形状一般可借助于距离信息、明暗信息和色彩信息，其中距离信息和明暗信息是判断物体位置和形状的主要依据，忽略色彩信息可以减少图像的信息量，加快图像处理的速度。明暗信息由 CCD 固体摄像机和光源获得，距离信息可借助于立体摄像法、结构光法等获取。

1) 立体摄像法

在相距适当距离的地方设置两台摄像机并同时对准目标物体，根据三角测距原理可测出摄像机透镜至目标物之间的距离。在立体视觉系统中，为了测定距离，需要设定几个坐标系，如工作坐标系(目标物体的空间坐标系)、摄像机坐标系(以固定摄像机的机座为坐标原点)等。

图 13.17 所示为摄像机坐标系 (X,Y,Z)，在 Z 轴两侧分别对称地放置一台摄像机，两台摄像机透镜的中心分别位于 X 轴的 C_L 和 C_R 点，其连线中心位于坐标原点 O 处，且距原点的距离均为 a。两台摄像机的光轴交于摄像机坐标系中 Y 轴上一点 P，且与 Y 轴的夹角均为 θ。摄像机透镜的焦距均为 f，即分别在距 C_L 和 C_R 点 f 距离处形成成像面，在成像面上分别建立左眼平面坐标系 (O_{Lx}, O_{Ly}) 和右眼平面坐标系 (O_{Rx}, O_{Ry})。

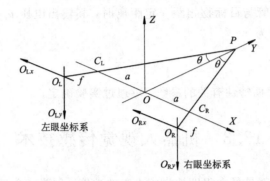

图 13.17　摄像机坐标系

左眼坐标系到摄像机坐标系的坐标变换为

$$\begin{bmatrix} x_L \\ y_L \\ z_L \end{bmatrix} = \begin{bmatrix} -\cos\theta & 0 \\ \sin\theta & 0 \\ 0 & -1 \end{bmatrix} \begin{bmatrix} O_{Lx} \\ O_{Ly} \end{bmatrix} + \begin{bmatrix} -a - f\sin\theta \\ -f\cos\theta \\ 0 \end{bmatrix} \tag{13.7}$$

右眼坐标系到摄像机坐标系的坐标变换为

$$\begin{bmatrix} x_R \\ y_R \\ z_R \end{bmatrix} = \begin{bmatrix} -\cos\theta & 0 \\ -\sin\theta & 0 \\ 0 & -1 \end{bmatrix} \begin{bmatrix} O_{Rx} \\ O_{Ry} \end{bmatrix} + \begin{bmatrix} a + f\sin\theta \\ -f\cos\theta \\ 0 \end{bmatrix} \tag{13.8}$$

式中：x_L，y_L，z_L——左眼坐标系原点 O_L 的坐标；

　　　　x_R，y_R，z_R——右眼坐标系原点 O_R 的坐标。

通过 O_L 和 C_L 的直线称为左视线中轴，通过 O_R 和 C_R 的直线称为右视线中轴，分别记为 L_L 和 L_R，其方程为

$$L_L : \begin{cases} \dfrac{x + a}{x_L + a} = \dfrac{y}{y_L} \\ z = 0 \end{cases} \tag{13.9}$$

$$L_R : \begin{cases} \dfrac{x - a}{x_R - a} = \dfrac{y}{y_R} \\ z = 0 \end{cases} \tag{13.10}$$

式中：x、y、z——摄像机坐标系中的位置变量。

设物体上任意点 M 在成像面上的投影，在左眼坐标系中的坐标值为(O_{LxM}，O_{LyM})，在右眼坐标系中的坐标值为(O_{RxM}，O_{RyM})。根据这两点的投影值及式(13.7)和式(13.8)可求出 M 点在摄像机坐标系中的坐标值。根据 M 点在摄像机坐标系中的坐标值，利用坐标平移和旋转亦可求出 M 点在其它坐标系中的坐标值。

2）结构光法

选择合适的光源和投光方法也可获得物体的三维信息，这种方法称为结构光法。在一些特定的场合中，这种方法既简单又实用。

这里的"光源"是一个广义的概念，可以是激光，也可以是微波或超声波等。投光方法也有很多，可以将条状光或其它结构的光相隔一定距离组成光栅投在物体上，得到线条或其它图案组成的图像，再根据图像分析物体的形状，如图 13.18 所示。

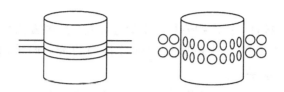

图 13.18　结构光照明实例

应当指出，根据这种图像去识别任何物体是困难的，可以借助某些先验知识来帮助识别物体，也可以通过光源的运动使光条上下移动以获得物体的图像。这种投光方法光源每运动一次才能摄像一次，光条越密越好，其缺点是速度慢。

13.3.2　图像处理技术

在获取一幅图像之后，机器人必须对图像进行处理，以提取有用的信息。图像处理的内容很多，如对灰度图像进行变换以寻找物体的边界、骨骼等；对物体的形状特征进行识别，区分物体在背景中的位置；对运动视觉进行分析等。

1. 图像分割

机器人视觉处理的是某些特定物体，物体成像时往往位于图像的某一区域，如何将物体图像与其它部分区分开就涉及到图像分割。图像分割常用阈值处理和边缘检测两种方法。

1）阈值处理

以常见的 8 bit 灰度图像为例，图像 $f(x, y)$ 中每个像素点灰度的取值范围为 0～255。若选择合适的算法计算出一个灰度阈值 t，根据每个像素点与阈值关系可将图像的灰度级减少，使其成为二值图像 $g(x, y)$，即

$$g(x, y) = \begin{cases} 255 & f(x, y) \geqslant t \\ 0 & f(x, y) < t \end{cases} \tag{13.11}$$

这种方法又称为二值化，在图像前期处理中占有重要的地位，可以减少数据量，突出图像特征。如图 13.19 所示，经过二值化后的图像更加突出轴承的轮廓。

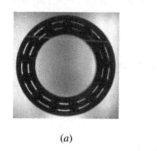 

(a)　　　　　　　　　　　　　(b)

图 13.19　轴承的二值化图像

(a) 二值化前的图像；(b) 二值化后的图像

二值化的关键问题是选择合适的灰度阈值。确定阈值的算法很多，对于简单图像可选择单一阈值；对于复杂图像可选择动态阈值，即每个像素点在二值化过程中的阈值都是变化的，与该点的坐标、周围像素点的灰度值等因素有关。

2）边缘检测

利用灰度值的不连续性，找出物体与背景的分界线，这种方法称为边缘检测。边缘检测是将图像 $f(x, y)$ 中灰度变化最明显的部分作为边缘，即求出图像 $f(x, y)$ 梯度 $\sqrt{(\partial f/\partial x)^2 + (\partial f/\partial y)^2}$ 的大小。

对于数字图像，可用差分代替微分。常用的方法为交叉差分法，该方法不需计算二阶差分。图 13.20 所示为图像中相邻的四个像素，用交叉差分法计算相邻交叉像素的灰度差之和，即

$$\nabla f(x, y) = | f(x, y) - f(x+1, y+1) | + | f(x+1, y) - f(x, y+1) |$$

(13.12)

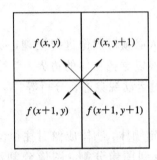

图 13.20　交叉差分法计算示意

将灰度差之和 $\nabla f(x, y)$ 与给定差分阈值进行比较，若 $\nabla f(x, y)$ 大于阈值，则该点为边界点。

实际边缘检测还需要考虑其它一些问题，如由于光照的原因，物体与背景之间的灰度变化不显著、图像不同区域的照度不同、图像的噪声较大等，这些因素都将影响边缘检测的准确性。

2．图像理解

为了分析图像，必须对图像中目标的特征及结构关系进行识别，以获取其特性描述，抽取其特征参数。常用的特征参数为面积、周长、形状、不变矩等。

1）面积

面积 A 的计算公式为

$$A = an$$

(13.13)

式中：a——每个像素代表的面积；

n——分割区域中像素的个数。

2）周长

若采用链码表示分割区域，则周长 L 可表示为

$$L = \sum_{i=0}^{n-1} C_i$$

(13.14)

式中：C_i——第 i 个链码的长度；

n——链码的数量。

由于周长对噪声很敏感，一般不直接作为特征参数，而与其它参数结合运算。

3) 形状

形状可由形状因子 S 来描述,即

$$S = \frac{L^2}{A} \tag{13.15}$$

4) 不变矩

分割区域的 $(p+q)$ 阶惯性矩定义为

$$m_{pq} = \sum_x \sum_y x^p y^q f(x, y) \qquad p > 0, q > 0 \tag{13.16}$$

$(p+q)$ 阶中心矩定义为

$$\mu_{pq} = \sum_x \sum_y x^p y^q (x - \bar{x})^p (y - \bar{y})^q f(x, y) \tag{13.17}$$

式中:$\bar{x} = m_{10}/m_{00}$、$\bar{y} = m_{01}/m_{00}$——区域的重心位置,称为图像的重心坐标。

中心矩具有与位置无关的特性。对 $(p+q)$ 阶中心矩作归一化处理,可得

$$\eta_{pq} = \frac{\mu_{pq}}{\mu_{00}^\gamma} \tag{13.18}$$

式中,$\gamma = 1 + (p+q)/2$。利用归一化中心矩可构造不变矩

$$\varphi_1 = \eta_{20} + \eta_{02} \tag{13.19}$$

$$\varphi_2 = (\eta_{20} - \eta_{02})^2 + 4\eta_{11} \tag{13.20}$$

不变矩在物体的缩放、平移、旋转时保持不变,已应用于印刷体字符识别和染色体分析等场合。

13.3.3　视觉传感系统的应用

视觉传感系统在机器人装配、搬运、焊接、喷涂、清洗、管道作业等方面均有应用。

1. 焊接机器人的视觉系统

焊接过程中存在弧光、电弧热、烟雾以及飞溅等强烈干扰,而视觉传感器具有灵敏度高、动态响应特性好、信息量大、抗电磁干扰、与工件无接触等特点,已逐步应用于焊接机器人的视觉系统中。根据视觉传感器使用的照明光源不同,把视觉方法分为被动视觉和主动视觉两类。

被动视觉是从某种材料的焊接电弧光谱中选择某一波长范围,此波长对应金属谱线的光谱强度大于电弧的辐射强度,通过滤光片将此波长范围以外的弧光滤掉,即可利用熔池自身的辐射成像。

焊接机器人的视觉系统大多采用主动视觉技术,主动视觉是基于三角测距原理的视觉方法,其光源为单光面或多光面的激光或扫描激光束,将视觉传感器放在焊枪的前面以避免弧光、烟雾的干扰。由于光源是可控制的,因此可以滤除环境对图像的干扰,真实性好。图 13.21 所示为采用激光扫描和 CCD 器件接收的视觉传感系统结构原理图。利用扫描转镜将激光光源扫描成条状光照射到焊缝上,通过测量电机转角和图像处理方法将 CCD 器件接收到的二维信息转化为三维信息,从而提高扫描的效率和信息量。激光扫描方法中光束能量集中于一点,可获取高信噪比的图像。

利用机器人视觉系统,配合有效的图像处理算法、模糊控制及模式识别等方法,不仅能实现焊缝自动跟踪、计算缝隙的宽窄、识别接头等多种功能,而且可以在自动跟踪焊缝

的过程中对焊接质量进行实时控制，实现智能化焊接。机器人视觉系统在焊接熔透、熔宽、保护效果、熔池行为、弧长、焊速、焊丝的伸出长度及熔滴的过渡形态、频率控制、温度场监控、电弧诊断等领域都得到广泛应用。

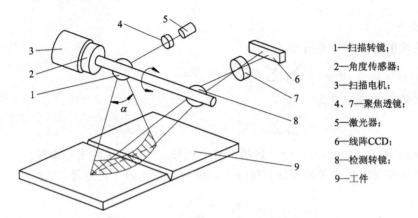

1—扫描转镜；
2—角度传感器；
3—扫描电机；
4、7—聚焦透镜；
5—激光器；
6—线阵CCD；
8—检测转镜；
9—工件

图 13.21　激光扫描和 CCD 器件接收的视觉传感系统结构原理图

2. 管内作业机器人的视觉系统

管内作业机器人是一种可沿管道内壁行走的机构，可携带多种传感器及操作装置，实现管道焊接、防腐喷涂、壁厚测量、管道的无损检测、获取管道的内部状况及定位等功能。

图 13.22 所示为管内 X 射线探伤机器人的结构示意图。视觉系统采集管道内的图像，利用图像处理算法检测焊缝的相对位置。控制及驱动装置根据焊缝的位置牵引机器人运动，实现其定位。通过外接监视器也可以人工完成管道内壁质量检查等工作。

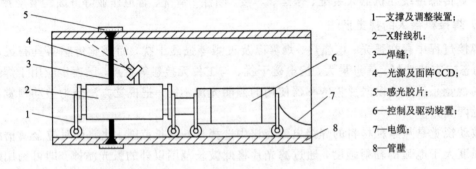

1—支撑及调整装置；
2—X射线机；
3—焊缝；
4—光源及面阵CCD；
5—感光胶片；
6—控制及驱动装置；
7—电缆；
8—管壁

图 13.22　管内 X 射线探伤机器人结构示意图

定位完成后，X 射线机开始工作，由管内向外发射周向 X 射线，使贴在管外的感光胶片曝光，技术人员根据胶片的感光图片即可评价焊缝的焊接质量。

13.4　机器人嗅觉传感技术

嗅觉是最难实现机器辨识的参量之一，虽然目前还做不到让传感系统像人一样"闻"出多种气味，但能感受某些气味来识别环境中的特定气体并测定其含量。机器人嗅觉传感系统多用于检测挥发性有机化合物（VOC 混合物）等特定气体。

机器人嗅觉传感系统一般是由具备部分专一性的气敏传感器组成阵列，利用一定的识别算法辨识传感器阵列的输出，从而区分简单或复杂的气味。

13.4.1　气敏传感器

构成阵列的气敏传感器，不要求其具有很强的选择性，而应该具备广谱响应特性，并且对特定种类的气体具有某种程度的择优响应。利用具有重叠响应特性的气敏传感器阵列可获得对特定气体的专一性响应模式。

1. 金属氧化物半导体(MOS)型气敏传感器

用金属氧化物，如 SnO_2、ZnO、Fe_2O_3、TiO_2、WO_3 等制成的半导体气敏元件在气敏传感器中被广泛使用，它对气体尤其对可燃性气体和某些有毒气体具有较高的灵敏度。半导体型气敏传感器制作工艺简单，价格便宜，响应速度快，但对气体的选择性差，元件参数分散，且必须加热使用，当探测气体中混有硫化物时，传感器容易"中毒"。

2. 电化学型气敏传感器

电化学型气敏传感器有两种类型：一种是液体电解质气敏传感器，即气体直接氧化或还原产生电流，或气体溶解于电解质溶液中并离子化，离子作用于离子电极产生电动势；另一种是有机凝胶电解质或固体电解质气敏传感器，即电解质两边的电势差与电极两边气体分压之比成对数关系。电化学型气敏传感器可以检测 O_2、CO、NO_2、Cl_2、H_2S、NH_3、H_2 等气体，测量范围宽，精度高，用途较广。

3. 声表面波(SAW)型气敏传感器

这种传感器是在 SAW 的传播途径上沉积了能吸附特定气体的聚合物膜，当这层气敏薄膜吸附气体后，接收到的 SAW 会发生相移，相移量与吸附的气体有关，通过测量相移（或频率）即可识别气体。

4. 石英谐振(QCM)型气敏传感器

这种传感器由直径为数微米的石英谐振盘和盘两边的电极组成。当振动信号加在传感器上时，传感器会发生谐振。谐振盘上沉积有可逆的气体吸附材料薄膜，薄膜吸附气体后，谐振盘的质量增加，从而降低了谐振频率，谐振频率的变化量是气体浓度的线性函数。但这种传感器的测量范围较小，受环境因素影响大。

5. LB 膜气敏传感器

LB 膜技术是一种有机高分子单分子膜堆积技术，即在水气界面上将分子加以紧密排列，然后转移到固体载体上的成膜技术。LB 膜极薄，利用其作为传感膜的基质，再加上识别系统，可研制出响应速度快、灵敏度高、性能优异的气敏传感器。这种传感器可在常温下使用，并能与平面硅微电子技术兼容，易于实现小型化和集成化。目前 LB 膜技术已引起相关学者的极大兴趣，其研究非常活跃。

13.4.2　电子鼻

电子鼻是对生物嗅觉系统功能的模拟，由气敏传感器阵列、信息处理系统和模式识别系统等功能器件组成，如图 13.23 所示。气敏传感器阵列得到气味的初步信息，信号处理系统完成对信号的处理，模式识别系统将处理得到的待识别气味信息与已知气味信息的数据库进行对比，从而识别出不同的气味。

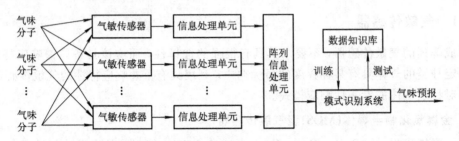

图 13.23　电子鼻系统结构框图

1. 气敏传感器阵列

气敏传感器阵列是电子鼻的核心，它由多个具有不同选择性的气敏传感器组成。利用其对多种气体的交叉敏感性，将不同气味分子在其表面的作用转化为方便计算且与时间相关的可测物理信号组，可实现混合气体分析。

气敏传感器阵列可以由分立的气敏传感器组合而成，也可以采用集成工艺制作传感器阵列，这种阵列体积小、功耗低、便于信号的集中采集与处理。单个气敏传感器对气味的响应用一个参数表示，而气敏传感器阵列中每一种传感器都有不同的灵敏度，对特定气味均有惟一的响应图谱，对不同气味的响应模式也截然不同。在全部传感器组成的多维响应空间中形成响应模式，这正是电子鼻能够对多种气味进行辨识的关键。

气敏传感器必须对不同的气味均有响应，即通用性要强；同时与气味分子的相互作用或反应必须快速、可传递、不产生任何"记忆效应"，以获得对气味的瞬时敏感响应。

2. 信息处理系统

信息处理系统相当于二级嗅觉神经元，将气敏传感器阵列的响应经滤波、放大和 A/D 转换后，实现预加工处理，完成特征信号的提取，并将提取后的数字信号输入计算机。

被测嗅觉信号的强度既可用每个气敏传感器输出的绝对电压、电阻或电导来表示，也可用相对信号电阻或电导的变化率来比较嗅味的性质。

3. 模式识别系统

模式识别系统相当于人类的大脑，利用一定的算法（对嗅觉信号进行处理判断的分析软件）完成对气味、气体的定性或定量辨识。传感器阵列输出的信号经专用软件采集、加工、处理后，与经过学习、训练所采集的已知信息进行比较、识别，最后得出定量的质量因子，确定被测样品的真伪、优劣等质量指标。模式识别系统的关键在于模式识别软件所用的数学方法，常用主元分析法（PCA）、偏最小二乘法（PLS）、欧几里德聚类分析法（ECA）、辨别分析法（DA）、辨别因子分析法（DFA）、模糊识别法（FR）和人工神经网络法（ANN）等，将多维响应信号转换为感官评定指标值或组成成分的浓度值，得到被测气味的定性分析结果。

13.5　机器人味觉传感技术

嗅觉一般检测气体状物质，味觉一般检测溶于水的物质。与嗅觉一样，味觉也是目前最难实现机器辨识的参量。味觉是指酸、咸、甜、苦、鲜等人类味觉器官的感觉。酸味由氢离子引起，如醋酸、氨基酸、柠檬酸等；咸味主要由氯化钠、氯化钾、溴化钾等引起；甜味主要由蔗糖、葡萄糖等引起；苦味由奎宁、咖啡因等引起；鲜味主要由谷氨酸单钠、肌苷酸二钠、鸟苷酸二钠等引起。

某些传感器可实现对味觉的敏感，如 pH 计可用于检测酸度，导电计可用于检测咸度，比重计或屈光计可用于检测甜度等。但这些传感器只能检测溶液中的某些物理化学特性，并不能模拟实际的生物味觉敏感功能，测量的物理量受到外界非味觉物质的影响，而且不能反映各种味觉物质之间的关系，如对比、变调和抑制效应等。

电子舌是 20 世纪 80 年代中期发展起来的一种分析、识别液体"味道"的新型检测手段。电子舌与电子鼻的功能结构、分析方法等都非常相似，主要由味觉传感器阵列、信号处理系统和模式识别系统组成。非选择性的味觉传感器阵列对液体作出响应并获得初步信息，信号处理系统完成对信号的处理，模式识别系统将处理过的待识别味觉信息和已知味觉信息的数据库进行对比，得到反映样品味觉特征的结果。与普通的化学分析方法相比，其不同之处在于电子舌输出的并非是样品成分的分析结果，而是一种与试样某些特性有关的信号模式，这些信号经过模式识别和分析后，能得出对味觉特征的总体评价。

13.5.1　味觉传感器

按作用机理不同划分，味觉传感器大致可分为基于电位分析技术、伏安分析技术和表面光伏电压技术等几大类。

1. 基于电位分析的味觉传感器

这类传感器都是以高阻抗的薄膜型传感器阵列为基础，通过测量膜两端电荷数量变化引起的电位变化来反映味觉信息。膜由不同的材料制成，能对液体中各种不同类型的化学物质提供足够的选择性，如日本九洲大学 Kiyoshi Toko 等设计的多通道类脂膜味觉传感器和采用硫属化合物玻璃材料制作的交互感应味觉传感器。

这类传感器的主要特点是操作简便、快速，能在有色或混浊试液中进行分析。膜电极直接给出的是电位信号，易于实现连续测定与自动检测，但检测范围受到限制，对非电解质和弱电解质物质(如大多数甜味物质和一些苦味物质)不敏感，需要通过加大阵列数、增加交互感应、改善传感器模型等方法加以改进。此外，这种传感器对电子元件的噪声敏感，对电子设备和检测仪器要求较高。

2. 基于伏安分析的味觉传感器

在外加电压作用下测定通过溶液的电流是一种非常有效而常用的分析方法。在传感器的工作电极上施加变化的电压信号时，响应电流也会产生变化，记录下这些变化量就会获得溶液的相关信息。

这类传感器的灵敏度高、适应性强、操作简单，已成为广泛使用的分析技术。由于被测溶液中几乎所有的组分在外加电压下都会产生电流，造成分辨率不高，因而可通过选用不同的电压(如周期性、直流或脉冲)来满足选择性要求。

3. 基于表面光伏电压的味觉传感器

光学技术也被应用于味觉传感器上，如光寻址电位传感器(LAPS)技术，也称为表面光伏技术(SPVT)或电位测量交流生物传感器(PAB)。其基本原理是基于半导体的内光电效应,当强度调制光照射在 LAPS 器件的正面或背面时,在与器件相连的外电路中检测到光电流,其大小与光强、耗尽层的厚度(反应外加偏压的大小)等有关。若固定其它参数,仅考虑敏感膜与溶液的响应电压对耗尽层的影响时,光电流的大小就反映了膜的响应。利用 LAPS 的这种特性可用来制作味觉图像传感器。当光源在 LAPS 上作连续扫描时,记录下每一个扫描位置光电流的大小,就可形成一幅用于液体分析的图像,相当于在扫描区域内集成有上千个传感器,构成了一个理想的大容量传感器阵列。如果在硅传感器上沉积对不同味觉物质敏感的敏感膜,可实现对溶液成分和浓度的测试。这种新的传感器技术已逐渐成为研究的热点。

13.5.2　味觉传感器的模式识别

机器人味觉传感器与嗅觉传感器类似,也是由多种不同的具有非选择性的味觉传感器组成阵列,各种味觉传感器对溶液中的不同组分均具有不同的感应度,而且是交互感应,这样就可以获得多维响应模式。将这些相关信息进行整合,得到样品相似或差异等方面的细致描述,这就是机器人味觉传感器的模式识别。

模式识别方法主要有主元分析法(PCA)、人工神经网络法(ANN)、模糊识别法(FR)和混沌识别法(CR)等。主元分析是模式识别中最基本的内容,有一个主元的提取和多个主元的提取,后者是许多自适应处理领域所必须的。人工神经网络能够通过学习和训练获得用数据表达的知识,除了可以记忆已知的信息外,还具有较强的概括能力和联想记忆能力,在特征提取、表示、推理和识别等方面都具有优势和发展潜力。模糊识别是以模糊推理来处理常规方法难以解决的问题,能对复杂事物进行识别,其显著特点是适用于直接的或高级的信息表达,具有较强的逻辑功能。然而模糊识别没有本质的获取信息的能力,模糊规则的确定也比较困难。混沌识别是一个新的发展方向,混沌是一种遵循一定非线性规律的随机运动,对初始条件敏感,具有很高的灵敏度。

近年来的发展趋势是将机器人嗅觉传感器和味觉传感器组合使用,实现集成化。将二者结合并把它们的数据进行融合处理,可以改善分类能力,提高识别效果。

13.6　机器人听觉传感技术

机器人听觉传感器是将声源通过空气振动产生的声波转换为电信号的换能设备,相当于机器人的"耳朵"。获取声音信息后,还必须借助于语音处理和辨识技术对其进行正确理解。由于人类的语言是非常复杂的,即使同一个人的发音也会因环境和身体状况的不同而有所变化,因此目前的语音识别系统与人类的听觉系统还有很大的差距。

13.6.1　听觉传感器

1. 动圈式传声器

图 13.24 所示为动圈式传声器的结构,振膜轻而薄,可随声音振动。动圈与振膜粘附在一起,随振膜的振动而运动。动圈位于磁钢形成的磁场中,当动圈在磁场中运动时,会产生感应电势。感应电势与振膜振动的振幅和频率相对应,因此动圈输出的电信号与声音

的强弱、频率相对应，即将声音转换为音频信号。

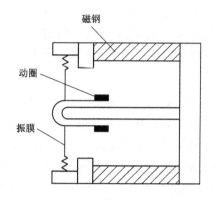

图 13.24　动圈式传声器的结构

2. 电容式传声器

图 13.25 所示为电容式传声器的结构，由固定电极和振膜构成电容器，电源电压 U 经过固定电阻 R 加至电容器的固定电极。当声音传入时，振膜可随声音振动，则振膜与固定电极间的电容量也随声音而变化，从而引起电容器的容抗发生变化。容抗变化使 A 点电位变化，经电容 C 耦合后，对 A 点电位进行前置放大，最终得到音频信号输出。

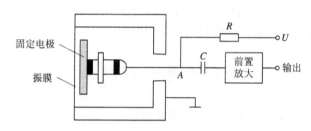

图 13.25　电容式传声器的结构

3. 光纤式传声器

声音是一种机械波，当其作用在光纤上时，光纤受这种机械波产生的微小外力作用，会发生微弯曲，进而导致其传输光的相位发生变化以及传输光的损耗，由此确定声音信息。

13.6.2　语音识别技术

语音识别技术是让机器人把传感器采集的语音信号通过识别和理解后转变为相应的文本或命令的一项技术。根据识别的难易程度和应用的目的不同，可将其分为两大类：特定人语音识别，即判别接收到的声音是否是事先指定的某个人的声音；非特定人语音识别，即无论说话者是谁均可识别字、短语和句子。

机器人语音识别技术是基于统计模式识别理论的语音识别技术。完整的语音识别过程大致分为下述三部分。

1. 语音特征提取

语音特征提取的目的是从语音波形中提取随时间变化的语音特征序列，获得相应的声学特征。由于语音的时变特性，必须将一句话或一个短语分成若干个音或音节，再将一个音分成若干小段，称为帧。帧被认为是平稳的分析区间，一般为 20 ms。语音的特征很多，如信号幅度（或能量）特征、过零率、音调周期、线性预测系数、预测误差和声道共振峰等。语音的每一帧都有一组特征，称为特征向量。一个字音就有一组特征向量，称为特征矩阵。

2. 声学模型和模式匹配

声学模型是语音识别系统的底层模型，其作用至关重要。声学模型通常由获取的语音特征通过训练产生，目的是为每个发音建立发音模板。语音识别时将未知语音的特征矩阵与声学模型进行匹配和比较，计算未知语音的特征矢量序列和每个发音模板之间的距离，依据其与哪个模板相同或相近而识别其含义。声学模型的设计和语言发音特点密切相关，其单元大小（字发音模型、半音节模型或音素模型）对语音训练数据量的大小、系统识别率以及灵活性均有较大影响。

3. 语义理解

机器人根据识别结果进行语法、语义分析，明白语言的含义以便作出相应的反应。目前已有专用的语音识别芯片，这类芯片一般以数字信号处理器（DSP）为核心，外围电路包括 A/D、D/A 以及 FLASH 存储器等。常用的 DSP 芯片有 TI 公司的 TMS320C54XX 系列、AD 公司的 ADSP218X 系列以及 DSPG 公司的 OAK 系列等。由 DSP 组成的语音识别系统可以实现特定人和非特定人的孤立词识别，识别的词条可达到中等词汇量，还可以实现高质量、高压缩率的语音编码和解码功能，是目前语音识别芯片发展的主流。

思考题与习题

13.1　机器人传感器与普通传感器有何异同？

13.2　机器人触觉传感器有哪几种？举例说明其用途。

13.3　机器人接触觉传感器与压觉传感器有何区别？

13.4　机器人接近觉传感器有哪几大类？各适用于什么环境中？

13.5　形状因子 S 可以在机器人视觉图像处理中区分不同形状的对象，试分别计算等边三角形、正方形和圆形对象的形状因子。

13.6　经常使用气敏传感器阵列和味觉传感器阵列来实现机器人的嗅觉和味觉。传感器阵列与分立的传感器相比有何优点？为什么要采取传感器阵列的方案？

13.7　简述语音识别的基本过程。

13.8　题 13.8 图所示为机械鼠标的原理图，它是一种滑觉传感器，试说明其工作原理。

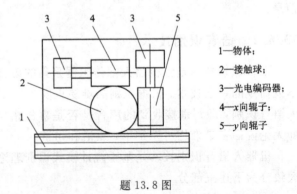

1—物体；
2—接触球；
3—光电编码器；
4—x向辊子；
5—y向辊子

题 13.8 图

第14章　传感器应用技术

传感器技术是一门综合性、实践性很强的技术，是现代科学技术中的一个重要领域。随着传感器产品的不断开发，各种各样的传感器应运而生，其应用也越来越广泛。因此，在研究传感器的基本原理、基本特性、信号调理电路及应用的同时，有必要探讨传感器的选择、供电电源和抗干扰技术等问题。

14.1　传感器的选择

14.1.1　选择传感器时应考虑的因素

（1）与测量条件有关的因素：包括测量的目的、被测量的性质、测量范围、输入信号的幅值、频带宽度、精度要求、测量所需的时间等；

（2）与传感器性能有关的因素：包括静态性能指标、动态性能指标、模拟量与数字量、输出量的数量级、负载效应、过载保护与报警等；

（3）与使用环境有关的因素：包括传感器的安装场所、使用环境条件(温度、湿度、振动、电磁场等)、信号传输距离、现场提供的功率容量等；

（4）与购买和维护有关的因素：包括性价比、零部件的储存、售后服务制度、保修时间与交货日期等。

虽然选择传感器时要考虑诸多因素，但并不需要满足所有的要求，应根据实际使用情况有所侧重。例如，为了提高测量精度，应根据使用时的显示值要在满刻度的50%左右来选择传感器的测量范围；对于机械加工或化学分析等时间比较短的工序过程，应选择灵敏度和动态特性较好的传感器；对于要求长时间连续使用的传感器，必须重视传感器经得起时间考验的长期稳定性等问题。

14.1.2　选择传感器的一般步骤

（1）借助于传感器的分类表，根据被测量的性质，找出符合用户需要的传感器类别，再从典型应用中初步确定几种传感器；

（2）借助于常用传感器的比较表、价格表，按被测量的测量范围、精度要求、环境要求等情况再次确定传感器的类别；

（3）借助于传感器的产品目录选型样本或传感器手册，查出传感器的规格型号和性能参数及结构尺寸。

以上三个步骤并不是绝对的，对于经验丰富的工程技术人员，可直接从传感器的产品目录选型样本中确定传感器的类型、规格、型号、性能、尺寸等。

14.2 供电电源

14.2.1 电池

对于便携式电子仪器必须采用电池供电，要求其功耗很小。电池有锰干电池、碱性电池、锂电池和镍镉电池等。通常使用的干电池为锰干电池，价格非常便宜，标称电压为1.5 V，电流容量随大小不同而异，如 SUM3 单节电池约为 500 mAh。碱性电池包括碱性锰电池、水银电池和氧化银电池，这种电池的容量比锰干电池大，水银电池与氧化银电池在放电过程中其电压变化小，常用于基准电压源等。锂电池的标称电压为 3 V，能量密度也比锰干电池高 5～10 倍，自放电小，可保存 10 年左右。镍镉电池一般为可充电电池，能进行 500 次以上的充放电，容量为 50 mAh～10 Ah，标称电压为 1.2 V，但市场销售的多为叠层电池，其内阻很小，放电电压也比锰干电池稳定。

14.2.2 稳压电源

稳压电源主要由变压器、整流电路、滤波电容和稳压电路等构成。变压器将交流电网220 V 变成合适的交流电压；整流电路将交流电压转换成直流电压，常采用二极管等单向导电的半导体元件构成半波或全波整流电路；滤波电容起滤波作用，每 10 ms 充电一次，允许的纹波电压决定电容的容量，即电容量(μF)≥负载电流(mA)×10 ms/允许纹波电压(V)；稳压电路得到稳定的基准电压，通常选用固定电压输出的正电压 78XX 系列与负电压 79XX 系列的三端集成稳压器。若要求输出电压可调，可采用 LM317(正电压输出)、LM337(负电压输出)等三端可调集成稳压器。

图 14.1 所示为骨外固定力测量仪的稳压电源。其中，+6 V 单电源用于微型 S 梁拉压力传感器的供桥电压，可用 500 Ω 电位器来调节其大小，从而调节传感器的灵敏度，使传感器具有很强的互换性；±15 V 双电源用于传感器的信号放大电路、超载报警电路的供电

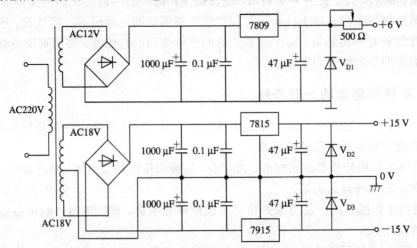

图 14.1　骨外固定力测量仪的稳压电源

电源,二极管 V_{D1}、V_{D2} 和 V_{D3} 用来阻断反向干扰电压。

14.3 抗干扰技术

在传感器技术中,把来自测控系统内部的无用信号称为噪声,而把来自外部的无用信号称为干扰。噪声和干扰均为非期望的信号,直接影响测量结果,甚至导致测控系统不能正常工作。工程实践中,把噪声和干扰总称为"干扰"。

14.3.1 电磁干扰

多数测控系统的电子元器件及其电子线路具有工作信号电平低、速度高、元器件安装密度高等特点,因此对电磁干扰比较敏感。为了确保测控系统正常工作,必须在设计、安装和调试过程中采取必要的抗干扰措施。

形成电磁干扰要具备三个要素:向外发送干扰的源(噪声源);传播电磁干扰的途径(耦合通道);承受电磁干扰的受体(受扰设备)。为了使测控系统不受内外电磁干扰,必须采取三方面的措施:消除或抑制噪声源;切断或破坏噪声源与受扰设备之间的耦合通道;加强受扰设备抗电磁干扰的能力,降低其对干扰的敏感度。

1. 噪声及噪声源

在测量过程中,噪声混杂于被测有用信号之中,严重时甚至可以把有用信号淹没,从而导致系统分辨能力降低。为了衡量噪声对有用信号的影响,引入信噪比的概念。设有用信号的功率为 P_S,有用信号的电压为 U_S,噪声功率为 P_N,噪声电压为 U_N,则信噪比定义为

$$\frac{S}{N} = 10 \lg \frac{P_S}{P_N} = 20 \lg \frac{U_S}{U_N} \tag{14.1}$$

式(14.1)表明,信噪比越大,表示噪声的影响越小。

常见的噪声源有:各种放电现象的放电噪声源、电气设备噪声源和固有噪声源。固有噪声源是由于物理性的无规则波动所造成的,如热噪声、粒散噪声、接触噪声等。自然界雷电、有触点电器、放电管、工业用高频设备、电力输电线、机动车、大功率发射装置、超声波设备等都是常见的噪声源。

2. 噪声耦合方式

噪声耦合方式有静电耦合、互感耦合、公共阻抗耦合和漏电流耦合等,如图 14.2 所示。

1) 静电耦合

静电耦合是由电路间的寄生电容造成的,又称电容性耦合,其等效电路如图 14.2(a) 所示。图中 U_1 为 a、b 间干扰源的电压源,Z_2 为 c、d 间受扰电路的等效输入阻抗,C 为干扰源与受扰电路之间的等效寄生电容。受扰电路在 c、d 间所感受到的干扰信号为

$$U_2 = \frac{1}{1 + \dfrac{1}{j\omega C Z_2}} U_1 \tag{14.2}$$

干扰源的角频率 ω 越大,等效寄生电容的阻抗就越小,受扰电路感受到的干扰信号就

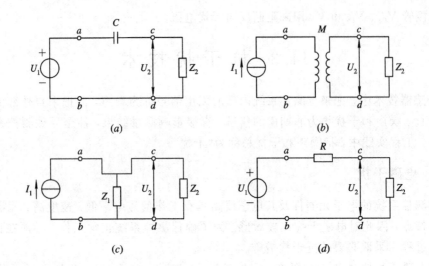

图 14.2　噪声耦合方式

（a）静电耦合；（b）互感耦合；（c）阻抗耦合；（d）漏电流耦合

越大。减少寄生电容 C 和受扰电路的等效输入阻抗 Z_2 可降低静电耦合。

2）互感耦合

互感耦合是由电路间的寄生互感造成的，又称电感性耦合，其等效电路如图 14.2(b) 所示。图中 I_1 为 a、b 间干扰源的电流源，Z_2 为 c、d 间受扰电路的等效输入阻抗，M 为干扰源与受扰电路之间的等效互感，则

$$U_2 = \mathrm{j}\omega M I_1 \tag{14.3}$$

U_2 随 I_1、M 和 ω 的增加而增大，减小寄生互感 M 可降低互感耦合。

3）阻抗耦合

阻抗耦合是由电路的公共阻抗造成的，其等效电路如图 14.2(c) 所示。图中 I_1、Z_2 与图14.2(b)定义相同，Z_1 为干扰源与受扰电路之间的公共阻抗，则

$$U_2 = I_1 \frac{Z_1 Z_2}{Z_1 + Z_2} \tag{14.4}$$

U_2 随 I_1、Z_1 和 Z_2 的增加而增大，减小 Z_1 和 Z_2 可降低阻抗耦合。

4）漏电流耦合

漏电流耦合是由电路间的漏电流造成的，其等效电路如图 14.2(d) 所示。图中 R 为干扰源与受扰电路之间的漏电阻，U_1、Z_2 与图 14.2(a) 定义相同，则

$$U_2 = \frac{1}{1 + \dfrac{R}{Z_2}} U_1 \tag{14.5}$$

增大 R、减小 Z_2 可降低漏电流耦合。

14.3.2　屏蔽、接地、隔离、布线与灭弧技术

在测控系统设计、组装和使用中，主要通过屏蔽、接地、隔离、合理布线、灭弧、滤波和采用专门电路与器件等措施抑制干扰。

1. 电磁屏蔽与双绞线传输

1) 电磁屏蔽

电磁屏蔽就是采用高电导率和高磁导率的材料制成封闭容器,将受扰电路置于该容器中,从而抑制该容器外的干扰对容器内电路的影响。也可以将产生干扰的电路置于该容器内,减弱或消除对外部电路的影响。

图 14.3(a)所示为一空间孤立存在的导体 A,其电力线射向无穷远处对附近物体产生感应。图 14.3(b)用低阻抗金属容器 B 将 A 罩起来,仅能中断电力线,尚不能起到屏蔽作用。图 14.3(c)将容器 B 接地,容器外电荷流入地而消失,外部电力线才消失,这时就可将导体 A 所产生的电力线封闭在容器 B 的内部,容器 B 具有静电屏蔽作用。容器 B 上的负电荷将通过地线引至零电位,即 B 和接地线上产生了电流。图 14.3(d)所示为在两个导体 A、B 之间放一个接地导体 S,起到减弱 A、B 间静电耦合的作用,一般要求屏蔽体 S 与大地之间的接触电阻应小于 $2\ \text{m}\Omega$,要求严格的场合必须小于 $0.5\ \text{m}\Omega$。

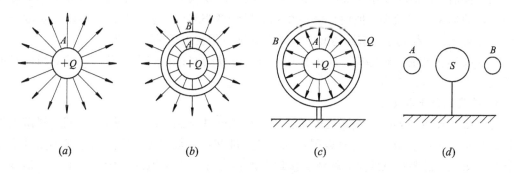

$$(a) \qquad (b) \qquad (c) \qquad (d)$$

图 14.3 静电屏蔽原理
(a) 孤立导体 A;(b) 将 A 罩起来;(c) 静电屏蔽;(d) 接地导体的屏蔽

屏蔽的结构形式主要有屏蔽罩、屏蔽栅网、屏蔽铜箔、隔离仓和导电涂料等。屏蔽罩一般用无孔的金属薄板制成。屏蔽栅网一般用金属编制网或有孔金属薄板制成。屏蔽铜箔是利用多层印刷电路板的一个铜箔面做屏蔽板。隔离仓是将整机金属箱体用金属薄板分隔成若干独立的隔仓,从而将各电路分别置于各个隔离仓内,用以避免各个电路之间的电磁干扰。导电涂料是在非金属(如塑料)箱体的内、外表面上喷涂一层金属涂层。

屏蔽材料分电场屏蔽和磁场屏蔽材料两类。电场屏蔽一般采用电导率较高的铜、铝、银等金属材料,其作用是以辐射衰减为主。磁场屏蔽一般采用磁导率较高的磁材料(如铁、钴、镍等),其作用主要以辐射时的吸收衰减为主。因此可采用多种不同的材料制成多层屏蔽结构,以达到充分抑制干扰的目的。

2) 双绞线传输

从现场信号输出的开关信号或从传感器输出的微弱模拟信号进行信号传输时,通常采用两种屏蔽信号线传输。抑制电磁感应干扰应采用双绞线,其中一根做屏蔽线,另一根用做信号传输线;抑制静电感应采用金属网状编织的屏蔽线,金属网做屏蔽层,芯线用于传输信号。

双绞线对外来磁场干扰引起的感应电流情况如图 14.4 所示。图中双绞线回路的箭头表示感应磁场的方向。i_c 为干扰信号线 I 的干扰电流,i_{s1}、i_{s2} 为双绞线 II、双绞线 III 中的感应电流，M 为干扰信号线 Ⅰ 与双绞线 Ⅱ、双绞线 Ⅲ 之间的互感系数。

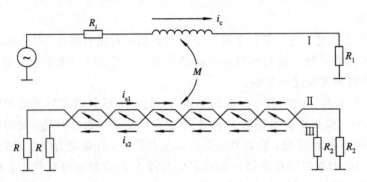

图 14.4　双绞线对外来磁场干扰引起的感应电流

由图 14.4 可以看出，由于双绞线中的感应电流 i_{s1}、i_{s2} 方向相反，感应磁场引起的干扰电流互相抵消。只要两股导线长度相等，特性阻抗以及输入、输出阻抗完全相同时，可以达到最佳的抑制干扰效果。把信号输出线和返回线两根导线拧合，其扭绞节距的长度与导线的线径有关。线径越细，节距越短，抑制电磁感应干扰的效果越明显。

双绞线具有抵消电磁感应干扰的作用，但两股导线间存在较大的分布电容，因而对静电干扰几乎没有抵抗能力。

3）屏蔽线与屏蔽电缆

屏蔽线是在单股导线的绝缘层外罩以金属编织网或金属薄膜（屏蔽层）构成。屏蔽电缆是将几根绝缘导线合成一束再罩以屏蔽层构成。屏蔽层一般接地，使其信号线不受外部电器干扰的影响。需要注意的是，屏蔽层接地应严格遵守一点接地的原则，以免产生地线环路而使信号线中的干扰增加。

2. 接地技术

接地技术是抑制干扰与噪声的重要手段。良好的接地可以在很大程度上抑制系统内部噪声耦合，防止外部干扰的侵入，提高测控系统的可靠性和抗干扰能力。

接地通常有两种含义：一是连接到系统基准地，二是连接到大地。连接到系统基准地是指系统各电路通过低阻抗导体与电气设备的金属地板或金属外壳连接，但并不连接到大地；而连接到大地是指将电气设备的金属地板或金属外壳通过低阻抗导体与大地连接。

1）共基准电位接地

测控系统中的基准电位是各电路工作的参考电位，参考电位通常选为电路中直流电源的零电位端。参考电位与大地的连接方式主要有直接接地、悬浮接地、一点接地等方式，可根据不同情况采用不同的接地方式，以达到所需目的。

直接接地适用于高速、高频和大规模的测控系统。大规模测控系统对地分布电容较大，只要合理选择接地位置，可直接消除分布电容构成的公共阻抗耦合，有效地抑制干扰，并同时起到安全接地的作用。

悬浮接地简称浮地，即系统各电路通过低阻抗导体与电气设备的金属地板或金属外壳连接，并作为系统各电路的参考电位（零电位）。悬浮接地的优点是不受大地电流的影响，内部器件也不会因高电压感应而击穿，但在高压情况下注意操作安全问题。

一点接地适用于低频测控系统，可分为串联接地和并联接地两种方式，如图 14.5 所示，图中 Z_1、Z_2、Z_3 为系统各电路接地线的等效阻抗。串联接地方式布线简单，费用最省，但由于各段接地线的等效阻抗不同，当 Z_1、Z_2、Z_3 较大或电流较大时，Z_1、Z_2、Z_3 上的压降有明显差异，会影响弱信号电路的正常工作。并联接地方式保证了各电路接地线的等效阻抗相互独立，不会产生公共阻抗干扰，但接地线长而多，经济上不合算。此外，并联接地方式用于高频场合时，接地线间分布电容的静电耦合比较突出，而且当地线的长度为信号 1/4 波长的奇数倍时，还会向外产生电磁辐射干扰。

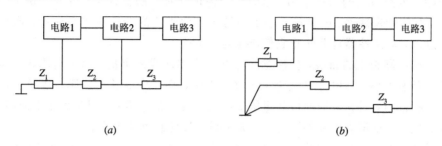

图 14.5　一点接地方式
(a) 串联接地方式；(b) 并联接地方式

2）抑制干扰接地

电气设备的某些部分与大地相连接可以起到抑制干扰的作用。例如，金属屏蔽层接地可以避免电荷积累引起的静电效应，抑制变化电场的干扰；大功率电路的接地可减小对其它电路的电磁冲击干扰；大型电子设备往往具有很大的对地分布电容，合理选择接地点可以削弱分布电容的影响等。

从连接方式上讲，抑制干扰接地又可分为部分接地、一点接地与多点接地、直接接地与悬浮接地等类型。由于存在分布寄生参数，难以确定到底哪一种方式最佳，因此需要反复模拟实验，以便供设计制造时参考。实用中，有时可采用一种接地方式，有时则要同时采用几种接地方式，应根据实际情况采用不同的接地方式。

3）安全保护接地

当电气设备的绝缘因机械损伤、过电压或者本身老化等原因而导致绝缘性能大大降低时，设备的金属外壳、操作部位等出现较高的对地电压，危及操作维修人员安全。

将电气设备的金属地板或金属外壳与大地连接，可消除触电危险。进行安全接地连接时，必须确保较小的接地电阻和可靠的连接方式，防止日久失效。此外，要确保独立接地，即将接地线通过专门的低阻抗导线与最近处的大地连接。

3. 隔离技术

隔离技术就是把电路上的干扰源和易受干扰的部分隔离开，使测控系统与现场仅保持信号联系，不产生直接的电联系。隔离的实质是把引入的干扰通道切断，从而达到隔离现场干扰的目的。测控系统与现场干扰之间、强电与弱电之间常采用的隔离方法有光电隔离、继电器隔离、变压器隔离等。

光电隔离采用光电耦合器件完成。由于光电耦合器件输入回路与输出回路之间的电信号不直接耦合，而是以光为媒介进行间接耦合，所以具有较高的电气隔离和抗干扰能力。

继电器线圈和触点之间没有电气上的联系，因此利用继电器线圈接收电信号，利用触点发送和输出电信号，从而避免弱电与强电信号之间的直接接触，实现了抗干扰隔离。

脉冲变压器的匝数较少，且初级与次级绕组分别绕制在铁氧体磁芯的两侧，分布电容小，可作为数字脉冲信号的隔离器件。对于一般的交流信号，可采用普通变压器实现隔离。

4. 布线

合理布线是抗干扰技术的重要内容之一。测控系统中器件布局、走线方式、连接导线的种类、线径的粗细、线间距离、导线长短、屏蔽方式及分布对称性都与抑制干扰有关。

对于印刷电路板上的器件布局，原则上应将相互有关的器件相对集中。例如，时钟信号发生器、晶体管振荡器、时钟输入端子等易于产生干扰的器件应相互靠近，但与逻辑电路应尽量远离，对感性器件要防止它们产生寄生耦合。

对于印刷电路板上的布线，应注意降低电源线和地线的阻抗。由于电源线、地线和其它印制导线都有电感，当电源电流变化速率很大时，会产生显著的压降，地线压降是形成公共阻抗干扰的重要原因，因此应尽量缩短引线，减小其电感值；尽量加粗电源线和地线，降低其直流电阻；尽量避免互相平行的长信号线，以防止寄生电容。

电路板间配线在使用扁平电缆时要注意其长度一般不应超过传输信号波长的 $1/3$。如对于 $1\,MHz$ 的信号，其波长为 $30\,m$，则扁平电缆的长度应控制在 $1\,m$ 以内。

5. 灭弧技术

当接通或断开电动机绕组、继电器线圈、电磁阀线圈、空载变压器等电感性负载时，由于磁场能量的突然释放会在电路中产生比正常电压（或电流）高出许多倍的瞬时电压（或电流），并在切断处产生电弧或火花放电。这种瞬时高电压（或大电流）称为浪涌电压（或浪涌电流），不但会对电路器件造成损伤，而且产生的电弧或火花放电会产生宽频谱、高幅度的电磁波并向外辐射，对测控系统造成严重干扰。

为消除或减小这种干扰，需要在电感性负载上并联各种吸收浪涌电压（或浪涌电流）并抑制电弧或火花放电的元器件。通常将这些元器件称为灭弧元件，与此有关的技术称为灭弧技术。常用的灭弧元件有 RC 回路、泄放二极管 V_D、硅堆整流器 V_R、压敏电阻 R_V、雪崩二极管 V_S 等，其连接电路如图 14.6 所示。泄放二极管和雪崩二极管仅能用于直流电感性负载，其它几种元件既可以在直流电感性负载上使用，也可在交流电感性负载上使用。

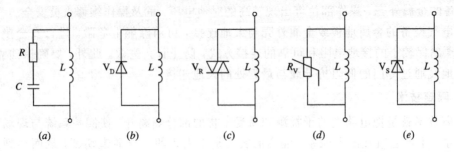

图 14.6　几种常见的灭弧元件及其连接电路

14.3.3　电源干扰抑制技术

绝大多数测控设备和智能仪器都是由 380 V、220 V 交流电网供电的。在交流电网中，大容量的设备（如大功率电动机等）的接通和断开、大功率器件（如晶闸管等）的导通与截止、供电线路的闭合与断开、瞬间过电压与欠电压的冲击等因素，都将产生很大的电磁干扰。因此必须对电源干扰采取有效的抑制措施，才能保证电子设备的正常工作。

1. 电网干扰抑制技术

至少有 1/3 的干扰是经过电源影响到测控系统。工业用电电网的干扰频率分布为 $1 \sim 10 \text{ kHz}$。对测控系统干扰最严重的是脉宽小于 1 μs 的电压噪声和大于 10 ms 的持续噪声。电网中干扰波形大多数表现为无规则的正、负脉冲及瞬间衰减振荡等，瞬间电压峰值为 $100 \text{ V} \sim 10 \text{ kV}$，瞬间有效电流强度可达 100 A。其中，以断开电感性负载所产生的干扰脉冲前沿最陡、尖峰电压最高，故危害也最大。因此，电源线路中的电压变化率、电流变化率很大，产生的浪涌电压、浪涌电流和其它干扰共同形成了一个较强的电磁干扰源。

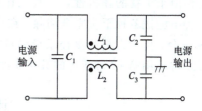

抑制电网干扰的措施可采用线路滤波器、切断噪声变压器等。线路滤波器实质上是一个交流电源滤波器，如图 14.7 所示。图中 L_1、L_2 为共模扼流圈，具有抑制低频共模干扰的作用；电容 C_1 具有抑制差模干扰的作用；C_2、C_3 具有抑制高频共模和差模干扰的作用。这种滤波器不仅能阻止来自电网的干扰进入电源，而且能阻止电源本身的干扰返回到电网。

图 14.7　交流电源滤波器

切断噪声变压器（NCT，Noise Cutout Transformer）的结构、铁芯材料、形状以及线圈位置都比较特殊，可以切断高频干扰磁通，使之不能感应到次级绕组，这样既能切断共模干扰，又能切断差模干扰。切断噪声变压器的初级、次级绕组分开绕制在铁芯上，铁芯选用高频时有效磁导率低的材料，使高频干扰通过铁芯向次级绕组耦合时明显衰减，而低频有用信号可被正常传输。此外，切断噪声变压器的初级、次级绕组和铁芯分别加以屏蔽并接地，从而切断更高频率的干扰。

2. 直流电源干扰抑制技术

在测控系统中直流电源一般为几个电路所共用，为了避免通过电源内阻引起几个电路之间相互干扰，应在每个电路的直流电源上采用 RC 或 LC 滤波器，如图 14.8 所示。图中 C_1、C_3、C_5、C_7 为电解电容，C_2、C_4、C_6、C_8 为陶瓷电容。电解电容用来滤除低频干扰，但由于电解电容采用卷制工艺而含有一定的电感，在高频时阻抗反而增大，所以在电解电容旁边并联一个 0.01 μF 左右的陶瓷电容，用来滤除高频干扰。

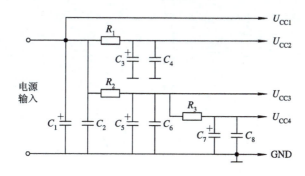

图 14.8　直流电源滤波器

印制电路板上的集成器件(IC)若是 TTL 电路，当以高速进行开关动作时，其开关电流和阻抗会引起开关干扰。因此，无论电源装置提供的电压多么稳定，电源线、地线也会产生干扰，致使数字电路发生误动作。降低这种开关干扰的方法有两种：其一是以短线向各印制板并行供电，且印制板的电源线采用格子形状或用多层板，并做成网眼结构以降低线路的阻抗。其二是在印制板上的每个 IC 都接入高频性能好的旁路电容，将开关电流经过的线路局限在印制板上的一个极小范围内。旁路电容采用 $0.01 \sim 0.1\ \mu F$ 的陶瓷电容，其连线要短而且要紧靠 IC 的电源和地端子。

以上介绍的干扰抑制技术是采用硬件方法阻断干扰进入测控系统的耦合通道和传播途径，但由于干扰的随机性，一些工作在恶劣环境下的测控系统即使采用了硬件抗干扰措施，仍不能把各种干扰完全消除。在内嵌微处理器的测控系统中，将软件与硬件抗干扰技术相结合，可大大提高测控系统的可靠性。软件抗干扰技术主要针对已经进入测控系统的干扰，常采用第 12 章所述的数字滤波技术进行抑制。

思考题与习题

14.1　选择传感器时应考虑哪些因素？

14.2　试设计±12 V 稳压电源，并说明各器件的作用。

14.3　干扰与噪声有何不同？噪声的耦合方式有哪些？

14.4　在测控系统中主要通过什么措施抑制干扰？

参 考 文 献

[1] 李孟源，郭爱芳，张发玉，等. 测试技术基础. 西安：西安电子科技大学出版社，2006

[2] 强锡富. 传感器. 北京：机械工业出版社，2004

[3] 何希才，薛永毅，姜余祥. 传感器技术及应用. 北京：北京航空航天大学出版社，2005

[4] 王俊峰，孟令启，等. 现代传感器应用技术. 北京：机械工业出版社，2006

[5] 董永贵. 传感技术与系统. 北京：清华大学出版社，2006

[6] 刘爱华. 满宝元. 传感器原理与应用技术. 北京：人民邮电出版社，2006

[7] 范尚春. 传感器技术及应用. 北京：北京航空航天大学出版社，2004

[8] 孙宝元，杨宝清. 传感器及其应用手册. 北京：机械工业出版社，2004

[9] 郁有文，常健，程继红. 传感器原理及工程应用. 西安：西安电子科技大学出版社，2003

[10] 徐科军. 传感器与检测技术. 北京：电子工业出版社，2004

[11] 何金田，成连庆，李伟锋. 传感器技术. 哈尔滨：哈尔滨工业大学出版社，2004

[12] 张佳薇，孙丽萍，宋文龙. 传感器原理与应用. 哈尔滨：东北林业大学出版社，2003

[13] 彭军. 传感器与检测技术. 西安：西安电子科技大学出版社，2003

[14] 刘笃仁，韩保君. 传感器原理与应用技术. 西安：西安电子科技大学出版社，2003

[15] 周继明，江世明. 传感器技术与应用. 长沙：中南大学出版社，2004

[16] 孟立凡，郑宾. 传感器原理及技术. 北京：国防工业出版社，2005

[17] 朱蕴璞，孔德仁，王芳. 传感器原理及应用. 北京：国防工业出版社，2005

[18] 孙建民，杨清梅. 传感器技术. 北京：清华大学出版社，北京交通大学出版社，2005

[19] 蒋敦斌，李文英. 非电量测量与传感器应用. 北京：国防工业出版社，2005

[20] 宋文绪，杨帆. 传感器与检测技术. 北京：高等教育出版社，2004

[21] 李晓莹. 传感器与测试技术. 北京：高等教育出版社，2004

[22] 刘存，李晖. 现代检测技术. 北京：机械工业出版社，2005

[23] 程德福，林君. 智能仪器. 北京：机械工业出版社，2005

[24] 徐爱钧. 智能化测量控制仪表原理与设计. 北京：北京航空航天大学出版社，2004

[25] 李昌禧. 智能仪表原理与设计. 北京：化学工业出版社，2005

[26] 金锋. 智能仪器设计基础. 北京：清华大学出版社，北京交通大学出版社，2005

[27] 沙占友，葛家怡，孟志永，等. 集成化智能传感器原理与应用. 北京：电子工业出版社，2004

[28] 高国富，罗均，谢少荣，等. 智能传感器及其应用. 北京：化学工业出版社，2005

[29] 王元庆. 新型传感器原理及应用. 北京：机械工业出版社，2003

[30] 王雪文，张志勇. 传感器原理及应用. 北京：北京航空航天大学出版社，2004

[31] 高国富，谢少荣，罗均. 机器人传感器及其应用. 北京：化学工业出版社，2005

[32] 刘亮，等. 先进传感器及其应用. 北京：化学工业出版社，2005